THE
BEAUTIFUL
CURE
뷰티풀 큐어

21세기북스

THE CURE

THE
BEAUTIFUL
CURE
뷰티풀 큐어

대니얼 M. 데이비스 지음 | 오수원 옮김

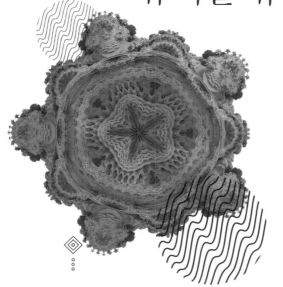

21세기북스

_____ 한국 독자들에게

나는 예전부터 면역계에 관한 책을 쓸 수 있기를 꿈꿔왔습니다. 왜냐하면 '면역'은 중요한 주제이기도 하고, 다른 대중 과학 서적에서는 다루지 않아서이기도 합니다. 그리고 언젠가 내가 자란 런던의 동네 서점에 내 책이 진열된 모습을 볼 수 있기를 희망했습니다.

한국처럼 먼 이국에서 내 책이 번역되고 출판될 거라고는 정말 상상하지 못했습니다. 그런데 실제로 이런 일이 일어나다니! 정말 말할 수 없을 만큼 기분이 좋습니다. 이 책의 번역을 맡아준 오수원 씨에게 큰 빚을 졌습니다. 과학은 이처럼 거대한 세계적 노력이며, 과학에 관한 우리의 토론은 지리나 문화에 의해 만들어진 경계 너머로 확장되어야 합니다.

수십만 명의 과학자들이 면역체계를 연구하고 있지만 그 엄청난 노력은 일반 대중에게 잘 알려져 있지 않습니다. 면역체계에 대한 연구와 사고를 중요하게 여기는 데는 몇 가지 이유가 있습니다.

첫째, 의학에 대한 새로운 아이디어는 면역체계에 대한 우리의 이해를 기반으로 하기 때문입니다. 최근의 예를 들어보죠. 이 책의 마지막 장에서 보게 될 텐데, 2018년 노벨 생리의학상을 받은 암 치료에 대한 면역관문억제제immune checkpoint inhibitor의 발견은 면역체계가 어떻게 작용하는지에 대한 우리의 세부적인 이해를 바탕으로 한 결과입니다.

둘째, 무엇보다 놀라운 점인데요, 인간의 몸은 분명 우주에서 가장 놀라운 것들 중 하나이고, 면역체계는 아마도 그 안에서 가장 잘 이해되는 시스템일 것이기 때문입니다.

셋째, 위험한 세균을 찾아 파괴하는 면역체계뿐만 아니라, 그것의 활동은 다른 신체 시스템과 연결되기 때문입니다. 예를 들어 우리 몸의 신진대사와 호르몬 수치에 영향을 미치고, 이는 다시 신체 면역체계에 상호적으로 영향을 미치기 때문입니다.

수면, 스트레스, 영양 상태 그리고 정신 건강은 모두 감염과 싸우는 우리의 능력과 관련이 있습니다. 이 주제들에 관한 우리의 지식에는 많은 차이가 있고, 또 그래서 함께 토론하는 것이 중요합니다. 가령 이 책의 번역가에게서 전해 듣기로, 한국에서는 '총명탕'과 같이 특정한 음식이나 음식 추출물이 면역체계에 좋은지의 여부에 관심이 많다고 하더군요. 과학자로서의 나의 역할은 직설적으로 '예'나 '아니오'로 답하기보다는, 우리가 이미 알고 있거나 아직 모르는 증거들이 무엇인지, 왜 확실히 알기가 어려운지를 설명하고, 각자가 결정할 수 있는 방법을 찾도록 돕는 데 있을 것입니다.

그리고 나는 더 나아가 면역체계에 대한 연구의 역사가 매우 중요하다고 생각합니다. 왜냐하면 이 책에 담겨 있는 인류 공동의 지식 이면에는 개인의 고난과 승리와 희생에 대한 생생한 탐험과 지난한 분투의 이야기가 있기 때문입니다. 또한 이렇듯 살아 숨 쉬는 역사를 알 때 비로소 국제적 협력의 필요성이 추상적 담론 수준을 넘는 생생한 이슈가 될 뿐 아니라, 과학자 개개인의 분투와 성공이 공적인 맥락 안에 적합한 자리를 확보할 수 있기 때문입니다.

무엇보다 독자 여러분, 이 책을 선택해주셔서 정말 감사합니다. 책을 읽은 후 여러분이 면역력에 관해 남은 미스터리를 풀거나 의학에 대한 새로운 아이디어를 떠올리거나 혹은 우리 모두가 진정 어떤 존재인지에 대해 영감을 받을 수 있기를 기원합니다.

대니얼 M. 데이비스

_____ 과학자들께 드리고 싶은 말

면역학은 상상도 못할 만큼 폭넓은 분야여서 이 책에 포함시키지 못했거나 짧게 언급만 한 내용이 적지 않다. 자료가 된 글을 쓰신 모든 과학자들께 사죄드릴 수밖에 없다. 우드하우스[P. G. Wodehouse]가 소설 『여름날의 헛소동[Summer Moonshine]』(1937)에서 "이와 같은 이야기에서 피할 수 없는 결함 중 하나는 사건을 기록하는 자가 특정인들의 행운을 따라간답시고 그들에게만 주의를 기울이기 때문에 이들 못지않게 주목할 만한 다른 이들을 도외시할 수밖에 없다는 점이다"라고 말한 것처럼, 면역학에 관련된 과학자들과의 인터뷰를 통해, 그리고 면역학 초창기 연구를 살펴봄으로써 면역학의 진보가 이루어진 방식을 모두 다루고 싶었다. 하지만 한 권의 책에 담을 수 있는 내용에는 한계가 있으므로 과학자들의 양해를 구하고 싶다.

차 례

2부 몸속에 펼쳐진 은하계

세상에는 불가사의한 일이 많다네.
사람들은 그런 것들에 대해 그저 추측만 할 뿐이지.
세월이 흐르면서 수수께끼가 풀리기도 하지만 다 그런 건 아니라네.
내 말 잘 듣게.
바야흐로 불가사의한 일을 마주할 참이니까.
-브램 스토커Bram Stoker, 『드라큘라』(1897)

프롤로그

"저 꽃을 좀 보게. 얼마나 아름다운가 말이야." 한 예술가가 친구에게 말했다. "예술은 꽃의 아름다움을 음미하고 가치를 알아보지만 과학은 꽃을 분해해버리지. 과학은 꽃을 따분한 것으로 만들어버린다고."

이 예술가의 친구는 바로 노벨상을 수상한 물리학자 리처드 파인만 Richard Feynman 이다. 파인만은 예술가 친구의 견해가 '정신 나간 소리'라고 생각했다. 파인만의 반론은 자신과 같은 과학자도 꽃의 아름다움을 음미할 수 있을 뿐더러, 과학자로서 꽃의 세포와 화학 및 생물학적 메커니즘, 수많은 복잡한 체계 등 꽃의 내부 구조 또한 경이롭다는 것까지도 안다는 것이었다. 그뿐 아니라 꽃이 곤충을 유혹한다는 것을 알면 곤충이 해당 꽃에게 미적인 쾌락을 받아들인다고 추론해낼 수 있다. 그리고 이러한 사실은 진화와 인지와 빛에 대한 온갖 종류의 질문을 이끌어낸다. 파인만은 "과학은 꽃에 대한 흥미진진한 관심과 신비와 경외감을 감소시키기는커녕 오히려 증대시킨다"고 말한다.[1]

지금은 유명해진 이 대화를 파인만이 언급한 것은 1981년 BBC TV와의 인터뷰에서였다. 당시 나는 열한 살이었다. 그때 이미 나는 과학자가 되고 싶다는 열망을 품고 있었지만, 장미꽃이 살랑살랑 흔들리는 창가를 배경으로 앉아 억센 뉴욕식 억양으로 말하던 파인만은 과학을 해야 하는 이유로 내가 들 수 있었던 근거보다 더 확실한 근거를 적확하게 포착해냈다. 인간의 면역세포를 상세히 연구하는 과학자들로 구성된 팀을 이끌어온 지난 세월 동안 나는 과학이 묻힐 뻔한 아름다움을 어떻게 드러내는지를 직접 목격했다. 인간 신체의 내부는 꽃처럼 미적 즐거움을 주는 쪽으로 진화하지 않았을 수도 있지만, 그 세부를 알면 알수록 점점 더 찬란해지는 장관에 넋을 잃게 된다.

인간의 생명 활동 중 가장 많이 연구되고 세부 사항이 가장 깊게 밝혀진 과정은 상처나 감염에 대한 신체 반응이다. 붉게 부어오른 상태, 무른 상태, 염증 등의 익숙한 증상은 서로 다른 세포들의 무리가 세균과 싸우기 위해 일제히 움직이고, 손상을 치료하고 잔해를 처리하는 등 피부 아래쪽에서 경이로운 작용을 일으키고 있음을 드러낸다. 의식적 조절과는 거리가 먼 이 반사작용은 인간의 생존에 필수다.

이러한 신체 반응의 발생에 대한 견해가 단순명료한 이유는, 신체가 상처로 침입하는 세균을 공격하는 것은 면역계가 우리 몸의 일부가 아닌 것과 싸우도록 미리 프로그램되어 있기 때문이라는 것이다. 하지만 조금만 생각해보아도 이게 전부가 아니라는 것은 금방 알 수 있다. 가령 음식은 우리 몸의 일부가 아닌데도 면역계는 우리가 먹는 모든 것에 반응을 보이지는 않는다. 더 미묘한 점은 면역계가 우리 몸의 소화기관에 살고 있는 박테리아들 중 남겨두어야 하는 친근한 박테리아와 병의 원인인 제거해야 할 박테리아를 틀림없이 구분한다는 것이다.

우리 몸에 낯선 모든 것이 면역반응을 유발하지는 않는다는 이 중대한 인식이 등장한 것은 1989년이나 되어서였고, 더욱 심오한 지식이 등장하기까지는 더 많은 세월이 흘러야 했다. 그 세월 동안 온갖 노력의 산물인 획기적인 과학의 모험이 펼쳐졌고, 그곳에서 면역의 세계는 문을 활짝 열어 실제로 면역반응이 무엇인지를 드러냈다. 결국 면역반응이란 단 몇 가지 유형의 면역세포가 연루된 단순 회로가 아니라, 서로 맞물린 하위 체계들의 다층적이고 역동적인 격자 체계다. 이는 우리가 알고 있는 과학 탐구의 가장 복잡하고 중요한 미개척지 중 하나다. 앞으로 밝히겠지만 면역학의 모험에서 이루어진 많은 발견은 인간의 몸에 대한 지식의 혁명이며 21세기 의학 혁명을 촉발시킬 것이다.

우선 우리는 질병과 맞서 싸우는 몸의 능력이 지속적으로 변화한다는 것을 알게 됐다. 면역계의 힘은 부침을 거듭하며 스트레스와 나이, 하루 시간대와 마음 상태에 영향을 받는다. 면역계는 끊임없는 유동의 상태에 있다. 인간의 건강이란 밧줄 위에서 간신히 균형을 잡고 있는 곡예사의 신세와도 같다. 예컨대 혈액 속에 있는 면역세포의 수는 저녁에 가장 많고 아침에 가장 적다. 밤에는 면역계에 일어나는 변화가 다른 시간대보다 크다. 밤이 되면 몸의 활동 상태와 에너지 이용 상태가 달라지고, 결국 수면의 질에 의해 면역계가 영향을 받을 수 있기 때문이다. 수면 시간 감소−하루 5시간 미만−는 감기 및 폐렴 위험의 증가와 상관관계가 있다.[2] 이 책에서는 주로 야간 근무가 면역계에 미치는 영향, 그리고 태극권이나 마음 챙김처럼 스트레스를 줄이는 실천이 우리가 감염과 싸우도록 도움을 줄 수 있는지의 여부를 탐색할 것이다.

수수께끼가 다 풀린 것은 아니지만 면역학의 이러한 발견들은 몸이 어떻게 질병과 싸우는지, 그리고 건강해지는 데 무엇이 필요한지에 대한 문제에서 우리가 과거에 견지했던 단순한 견해에 의문을 제기한다. 면역계가 우리 몸의 일부가 아닌 것, 우리 몸에 낯선 것을 표적으로 삼는다는 것은 아주 넓은 의미에서는 틀린 말이 아니지만, 무수한 세포와 분자들이 운영하는 복잡한 층위의 생물학적 견제와 균형이 이러한 과정을 까다롭게 조율한다는 점은 전보다 더 분명해졌다. 면역의 수수께끼와 복잡함을 규명할수록 우리는 건강과 안녕에 대한 중요한 질문에 접근할 수 있다.

질문은 다음과 같다. 왜 어떤 사람은 암에 걸리고, 어떤 사람은 면역계가 암과 싸우는가? 백신은 어떻게 작용하며, 그것을 더 효과적으로 만들 수 있는 방법은 무엇인가? 자가면역질환이란 정확히 어떤 것이며, 우리가 이에 대해 할 수 있는 일은 무엇인가?

우리를 괴롭히는 대다수의 질병은 몸의 자연 방어로 치유된다. 이러한 자연치유력을 이해하고 활용하는 것은 과학이 인류의 건강에 제공할 수 있는 가장 중요한 선물로 판명될 것이다.

페니실린 같은 일부 약물은 병균을 직접 죽이지만, 암부터 당뇨병까지 많은 질병은 면역계의 활동을 향상시키는(때로는 억누르는) 새로운 종류의 약물로 가장 잘 퇴치할 수 있다. 균류에 의해 천연 상태로 만들어져 과학자들이 '분리만 해내는' 페니실린 같은 약물과 달리 면역계에 작용하는 새로운 약물은 과학자들이 직접 '설계'한다. 면역계를 연구하는 과학자들의 아이디어는 치료법뿐 아니라 수십억 달러짜리 신약이 될 수 있다. 그러나 이러한 약물은 최고도로 정밀하게 작용하도록 미세한 조율이 필요하다. 면역계를 과도하게 활성화시키면 건강한 세포와 조직까지 파괴될 것이고, 반면 면역계의 작용을 완전히 중지시켜버리면 쉽게 퇴치할 수 있는 온갖 종류의 세균까지 몸을 공격할 수 있기 때문이다. 이러한 약물의 잠재성은 큰 변화를 만들어내지만 일이 잘못될 경우 끔찍한 결과를 야기할 수 있다.

면역 작용을 이해하려는 엄청난 노력은 노화 과정 같은 생명 과정의 다른 많은 영역에도 새로운 통찰을 제공했다. 독감 바이러스로 사망하는 사람들의 80~90퍼센트는 65세 이상이다.[3] 노화 과정에서 감염에 대항하는 방어력이 점점 약해지는 이유는 무엇일까? 나이가 들수록 병의 치유가 어렵고 자가면역질환에 걸릴 가능성이 높아지는 원인은 무엇일까? 과학자들은 이러한 문제의 원인 중 하나가 연령이 높을 수록 혈액 속에 돌아다니는 특정 유형의 면역세포가 더 적어서라는 점을 알아냈다. 또 하나의 원인은 나이가 들수록 질병을 감지하는 면역세포 능력이 퇴화한다는 것이다. 노화 자체의 어려움을 가중시키는 문제는 노인들이 대개 수면 부족과 스트레스와 씨름한다는 사실이며, 이는 면역계에도 영향을 끼친다. 이 다양한 요인들이 각기 어느 정도로 건강에 영향을 미치는지를 알아내는 일이 극도로 어려운 이유는 이 요인들 중 하나를 따로 분리해내기가 거의 불가능하기 때문이다. 스트레스는 면역계에 영향을 주지만 이는 수면 부족과도 상관관계가 있으므로 각 요인이 그 자체로 미치는 효과를 따로 알기가 어렵다.

사실 몸속에 있는 거의 모든 것은 또 다른 모든 것들과 밀접하게 연관되어 있다. 이 연관성은 상상 이상이다. 최근에 밝혀진 바에 따르면 면역계는 심장 문제, 신경질환, 심지어 비만 등, 면역계가 세균과 싸울 때 하는 역할과 무관해 보이는 엄청난 범위의 질환들과도 밀접한 연관이 있다. 나의 첫 책『나만의 유전자The Compatibility Gene』는 면역계의 한 요소, 즉 감염에 대한 우리 몸의 개별 반응에 영향을 미치는 한 줌의 유전자를 주제로 다루었다. 이 책『뷰티풀 큐어』는 그보다 더 큰 그림을 그려보려는 시도를 담고 있다. 어떻게 그리고 왜 우리의 면역계 활동이 달라지는지, 그 활동이 어떻게 조율되고 지시되는지 등 면역계를 구성하는 모든 부분, 즉 면역계 전체를 주제로 삼고 있다는 뜻이다.

또한 이 책은 과학적 아이디어가 성장해가는 과정도 다룬다. 면역을 이해하려는 탐색은 인류의 가장 큰 과학적 모험 중 하나이며, 우리가 현재 갖고 있는 공통의 지식은 개별 과학자의 시련과 용감한 승리와 희생을 통해 획득된 것들이다. 수많은 남녀 연구자가 자신의 경력과 인생의 대부분을 빙산의 일각을 이해하는 일에 모조리 바쳐왔다. 이러한 탐색 과정에서 깊은 우정이 태어났다. 과학에 대한 열정은 강력한 유대감의 근원이 될 수 있다. 반면 같은 방에 함께 있는 것조차 견디지 못할 만큼 반목하게 된 과학자들도 있다. 수많은 연구자가 면역학에 기여해왔고 제각기 면역계 내의 특정 세포나 분자에 대한 경이로운 발견을 축적해왔다. 그러나 결과적으로 볼 때 개인의 기여는 미미하다. 천재라 해도 마찬가지다. 따라서 일부 과학자들의 희생은 사실보다 더 부풀려져서 대중의 눈에 어떻게 저 정도의 희생이 가능한지 도저히 이해하지 못할 만큼 거대해 보일 수도 있다.

내가 하는 연구는 전문가용 현미경을 사용해 면역세포들이 상호작용할 때 이들 간의 접점에서 무슨 일이 일어나는가를 살피고, 면역세포와 다른 세포 간의 접촉을 검토함으로써 이 세포들이 건강한지 혹은 병들었는지를 확인하는 일이다. 나의 연구 성과는 면역세포들이 어떤 식으로 서로 소통하는지, 그리고 이들이 어떻게 다른 세포 내 질병의 징후를 감지하는지 알아내는 데 기여해왔다. 이러한 작업을 통해 결국 면역계가 어떤 방식으로 조율되는지를 정확히 이해할 수 있게 된다. 면역학자들은 각자 자신의 몫을 조금씩 보태고 있는 중이며, 한 번에 특정 부분을 집중적으로 다룬다.

통합된 체계를 이렇듯 분리된 요소들로 나누는 작업 덕에 파인만의 예술가 친구가 생각하듯 전체 시스템이 따분해보이지는 않는다. 하지만 그렇다고 이러한 작업이 커다란 충만함을 안겨준다고도 할 수 없다. 만물은 서로 연관되어 작용하기 때문에 각 요소가 의미를 가지려면 각 요소를 전체와의 연관 선상에서 볼 수 있어야 한다. 면역계를 다루는 교과서들은 각 분자나 세포의 역할을 차례로 논하는 경향이 있지만 이러한 설명 방식은 자전거를 설명할 때 바퀴가 무엇인지를 기술한 뒤, 그다음 핸들, 그다음 브레이크가 무엇인지 설명하는 방식을 쓰는 것과 다르지 않다. 각각의 단일 요소 중 그 무엇도 다른 요소 없이는 제대로 이해되지 않기 때문이다. 각 요소의 진정한 의미는 이들 간의 관계에 있다. 부분이 모여 하나의 체계를 이루듯이 부분을 규정하는 것은 전체 체계다. 우리는 세부 내용을 보며 경탄을 일삼지만 방향은 큰 그림을 향해 있어야 한다. 큰 그림으로 나아갈 때 비로소 면역 지식을 활용해 인류 건강의 혁명으로 나아갈 수 있기 때문이다.

인간 건강의 혁명은 책의 후반부에서 논할 것이다. 그 전에 우선 이러한 혁명을 이끌어낸 전 세계 과학의 모험 지도를 그릴 것이고, 면역계가 어떻게 그리고 왜 현재의 방식으로 작동하는지를 발견해낸 무명의 영웅들과 반항아들의 세계를 펼쳐 보일 것이다. 자연의 아름다움에서 위안이나 기쁨을 얻을 수 있다면 이 모험가들이 발견한 인간 면역계의 복잡성과 섬세함과 미묘함 역시 원자의 하부구조부터 별의 탄생까지 다룬 여느 과학 분야 최전선의 지식이 주는 것 못지않은 감동과 영감을 줄 것이다.

1부

면역의 과학혁명

1_____ 백신에 대한 아주 작은 비밀

큰일을 하려면 무엇이 필요할까? 2008년에 실행된 실험 하나가 있다. 노련한 체스 선수들에게 유명한 '다섯 수 두기'를 이용해 게임에서 이기는 방법을 보여주는 실험이었다. 그러나 더 극적이고 새로운 게임 승리 방법은 따로 있었다. 단 세 수만에 이기는 방법이었다. 게임에서 이기는 가장 빠른 방법을 물어보면 대부분의 전문가들은 익숙한 다섯 수 두기를 제안할 뿐 최적의 세 수 두기는 빠뜨렸다. 세 수 두기를 알아내는 사람은 최상의 체스 선수인 그랜드마스터들뿐이었다. 평범한 전문가들은 자기가 이미 알고 있는 지식을 고수했다.[1]

과거에 통했던 방법을 이용해 문제를 해결하는 것은 인간의 흔한 본성이다. 하지만 과거에 통했던 방법을 알고 있는 것만으로는 미래의 중요한 도약에 필요한 통찰을 못할 수 있다.[2] 가장 위대한 과학자란 전문성을 지니고 있으면서도 남다르게 생각할 자유를 잃지 않은 자다. 이러한 기준으로 볼 때, 예일대학교에서 연구하는 면역학자 찰스 제인웨이$^{Charles\ Janeway}$야말로 가장 위대한 과학자 중 한 사람이다. 제인웨이는 "지구상에서 가장 흥미진진하고 품위 넘치고 사려 깊으며 사유 능력이 심오한 면역학자 중 한 명"으로 유명하다.[3]

1943년 보스턴에서 태어난 제인웨이는 하버드대학교에서 화학과 의학을 전공했다. 의학을 선택하는 데 영향을 끼친 사람은 하버드대학교의 소아과 의사이자 보스턴아동병원의 소아과장이었던 아버지였다.[4] 그러나 "수술이야말로 평생 똑같은 시술을 되풀이하는 인생의 나락"이라고 생각한[5] 제인웨이는 이후 기초과학으로 관심을 돌렸다. 그는 이른 나이에 결혼했지만 27세 되던 1970년에 아내 샐리와 헤어졌다. 아이가 한 살 때였다. 제인웨이는 이 일로 "여러 해 동안 고독감에 시달렸지만"[6] 연구할 수 있는 시간과 자유를 얻었다. 1977년 그는 예일대학교 교수가 되었고, 그곳에서 두 번째 아내 킴 바텀리$^{Kim\ Bottomly}$를 만났다. 바텀리 역시 유명한 면역학자였다.

1989년 제인웨이는 자신이 칭한 면역계의 '감추고 싶은 비밀'이라는 문제에 골몰했다. 여기서 감추고 싶은 비밀이란 바로 백신과 백신의 작용 방식에 대한 문제였다. 백신접종의 기본 원리는 익숙한 통념을 따른다. 바이러스나 박테리아가 초래하는 감염을 훨씬 더 효과적으로 방어하려면 면역계가 동일한 바이러스나 박테리아를 과거에 만난 적이 있어야 한다는 통념이다. 따라서 백신접종을 둘러싼 면역학의 정통 학설은 다음과 같다. 백신은 우리 몸을 죽은 세균이나 무해한 버전의 세균에 노출시켜 효력을 발휘한다. 면역계가 세균에 맞설 방어체계를 세우도록 자극함으로써, 몸이 동일한 세균을 다시 만날 경우 신속하게 대응하도록 준비시키는 것이다. 이러한 작용이 가능한 이유는 특정 세균이 활성화시킨 면역세포들이 증식해 세균이 제거된 뒤에도 오랫동안 몸속에서 버티기 때문이다. 이는 면역세포들이 동일한 세균을 다시 만날 경우 이미 행동에 돌입할 준비가 되어 있음을 의미한다. 따라서 이 정도면 인류의 가장 위대한 의학적 승리를 단 몇 줄로 간단히 설명할 수 있는 것처럼 보인다.

그러나 한 단계 더 깊이 들어가보면 백신접종 주변에는 연금술의 냄새가 난다. 여기서 '감추고 싶은 비밀'이란, 백신이 효력을 발휘하려면 이른바 '애주번트^{adjuvant}'를 추가해야 한다는 것이다. 애주번트('돕는다'라는 의미의 라틴어 'adjuvare'에서 유래했다)란 수산화알루미늄 같은 화학물질로서 백신의 효과를 돕는 역할을 하며, 우연히 발견되었다. 애주번트는 어떤 의미에서는 아주 보잘것없다. 수산화알루미늄은 어쨌거나 백신의 효력에 보조 역할을 하는 데 그치기 때문이다. 그러나 제인웨이가 보기에 이 작은 기술적 정보는 면역학에 대한 전문 지식에 틈새가 있음을 드러내는 것이었다. 그 누구도 애주번트가 '왜' 이러한 보조적 기능을 하는지 제대로 설명하지 못했기 때문이다. 백신접종의 원리를 제대로 이해하는 일은 매우 중요하다. 깨끗한 물을 제공하는 일을 제외하고는 심지어 항생제조차도 백신접종보다 더 많은 생명을 구하지 못하기 때문이다.[7] 그래서 제인웨이는 애주번트가 왜 필요한지 정확한 원인을 파악하기로 결심했다. 이 결심을 통해 그는 인간의 면역계가 '실제로' 작동하는 방식에 관해 완전히 새로운 지식의 지평을 열게 된다.

면역반응은 어떻게 시작되는가

백신을 치료법으로 사용한 연원은 백신 작용에 대한 지식의 근원보다 더 길다. 백신이라는 중요한 생명 구제책에 대한 최초의 설명은 민간전승에서 발견된다.[8] 세균으로부터 몸을 보호하기 위해 일부러 세균에 몸을 노출시키는 일, 즉 접종은 중국과 인도와 일부 아프리카에서 공식적인 의료가 확립되기 오래전부터 시행됐다.[9] 그러나 이에 관한 과학적 설명이 시작된 것은 1721년에 들어서면서부터다. 영국 왕가가 자식들이 천연두에 감염될까 봐 불안에 떨던 시절의 일이다. 당시 왕가 사람들은 농촌의 전통뿐 아니라 외국에서 전해진 천연두 접종법에 대해서도 익히 들어 알고 있었지만 세부적인 처치법에 대해서는 의견이 분분했다. 수포 액을 바르는 것이 가장 좋을까? 아니면 손으로 뽑아낸 천연두 딱지가 더 나은 처치법일까? 사람들이 천연두에 한 번만 걸린다는 사실은 널리 알려져 있었기 때문에 중요한 문제는 목숨을 빼앗지 않을 만큼 소량의 천연두 물질을 사람에게 주입할 수 있는가의 여부였다. 왕가 구성원들에게 접종을 시행하기 전에 안전성과 효력을 확실히 해두기 위한 실험이 필요했다. 왕가를 위해 희생될 실험 대상으로는 죄수들이 제격이라고 간주했다.

천연두 '지원자'를 모집하면서 면역의 역사에 기록된 최초의 '임상실험'[10]이 시행됐다. 죽을 수도 있는 실험에 참여하되 실험이 성공하면 사형을 면할 것이냐, 아니면 원래대로 사형을 받을 것이냐가 죄수들에게 제시된 선택지였다. 1721년 8월 9일, 여섯 명의 죄수들의 팔과 다리를 칼로 살짝 절개한 다음 천연두 환자의 딱지와 고름을 그 절개한 부위에 비벼 넣었다. 또 다른 죄수에게는 콧속에 딱지와 고름을 넣었다. 두말할 나위 없이 불쾌하고 끔찍한 작업이었다. 당대의 엘리트 과학자 스물다섯 명이 실험 현장을 지켜보았다. 여기에는 왕립학회Royal Society (당시 왕립학회는 1662년에 왕실 허가를 받았는데도 아직 회원 자격 기준이 모호한 기관이었다)의 회원들도 포함되어 있었다.[11] 민간전승처럼 각 죄수는 하루나 이틀 동안 천연두 증상을 앓다가 회복됐다. 코에 천연두 고름을 넣은 여자 죄수는 특히 심하게 병을 앓았지만 결국 회복됐다.[12] 1721년 9월 6일, 조지 1세는 실험에 자원했던 죄수들을 석방시켰고 이들은 자유의 몸이 됐다. 면역계가 제대로 작동한 덕에 사형수들은 교수대와 천연두라는 두 가지 사망선고에서 벗어난 셈이었다.

그로부터 불과 몇 달 뒤인 1722년 4월 17일, 웨일스의 왕자와 왕자비—5년 후면 조지 2세와 캐롤라인 왕비가 될 인물—는 딸 둘에게 천연두 접종을 시행했다.[13] 신문마다 이 일을 대서특필했고 접종에 대한 관심이 폭증했다(세간의 주목을 받는 지도자나 유명 인사들이 새로운 과학 개념이나 사상에 대한 대중의 태도에 지대한 영향력을 끼친다는 사실을 새삼 일깨워주는 사건이다).[14] 그런데도 이 접종은 여전히 논란거리였다. 일각의 주장대로 인위적 개입은 자연 혹은 신의 뜻에 위배되기 때문이라는 것이었다. 실제로 1722년에 런던의 한 목사는 '접종이라는 위험한 죄악'이라는 주제로 설교했다. 접종이 논란이 되었던 또 하나의 이유는 천연두 접종을 받은 사람들 중 약 2퍼센트가 회복되지 못하고 사망했기 때문이다.[15]

그로부터 48년 뒤, 에드워드 제너$^{Edward\ Jenner}$라는 21세의 청년이 런던에 있는 성 조지 병원에서 당시 영국에서 가장 유명한 외과의이자 해부학자였던 존 헌터$^{John\ Hunter}$를 스승으로 모시고 3년간의 수련을 시작했다. 헌터는 제너의 비판적 능력을 벼려주고 실험에 대한 열정을 키워주었으나 제자가 꽃을 피우는 모습을 보지 못하고 1793년에 사망했다. 제너가 접종의 극심한 위험은 피하되 동일한 효력을 보는 방법을 발견하기 3년 전이었다.

대부분의 생을 글로스터셔 버클리의 작은 고향 마을에서 시골 의사로 보낸 제너는 우유 짜는 처녀들이 절대로 천연두에 걸리지 않는다는 사실을 이미 알고 있었다. 계시와도 같았던 그의 통찰은 이 처녀들이 소에게서 전염되는 경미한 바이러스 감염질환인 '우두'에 이미 노출되었기 때문에 천연두에 걸리지 않았던 것일 수 있으며, 그렇다면 치명적이지 않은 우두 수포의 고름을 훨씬 더 위험한 천연두 환자의 고름 대신 접종에 사용할 수도 있지 않을까 하는 발상으로 이어졌다. 오늘날 전설로 통하는 그의 실험은 1796년 5월 14일에 실행됐다. 제너는 새러 넴스^{Sarah Nelmes}라는 우유 짜는 여성의 고름을 뽑아냈다. 넴스는 블러섬이라는 소에게서 우두에 감염된 적이 있는 여성이었다. 제너는 이 고름을 자신의 집 정원사 아들인 8세 소년 제임스 핍스^{James Phipps}에게 접종했다. 그다음 핍스에게 천연두 환자의 고름을 주입했다. 핍스는 천연두에 걸리지 않았다.

이 유명한 실험은 면역학이 탄생한 순간으로 칭송받지만, 정작 제너는 자신의 발견을 발표하는 데 난항을 겪었다. 왕립학회는 제너가 관찰한 바가 입증되지 않은 일회성 사건에 불과하다는 의견을 내놓았고(실제로 그렇기도 했다) 그 정도의 대담한 주장을 펼치려면 훨씬 더 많은 아동을 대상으로 다시 실험할 것을 요구했다. 제너는 11개월짜리 아들을 비롯해 다른 아이들을 대상으로 같은 실험을 실시했지만 결국 왕립학회에서 자신의 실험 결과를 발표하려는 시도는 포기했다. 대신 그는 활자가 큰 75쪽짜리 단행본으로 연구 성과를 직접 출간했다. 처음에는 런던 내 두 곳의 서점에서만 판매했던 이 단행본은 1798년 9월 17일에 대규모로 발간되었고 큰 성공을 거두었다.[16] '백신^{vaccine}'이라는 용어는 그로부터 몇 년 후 제너의 친구가 만든 것이다. 제너가 발견한 과정을 기술하기 위해 소를 뜻하는 라틴어 '바카^{vacca}'에서 따온 말이었다.[17] 천연두는 전 지구적 규모의 전투 대상이 된 최초의 질환이었고, 1980년에 공식적

으로 근절됐다.[18]

제너는 자신의 연구를 통해 천연두가 완전히 근절되리라고 확신했지만 백신접종의 작동 원리에 관해서는 깊이 알지 못했다.[19] 1989년, 제인웨이의 놀라운 통찰이 이루어질 무렵 학계에서 합의된 내용이란, 몸속 세균의 존재가 면역반응을 유발하는 이유는 몸이 전에 만나본 적 없는 분자들을 발견하도록 미리부터 대비하고 있기 때문이라는 정도의 것이었다. 다시 말해 면역계는 자기 몸에서 나오지 않은 비자기[non-self](자기 항원과 반대로 생명체의 성분과 다른 개체에서 유래되는 항원) 분자에 맞서 반응함으로써 작용한다는 것이었다.[20] 몸이 이질적인 분자에 노출된 후 면역계는 동일한 비자기 분자를 다시 만나면 신속히 반응할 태세를 갖추게 된다. 그러나 1920년대 초─정확한 날짜는 명확하지 않다─에 두 명의 과학자들이 따로 진행했던 실험은[21] 백신접종에 대한 이 단순한 견해와 잘 맞지 않았고, 제인웨이는 이 문제를 풀지 못해 매우 곤혹스러워했다.

두 실험의 주인공은 프랑스의 생물학자 가스통 라몽[Gaston Ramon]과 런던의 내과 의사 알렉산더 글레니[Alexander Glenny]였다. 이들은 디프테리아를 일으키는 박테리아─디프테리아 독소─가 만드는 단백질 분자가 열과 소량의 포르말린에 의해 비활성화된다는 것을 각기 따로 발견했다. 이는 이러한 방식으로 약화시킨 단백질을 디프테리아 예방용 백신으로 안전하게 쓸 수도 있다는 것을 의미했다. 그러나 활동이 정지된 비활성 박테리아 단백질 분자를 동물에게 주입했을 때, 놀랍게도 면역 효과는 오래가지 못했다. 당시 이 실험 내용은 가벼운 호기심의 대상에 불과했을 뿐 이내 잊혀졌다. 그러나 수십 년 후 제인웨이는 이 박테리아에서 나온 단백질 역시 비자기 단백질로 인간 몸의 일부가 아닌데 왜 1980년대의 합의된 견해에 따라 효과를 내야 할 비자기 단백질이 백신 효과를 내지 못하는지에 관한 설명이 빠져 있다고 생각했다. 제인웨이는 고민했다. 우두 수포에서 뽑은 고름은 백신 역할을 잘해내는 반면, 세균에서 분리된 디프테리아 독소 같은 단백질 분자들은 백신 역할을 제대로 해내지 못한다. 도대체 이유가 무엇일까?

글레니는 일 중독자였고 극도로 부끄러움을 타는 인물이라 사람들과 함께 어울리기가 쉽지 않았다. 하지만 그는 자신이 행할 연구 계획을 세우는 일에는 달인의 경지였기 때문에 자신과 동료들이 엄청난 양의 실험을 효율적으로 실행할 수 있도록 절차를 탁월하게 간소화하고 능률화했다.[22] 그는 엄밀한 통계 분석 따위는 전혀 믿지 않았다. 그가 보기에 결과는 "명확해서 쓸모 있거나 불명확해서 쓸모없거나 둘 중 하나"였다.[23] 이렇듯 탁월한 수완과 민첩성을 갖춘 실험 태도는 쓸모없는 수많은 실험 조건을 걸러낸 다음 디프테리아 독소를 백신으로 작용시키는 방법을 찾아내는 실험에서 핵심적인 역할을 수행했다.[24]

1926년, 결국 글레니의 연구팀은 디프테리아 단백질을 알루미늄염과 섞어 정제하는 화학 공정을 거치면 효과적인 백신이 된다는 것을 발견했다. 글레니의 설명은 알루미늄염이 디프테리아 독소가 면역반응이 생성될 만큼 충분한 기간 동안 몸속에 머무르도록 돕는다는 것이었다. 그러나 그 누구도 왜 그리고 어떻게 이것이 가능한지 그 과정을 알지 못했다.[25] 글레니의 실험 이후 파라핀유 같은 다른 물질 또한 알루미늄염과 같은 방식으로 백신 작용을 돕는다는 사실이 밝혀졌고, 이들을 함께 '애주번트'라고 부르게 됐다. 그런데도 '왜' 이들이 보조 효과를 발휘하는지 설명해주는 명확한 공통점은 발견되지 않았다.

1989년 1월, 제인웨이는 아내이자 동료 면역학자인 바텀리와 함께 베인 상처가 생기거나 감염이 있을 때 몸속에서 어떤 작용이 일어나는가에 관해 이야기를 나누고 있었다. 이 대화 도중 그들은 면역반응이 어떻게 시작되는지에 관해 쉽게 설명할 수 없다는 것을 깨달았다. 도대체 면역반응을 일으키는 방아쇠는 무엇일까? 바텀리의 회상에 따르면 이들 부부는 차 안에서 과학 문제를 놓고 종종 논쟁을 벌였고 논쟁이 끝나면 대화 내용을 다 잊곤 했지만, 이때만큼은 콜로라도 주의 스팀보트스프링스에서 열리는 학회에 참석해야 했기 때문에 노트를 소지하고 있었다.[26] 결국 이들의 논쟁은 제인웨이의 기억 속에 고스란히 남았다. 그 후 몇 달 동안 그는 면역반응은 어떻게 시작되는가에 대해, 그리고 애주번트가 어떻게 작동하는가에 대한 문제를 숙고했다. 제인웨이가 계시와도 같은 통찰을 얻은 것은 이 두 가지 문제를 함께 고민했기 때문이었다.

문제를 푸는 중요한 실마리는 박테리아의 외피(지질다당체^{LPS}라는 부담스러운 이름을 지닌 큰 분자)가 특히 효과적인 애주번트 같다는 것이었다. 제인웨이의 추론은 이러했다. 만일 몸속에 한 번도 들어온 적이 없던 외부 물질의 존재가 면역반응이 일어나는 '유일한' 신호가 아니라면? 면역반응을 일으키는 데 필요한 무언가 다른 신호, 다시 말해 애주번트가 제공할 수 있는 다른 신호로서 결국 실제 세균을 복제할 수 있는 두 번째 신호가 있어야 한다면? 이것은 세균 자체에서 분리된 단백질 분자는 백신 효과를 내지 못하는 반면, 박테리아 외피에서 나온 지질다당체 같은 분자는 애주번트로 효과를 냈는지를 설명해줄 수 있다.

제인웨이는 흥분했고 자신의 생각을 논문에 발표했다. 지금은 아주 유명해진, 「점근선에 접근하는 방식으로 충분한가? 면역학의 진화와 혁명」이라는 제목의 논문이었다. 논문은 1989년 6월에 열린 뉴욕 콜드스프링하버 연구소의 명망 높은 학회 회보에 발표됐다.[27] 이 논문에서 그는 기존의 모든 학자들이 면역계를 연구하는 방식이 마치 관련 지식이 "어떤 종류의 점근선에 다가가고 있으면 된다는 듯한 태도"라고 비판했다. 그의 주장은, 미래에 해야 할 실험이 무엇인지는 명확하지만 현재의 기술 여건으로는 이를 실행하기 어렵기 때문에 면역학자들은 면역에 대한 이해를 혁명적으로 변화시키기보다 정밀성을 보강하는 것을 목표로 하는 정도의 미지근한 태도를 취하고 있다는 것이었다.[28] 제인웨이는 면역학자들이 결국 이러한 태도 때문에 면역반응이 시작되는 방식을 다루는 지식에 존재하는 '큰 공백'을 보지 못한다고 주장했다.[29] 그는 자기와 비자기를 구분하는 것만으로는 충분치 않다고 강조했다. 면역계는 면역반응이 일어나기 전부터 이미 언제, 무언가가 신체를 위협할 가능성이 있는지를 알아볼 수 있어야 한다는 것이었다. 따라서 그의 추론상 면역계는 실제 세균이나 감염된 세포의 당연한 징후를 감지해낼 수 있어야 한다. 그는 이러한 목적으로 규명해야 할 면역계 전체가 존재한다는 예측을 내놓았을 뿐 아니라 면역계가 작동할 수 있는 방식까지 예상했다.

앞에서 살펴본 대로, 그리고 제인웨이가 지적했던 대로 당시에는 면역반응이 어떻게 시작되는가에 대해 누구도 큰 관심을 가지지 않았고 대부분의 연구자들은 접종이나 백신처럼 면역의 다른 측면을 파악하는 일에 전력을 기울였다. 이들의 초점은 면역계가 전에 만났던 세균을 다시 만날 경우 어떻게 해당 세균에 더 빨리 그리고 더 효율적으로 대응할 수 있는가에 집중되어 있었다. 이 과정의 핵심에 T세포와 B세포로 불리는 두 가지 유형의 백혈구가 있다는 것은 널리 알려져 있었다. 이 백혈구들은 표면에 특히 중요한 수용체 분자를 갖고 있다. 이들을 T세포 수용체와 B세포 수용체라고 한다. 상상력이 가미된 근사한 이름은 아니다. 이 수용체는 단백질이라는 생체 분자에 속하는 원자들의 긴 끈으로서, 정교한 형태로 잘 접혀 몸속의 특정 과제를 수행하도록 적응한 물질이다. 일반적으로 단백질은 종류가 다른 단백질 등 다른 분자들과 묶이거나 연결되어 자신이 수행할 과제를 완수하며, 단백질의 정확한 모양은 특정 단백질이 퍼즐 조각 두 개가 맞물리는 식으로 어떤 유형의 다른 분자와 결합 가능한지를 지시하는 역할을 한다. 개별 T세포나 B세포 표면의 수용체는 약간 다른 모양을 하고 있어서 이질적인 다른 분자와 결합할 수 있다. 이 수용체는 면역세포 표면에서 주변으로 나와 이전에 몸속에 존재하지 않았던 외부 세균과 결합하면 면역세포의 스위치를 켠다. 그러면 면역세포가 세균이나 세균에 감염된 세포를 직접 죽이거나 다른 면역세포를 호출해 도움을 요청한다. 여기서 중요한 점은 활성화된 면역세포 또한 증식을 통해 유용한 모양의 동일한 수용체를 몸에 잔뜩 포진시킨다는 점이다. 이 세포들 중 일부는 오랫동안 머물면서 전에 만났던 세균에 대한 '기억'을 면역계에 제공한다. 당연히 이것이 백신접종 작동방식의 핵심이다.

여기서 중요한 점은 T세포와 B세포의 수용체가 세균 자체와 결합하도록 만들어져 있지는 않다는 것이다. 이 수용체들은 끝부분이 아무렇게나 뻗친 모양으로 되어 있기 때문에 세균만이 아니라 어떤 종류의 분자와도 결합할 수 있다. 그러나 몸이 세균만 포착해 추적하는 방식은 면역계의 가장 경이로운 현상 중 하나다. 그 과정은 다음과 같다. T세포와 B세포는 골수에서 발달하는 동안 각각 수용체를 얻는다. 세포 발달 동안에 이루어지는 유전자 배열의 변화는 각 세포에게 고유한 모양의 수용체를 제공한다. 하지만 각각의 T세포와 B세포가 받은 수용체는 혈류로 들어가기 전에 건강한 세포와 결합하는 일이 없도록 검증을 거친다. 건강한 세포와 결합하는 수용체를 가진 T세포나 B세포는 이 테스트에서 제거된다. 건강한 세포와 결합하는 면역세포가 몸속에 있으면 위험하기 때문이다. 이러한 방식으로 건강한 세포를 공격하지 않는 T세포와 B세포들만 몸을 방어하는 역할을 맡게 되며, 같은 논리로 T세포나 B 세포의 수용체가 무언가와 결합한다면 그 무언가는 반드시 전에는 몸속에 존재하지 않았던 분자여야만 한다. 학문적인 표현을 쓰자면, 이것이 바로 면역계가 몸의 구성 성분을 '비자기', 즉 자신의 일부가 아닌 모든 것과 구별해내는 방식이다.

제인웨이가 예상했던 바는 이것이 전부가 아니라는 것이다. 구체적으로 그가 예측했던 것은 일반 수용체가 아니라 특정한 수용체가 존재하는 것이 분명하다는 것이었다(그는 이 수용체에 '형태인지수용체pattern-recognition receptor'라는 이름을 붙였다). 형태인지수용체는 무작위로 형태가 만들어진 뒤 선택되는 수용체가 아니라, 처음부터 세균이나 감염된 세포(혹은 오직 세균이나 감염된 세포에서만 발견되는 '분자 형태')하고만 구체적으로 맞물리는 고정된 모양을 갖고 있는 수용체다.[30] 아무렇게나 생긴 모양의 수용체로 면역세포를 만든 다음 건강한 세포에 반응할 위험이 있는 수용체를 제거하는 복잡한 과정보다는, 특정한 형태인지수용체가 원래 존재하는 편이 면역세포가 세균을 찾아내는 방법으로 훨씬 더 단순해보였다. 그러자 제인웨이는 고정된 모양을 지닌 수용체가 먼저 진화한 뒤 질병을 방어했을 것이고, 지구상의 생명체가 더욱 복잡해지고서야 비로소 더 복잡한 면역계가 발전했을 것이며, 여기에 T세포와 B세포가 포함되었으리라는 의견을 피력했다.

제인웨이가 예측했던 고정된 모양의 형태인지수용체를 포함하는 단순한 면역체계는 대개 '선천면역innate immunity'으로 불리는 체계

의 일부를 형성하며, 과거 감염의 기억을 설명하는 '후천면역^{adaptive}

immunity'과 정반대로 작용한다. 선천면역이라는 용어는 제인웨이 이전에도 이미 쓰였다. 피부와 점액, 베인 상처를 통해 들어가는 면역세포의 즉각적인 작용이 제공하는 초기 방어 메커니즘을 기술하기 위해서였다. 그러나 선천면역과 관련된 주제는 제인웨이가 쓴 베스트셀러를 포함해 면역학 교과서에서도 단 몇 페이지만 할애될 정도의 중요성밖에 갖고 있지 못했다.[31] 제인웨이의 개념이 혁신을 이룬 것은 그가 면역계의 작동방식을 근본적으로 바꾸었기 때문이다. 제인웨이의 이론이 나오기 전에 면역계의 존재 이유는 이전까지 몸속에 한 번도 존재하지 않았던 물질에 맞서 대응하는 것이었다. 그러나 제인웨이는 면역계가 이전까지 몸속에 없었던 것에 대응하되, 그것은 그냥 다른 물질이 아니라 바로 '세균에서 온 물질'이어야만 한다는 점을 공식화했던 것이다.

지금 생각해보면, 면역계가 몸속에 들어온 적이 없는 모든 물질에 대응하지 않는다는 것은 그야말로 당연한 이야기다. 음식, 소화관에 존재하는 무해한 박테리아 혹은 공기 중의 먼지 같은 것들―이것들은 모두 인간 몸의 일부가 아니다―은 신체에 어떤 위협도 제기하지 않으며 따라서 면역반응도 일으키지 않아야 한다. 하지만 문제는 그리 간단치 않았다. 1930년, 조지 버나드 쇼가 "과학은 하나의 문제를 해결하는 순간 열 개의 다른 문제를 일으킨다"라고[32] 말한 것처럼, 제인웨이의 개념이 맞닥뜨린 가장 큰 난제는 이를 뒷받침할 만한 실험 증거가 부족하다는 점뿐만이 아니었다. 이론적 문제 역시 만만치 않았다. 가령 세균은 급속도로 증식한다. 세균이 증식하는 속도는 어안이 벙벙할 지경이다. 바이러스에 감염된 인간의 세포 하나는 100개의 바이러스 입자를 새로 만들어 낼 수 있다. 네 차례의 복제를 겪는 바이러스 복제물 세 개만 있어도 단 며칠 만에 새로운 바이러스 입자 3000억 개가 만들어진다는 뜻이다.[33]

이런 행동을 보이는 것은 바이러스만이 아니다. 박테리아도 최적의 조건에서 20분마다 분열한다. 이는 박테리아 한 개당 5×10^{21}개의 박테리아를 하루 만에 만들어낸다는 뜻이다. 이쯤 되면 박테리아의 숫자는 우주에 있는 별의 숫자와 비슷해진다.[34] 물론 실제로 세균이 인간의 몸속에서 그 정도까지 증식하지는 않는다. 이 정도로 증식하려면 무한한 양의 자원이 필요하기 때문이다. 그러나 어쨌든 세균은 엄청난 숫자로 급속히 불어난다. 최소한 한 쌍당 평생 두 명 정도의 아이를 낳는 인간의 쥐꼬리만 한 평균치보다는 훨씬 더 빠른 속도다.[35]

이 사실은 제인웨이의 생각에 중대한 문제를 야기한다. 세균이 번식할 때마다 유전자에 무작위적 변화(돌연변이)가 생기며, 이러한 변화를 통해 적어도 세균의 일부 유전자는 면역계가 감지해내는 분자상의 특징을 드러내지 않을 가능성이 있기 때문이다. 다시 말해 바이러스나 박테리아의 무수한 개체들 중 일부는 어쩌다 형태인지수용체가 추적할 수 있는 세균의 모양이 아닌 것으로 바뀌는 유전자 변이를 겪을 수도 있다. 이렇게 수용체가 인식할 수 있는 '분자 형태'가 없는 박테리아는 면역계의 감지를 피해 더 쉽게 번식한다.

제인웨이도 이 문제를 모르지 않았기 때문에 "형태인지의 대상이 되는 형태 자체가 미생물 내의 복잡하면서도 중요한 변화 과정의 산물임에 틀림없다"고 추정했다.[36] 세균이 명료한 구조를 갖는 것은 해당 세균의 생애주기에 굉장히 중요한 부분이기 때문에 세균이 자신의 생애주기를 바꾸는 일은 아예 불가능하지는 않아도 상당히 어려워야 한다.

제인웨이에게는 세균이 이렇게 생애주기를 함부로 바꾸지 않는 특징을 갖고 있다는 증거가 있었다. 변화가 함부로 일어나지 않는 이러한 특징은 세균의 생존에 핵심인 동시에 세균을 공격에 취약하게 만드는 것이기도 하다. 세균의 변이가 어렵다는 점 때문에 페니실린이라는 항생제가 효력을 발휘하는 것이다. 박테리아 한 개는 분열할 때마다 두 개의 딸세포를 감쌀 세포벽을 만들어야 한다. 문제는 세포벽을 만드는 과정이 하도 복잡해서 박테리아가 이를 쉽게 바꾸지 못한다는 점이다.

페니실린이 약효를 발휘하는 것은 세포벽 형성 과정의 마지막 단계에 개입하면서부터다. 결국 박테리아가 페니실린을 피하도록 해줄 만한 유전자 돌연변이는 전혀 없었기 때문에 페니실린이 효력을 발휘하는 것이다. 물론 박테리아가 전혀 다른 과정을 거쳐 세포벽을 만듦으로써 항생제에 '저항할 수도 있겠으나' 그것은 쉽지 않다. 따라서 페니실린은 엄청나게 많은 미생물에 약효를 발휘할 수 있다. 요컨대 항생제는 생명 현상에 핵심적이고도 매우 복잡한 과정에 연루된 박테리아 단백질 분자와 결합하는 물질인 셈이다.

한 과학자의 회고에 따르면 제인웨이가 논문을 발표했을 당시 청중은 "그의 아이디어에 매력을 느꼈으나 확신하지는 못했"고, 또 다른 과학자는 "의학계가 제인웨이의 사고를 받아들일 준비가 되어 있지 않았"라고 기억한다.[37] 세계 최고의 수많은 면역학자들 앞에 선 제인웨이는 동료 학자들이 면역계의 작동방식에 대한 연구에서 대단히 중요한 부분을 놓쳤다고 역설할 만큼 확신에 차 있었다. 물론 자신이 인정했던 대로 "실험적 확증은…… 불가능"했다.[38] 발표 당시에는 그 누구도 제인웨이의 생각이 혁신적인 이론인지, 아니면 공상 가득한 허튼소리인지 알지 못했다.

제인웨이의 논문은 거의 잊혀졌다. 그 후 7년 동안 다른 과학 논문은 그의 논문을 거의 언급조차 하지 않았다.[39] 그러나 단 한 사람, 제인웨이의 논문에 깊은 인상을 받은 과학자가 있었다. 제인웨이와 4500마일이나 되는 거리에 떨어져 있던 그는 모든 역경에 맞서 제인웨이의 생각을 망각에서 구해낼 인물이었다. 바로 루슬란 메드츠히토프Ruslan Medzhitov다. 1992년 가을, 모스크바대학교의 학생이었던 메드츠히토프는 제인웨이의 논문을 읽었고 이후 그의 인생은 완전히 달라졌다.

우연히 마주한 위대한 비밀

우즈베키스탄의 타슈켄트에서 태어난 메드츠히토프는 모스크바에서 박사학위 연구를 진행 중이었다. 그는 분자가 어떻게 진화해 서로 결합하는가를 주제로 연구하고 있었고, 그러던 중 제인웨이의 논문을 읽었다. 당시 소련은 와해 중이었기에 과학 연구도 곤란에 처해 있었다. 메드츠히토프는 그 시절을 "자금이라고는 눈 씻고 봐도 없는 어마어마한 혼돈의 시절"로 기억한다.[40] 그는 실험실 연구 경력을 이어갈 수 없었고 사색과 독서로 시간을 보내야 했다. 그나마 쉽게 구할 수 있는 책마저도 혼란만 가중시킨다는 생각을 들게 하는 옛날 교과서뿐이었다.[41] 다른 학생들은 제인웨이의 논문이 있는 도서관에 들어갈 수 없었지만 메드츠히토프는 자신의 매력을 십분 활용해 논문을 구했다. 도서관 책장을 살피던 그는 우연히 제인웨이의 논문을 발견했고, 논문을 읽는 즉시 그의 논리에 매료됐다. 그는 "제인웨이의 논문을 발견한 순간 전구가 탁 하고 들어오는 것 같은 느낌을 받았다. …… 설명하지 않아도 느낄 수 있었다. …… 갑자기 모든 것이 설명 가능해지는 느낌이었다"라고 그 시절을 추억한다.[42] 메드츠히토프는 자신의 한 달 치 봉급의 절반을 제인웨이의 논문을 복사하는 데 썼다.[43]

메드츠히토프는 논문의 발상을 심층적으로 논의하고 싶어 제인웨이에게 이메일을 보내기로 했다. 이 일을 위해 그는 학과의 이메일 계정을 쓰도록 허가까지 받았다. 학과의 계정은 비용 때문에 하루 300단어만 쓸 수 있었다. 메드츠히토프는 제인웨이에게 보낼 내용을 플로피디스크에 저장한 다음 인터넷과 연결된 모스크바대학교의 컴퓨터 담당자에게 전했다. 돌아오는 답장은 모조리 다시 플로피 디스크에 복사되어 그에게 돌아왔다.[44]

제인웨이는 선천면역에 대한 자신의 아이디어에 자부심을 갖고 있었기 때문에 기성 면역학계가 그것을 도외시하는 분위기라는 점에 실망이 이만저만이 아니었다. 그러던 중 자신의 아이디어에 관해 깊이 논의하고 싶어 하는 모스크바 학자의 이메일을 받자 가슴이 두근거렸다. 결국 메드츠히토프는 예일대학교 제인웨이의 연구실에서 일할 수 있는지를 타진했다. 그러는 동안 메드츠히토프는 캘리포니아 주 샌디에이고대학교에서 3개월 동안 연구할 수 있는 자리를 구했다. 그는 사촌에게 비행기 삯을 빌려 1993년부터 그곳에서 연구를 시작했고, 유전자 코드를 스캔하고 짤 수 있는 소프트웨어를 제작했다. 당시로서는 새로운 연구 분야였다. 그는 자신의 연구 작업을 주제로 세미나를 열었고, 서툰 영어로 개최한 세미나에는 미국 면역학회 회장 리처드 더튼[Richard Dutton]도 참석했다. 이는 앞으로 벌어질 일의 중요한 발단이었다.

더튼은 메드츠히토프의 세미나에 깊은 감명을 받았다. 메드츠히토프는 더튼에게 자신의 연구직이 곧 종료되며, 제인웨이와 이메일을 주고받고 있고, 제인웨이가 있는 곳에서 연구를 하고 싶다는 소망을 피력했다. 그 후 더튼은 제인웨이의 전화 응답기에 메시지를 남겼다. 메드츠히토프가 탁월한 과학자라는 의견을 전달한

것이다. 다음 날 아침 메드츠히토프는 일자리를 제안하는 제인웨이의 이메일을 받았다.[45]

1994년 1월 2일, 메드츠히토프는 마침내 제인웨이를 직접 만났다. 두 사람 모두 큰 그림을 그리는 사유에 능통한 과학자들이었고 새로운 아이디어에 열의를 갖고 있었다. 이렇게 해서 평생 지속될 두 사람의 협력 관계와 우정이 시작됐다. 이들이 바로 착수해야 할 일은 인간의 면역세포가 세균의 명료한 신호를 감지할 수 있는 '형태인지수용체'를 실제로 갖고 있는지를 알아보는 작업이었다. 이들에게 필요한 것은 단 하나의 사례였지만 그것을 찾아내는 일 자체만으로도 큰 난제였고, 메드츠히토프가 실제 연구 경험이 너무 적다는 것 역시 문제가 됐다. 하지만 로알드 달$^{Roald\ Dahl}$이 자신이 쓴 마지막 동화에서 "반짝이는 눈으로 주변 세계를 주시하는 것은 언제나 도움이 된다. 가장 위대한 비밀은 늘 전혀 예기치 않은 장소에 숨어 있는 법이기 때문이다"라고 말했듯이[46] 메드츠히토프 또한 예외가 아니었다. 그의 성공은 예기치 않은 자원 속에 뿌리내리고 있었다. 바로 곤충이었다.

인간과 마찬가지로 곤충 역시 박테리아와 균류 같은 세균의 위협에 노출되어 있다. 그러나 과학자 피에르 졸리$^{Pierre\ Joly}$는 1960년대, 곤충이 결코 기회감염$^{opportunistic\ infection}$(병원성이 없거나 미약한 미생물이 극도로 쇠약한 환자에게 감염되어 생기는 질환-옮긴이)의 영향을 받지 않는 것 같다는 점에 주목했다. 스트라스부르크에서 연구 중이던 졸리는 곤충의 기관을 다른 곳으로 이식해도 마찬가지라는 점을 관찰한 뒤 곤충이 특별히 강력한 어떤 면역 방어체계를 갖고 있는 게 분명하다고 추정했다. 졸리는 쥘레스 호프만[Jules Hoffmann]이라는, 당시 박사학위 과정 중이던 23세 연구자를 데리고 자신의 연구실에서 일하고 있었다. 호프만은 아버지가 곤충학자였던 관계로 곤충 연구에 관심이 많았다. 그는 졸리가 생각했던 곤충의 면역력을 파악하는 일에 착수했다. 연구 대상은 메뚜기였다.

1978년, 졸리가 은퇴하자 당시 36세의 호프만은 연구실 책임자가 됐다. 시간이 지나면서 호프만은 팀의 연구 대상을 메뚜기에서 초파리로 바꾸었다. 초파리는 과일을 먹으며 그 속에서 번식한다. 초파리가 연구에 처음 쓰인 것은 1900년대 초반이었다. 보관이 쉽고 음식찌꺼기 같은 간단한 먹이를 먹는데다 생애주기도 2주 정도로 짧기 때문이었다. 이런 이유로 초파리는 생물의학 연구에서 엄청난 역할을 수행하는 주인공이 되었고, 무려 여섯 개나 되는 노벨상 수상 발견의 재료가 된 중요한 동물이다.[47] 그러나 호프만이 초파리로 실험 대상을 바꾼 또 하나의 실질적 이유는 그의 팀원 절반에게 메뚜기 알레르기가 있다는 사실 때문이었다. 호프만의 아내이자 박사학위 연구자였던 다니엘르 호프만[Danièle Hoffmann]은 특히 알레르기가 심했다.[48]

호프만의 팀은 박테리아를 초파리에게 주입한 다음 다른 박테리아를 죽이는 능력을 보기 위해 초파리의 혈액을 주기적으로 검사했다. 호프만은 초파리의 혈액이 항균성을 획득하면 면역반응의 스위치가 켜졌다는 뜻임을 알고 있었다. 그 후 팀은 다음 두 가지 중요한 질문에 대한 답을 찾는 데 착수했다. 첫 번째 질문은 '초파리의 혈액에 세균을 죽이는 능력을 부여한 것은 어떤 종류의 분자인가?' 하는 것이었다. 두 번째 질문은 '초파리의 면역반응을 관장하는 것은 어떤 유전자인가?'였다.

첫 번째 질문의 답은 꽤 수월하게 나왔다. 특정한 분자(펩타이드라는 짧은 단백질 조각)가 누에나방에게서 항균성을 띠는 것으로 이미 확인되었던 것이다. 호프만의 팀 역시 초파리 속에서 이와 비슷한 분자를 발견했다. 상이한 분자마다 서로 다른 종류의 세균을 죽이는 능력을 갖고 있었다.[49] 그의 팀은 10만 마리의 초파리로부터 이들이 균류를 죽이는 데 사용하는 펩타이드를 분리해냈다(요즘은 초파리 20마리 정도면 분리가 가능하다).[50]

두 번째 질문에 대한 답을 구하는 과정에서 호프만이 초파리를 실험 대상으로 선택한 것은 매우 중요한 결정이었다. 초파리의 유전자 구조는 여러 가지 다른 이유로 호프만의 연구실 외 다른 실험실에서도 연구 대상이었기 때문이었다. 별개로 진행되던 이 연구는 호프만의 연구팀에게 중요한 실마리를 제공했다. 그중 하나는 곤충의 유전자 중 '톨[toll]'이라는 유전자(독일어로 toll은 '크다, 위대하다'라는 뜻이다)에 관한 것이었다. 톨 유전자는 초파리의 배아 발달 시 중요한 것으로서 (IL-1수용체라 불리는) 인간 유전자와 유사하다는 점이 밝혀졌었다. IL-1수용체는 면역 역할을 한다고 이미 알려져 있었다. 그뿐 아니라 파리와 인간에게 존재하는 특정 유전자(NF-카파-B 전사인자 [NF-kappa-B transcription factors]라고 알려져 있다)가 인간의 면역반응에 중요하다는 점도 같은 시기에 발견됐다.[51] 이러한 발견에 자극받은 호프만 팀은 특정 비활성 유전자를 지닌 초파리가 감염 처리에 어려움을 겪는지를 시험하는 일에 착수했다.[52] 이 중요한 실험은 1992년 11월, 호프만의 팀에 들어온 과학자 브루노 르메트르$^{Bruno\ Lemaitre}$가 실행했다. 1993년부터 1995년까지 계속된 실험에서 그는 초파리들이 균류 감염을 처리하기 위해 톨 유전자에 의존한다는 것을 발견했다.[53] 초파리의 배아 발달에 연루된 유전자들이 이들 면역계의 일부이기도 하다는 사실을 밝힌 것은 그야말로 굉장한 발견이었고 즉시 그 공로를 인정받았다.[54] 1996년 9월, 세계에서 가장 명망 있는 과학 학술지 중 하나인 《셀》의 표지에는 비활성 톨 유전자를 가진 초파리가 흐릿한 균류로 덮인 모습을 담은 놀라운 사진이 실렸다.

1992년 6월, 호프만은 이 발견 전에 예일대학교로 가서 제인웨이를 만났다. 그는 "평생 곤충이나 들여다보면서 틀에 박힌 생활을 하고 싶지 않아서였다"라고 회고한다.[55] 이 당시의 논의들은 곤충과 생쥐와 인간의 면역을 비교하는 공동연구 프로그램으로 이어졌고, 1993년에 호프만은 선천면역을 주제로 하는 세계 최초의 학회를 조직했다. 학회 장소는 베르사유였다.[56] 1996년 봄, 매사추세츠 주 글로스터에서 열린 후속 학회에서 호프만은 제인웨이와 메드츠히토프에게 자신의 팀이 발견한 내용에 관해 처음으로 언급했다. 곤충이 균류를 방어하는 데 있어서 톨 유전자가 중요하다는 내용의 이야기였다. 제인웨이와 메드츠히토프는 흥분했다.

그 이후 사건들의 정확한 전개 과정은 이야기 주체가 누구인 가에 따라 달라진다. 메드츠히토프는 자신이 전부터 이미 톨 유전 자와 비슷한 인간 유전자를 연구하고 있었다고 주장하는 반면, 다른 연구자들은 곤충의 톨 유전자 발견에 '영향을 받아' 메드츠히토 프와 제인웨이가 이와 유사한 인간 유전자 연구에 돌입했다는 암시를 풍긴다.[57] 누구의 말이 맞건 제인웨이의 연구실에서 연구 중이던 메드츠히토프는 곤충의 톨 유전자와 비슷한 인간 유전자 연구의 비중을 늘렸고, 중요한 것은 그가 곤충의 톨 유전자와 유사한 인간 유전자가 면역반응과 연관되어 있다고 알려진 다른 유전자 (특히 NF-카파-B 전사인자)의 활동을 촉발시킬 수 있다는 것을 발견했다는 점이다.[58] 이러한 발견들을 한데 모아보면 그 함의는 정말 심오하다. 이들의 발견으로 곤충과 인간처럼 서로 다른 생명체가 질병과 싸우는 유전적 유산을 공유하고 있다는 사실이 입증되었기 때문이다.

이후 다른 연구팀들은 곤충의 톨 유전자와 유사한 유전자를 쥐와 인간에게서 훨씬 더 많이 밝혀냈다.[59] 이들을 한데 모아 톨유 사수용체toll-like receptor, 즉 TLR 유전자라고 부른다. 이러한 이름이 붙은 이유는 각각의 유전자가 곤충의 톨 유전자와 유사한 단백질을 코딩하는 유전자 묶음이기 때문이다. 인간에게는 톨유사수용체 유전자가 열 개 있다. 연구가 진행되면서 각 유전자에 숫자가 부여됐다. 메드츠히토프가 발견한 최초의 인간 톨 유전자는 현재 'TLR4' 라고 불린다. 돌연변이 생쥐 실험은 이 상이한 톨 유전자들이 모든 종류의 박테리아와 바이러스를 막는 면역반응에 필수적이라는 것을 보여주었다. '어찌된 영문인지' 톨 유전자가 면역에 중요하다는 것은 분명했으나 이것들이 어떻게 작용하는지 제대로 알고 있는 사람은 없었다. 적어도 1998년 9월 5일까지는 말이다.

브루스 보이틀러[Bruce Beutler]는 시카고 출생의 과학자로서 댈러스의 텍사스대학교 사우스웨스턴의료센터에서 연구 중이었다. 그는 한 가지 문제에 매달려 5년의 시간을 보냈다. 지질다당체에 노출된 생쥐에게서 면역반응을 일으키는 데 중요한 유전자가 무엇인가를 알아내는 일이었다. 지질다당체는 보통 박테리아의 외피에서 발견되는 화학물질로서 특히 강력한 애주번트라고 알려져 있었다. 이 유전자의 중요성은 널리 알려져 있었는데, 면역반응과 관련된 유전자야말로 면역계가 어떻게 박테리아 분자를 감지하는가에 관해 큰 실마리를 줄 가능성이 높기 때문이었다. 보이틀러는 이를 규명하는 문제를 놓고 다른 연구소들과 경쟁관계에 있었다. 그는 이 문제 때문에 살고 있다고 해도 과언이 아니었고 심지어 관련된 꿈까지 꿀 정도였다.[60] 그는 이 연구를 잃어버린 동전을 거실에서 찾는 일에 비유했다. 도대체 언제 동전이 나타날지 알 수 없다는 점에서 이런 일은 특히 절망스럽다.

1998년은 보이틀러에게 별로 조짐이 좋은 해가 아니었다. 그해 4월, 그는 자신의 연구 기금이 곧 중단될 거라는 소식을 들었다. 이미 이 문제에 지나치게 오랜 시간을 낭비했다는 이유에서였다. 엎친 데 덮친 격으로 가정생활 역시 순탄치 않았다. 아내인 바버라와 별거에 들어간 것이다. 세 아들을 공동양육하는 쪽으로 결론이 날 배심 재판을 포함해 긴 이혼 과정이 시작됐다. 보이틀러는 그때를 "가정 문제로 고통스러운 시기가 유전 연구의 위기와 겹쳤다"고 회고한다.[61] 그는 연구팀을 이끄는 동시에 연구실이 얻은 데이터를 직접 분석했고 그 과정에 도움이 될 고유한 컴퓨터 코드까지 만들었다.[62] 그해 9월 5일 저녁, 그는 자신의 컴퓨터 화면 속의 분석 결과를 보고 기쁨에 겨워 어쩔 줄을 몰랐다. 생쥐의 몸속 박테리아 분자의 지질다당체를 알아보는 중요한 유전자가 호프만의 곤충 톨 유전자 및 메드츠히토프의 인간 유전자 TLR4와 매우 유사하다는 점이 드러났다.

마침내 큰 그림을 보여줄 조각들이 맞춰졌다. TLR4 유전자는 박테리아 외피에서 온 지질다당체와 서로 맞물릴 수 있는 단백질 분자를 코드화한다. 달리 표현하면 TLR4 유전자는 제인웨이가 존재하리라고 예측했던 형태인지수용체 분자(보이틀러는 이 단백질 분자를 면역계의 두 눈 중 하나라고 불렀다)를 코드화함으로써, 이 수용체 단백질을 가진 면역세포들에 박테리아를 추적하는 선천적 능력을 제공한다. TLR4가 박테리아의 지질다당체 분자를 추적한다는 것은 몸속에 면역반응이 필요한 무언가가 있다는 뜻이다. 보이틀러는 자신이 제인웨이의 초창기 아이디어에 직접 영향을 받은 것은 아니었다고 말한다. 그는 전혀 다른 관점에서 문제를 파고들었다. 즉 면역계가 박테리아에 반응하도록 해주는 유전자가 중요한 것은 명명백백하므로, 그 유전자가 면역세포 표면에서 수용체 단백질을 코딩할 가능성이 있다고 생각한 것이다.[63] 그뿐 아니라 보이틀러는 순수한 사유의 대가들이 생물학의 진보를 담보하던 시절은 오래전에 지나갔으며, 오늘날 진보의 동력은 관찰이라고 믿었다.[64]

보이틀러가 자신의 발견 소식을 처음으로 알린 사람은 그의 롤 모델인 아버지였다. 아버지는 발군의 과학자였고 평범한 일상에 안주하기보다 무언가 중요한 일을 하라고 늘 아들을 독려한 인물이었다.[65] 아버지는 아들에게 끊임없이 탁월함을 요구했지만 정작 아들이 이루어낸 탁월한 성과에 대해서는 그 의미를 몰라 "어리둥절해했다"고 한다.[66] 보이틀러는 아버지와 통화한 다음 오랜 동료 학자(또 다른 종류의 가족)에게 전화를 걸었고 이번에는 두 사람 모두 흥분에 사로잡혔다. 보이틀러는 연구 기금을 지원하는 기관에도 전화를 걸었지만, 담당자들은 그해 초에 내린 자금 지원 중단 결정에 대해서는 번복 불가능하다는 답변만 내놓았다.[67]

보이틀러의 발견이 발표된 것은 1998년 12월이었다.[68] 다른 경쟁 팀들 또한 결승선에 도달했다. 다른 종류의 실험으로 보이틀러와 동일한 결론에 다다른 것이다. 그러나 경기의 승자는 단연 보이틀러였다.[69] 그중 한 팀인 몬트리올의 다니엘 말로^{Danielle Malo}의 연구팀은 보이틀러가 결과를 발표한 지 3개월 뒤 동일한 발견을 보고했다.[70] 이들의 논문은 보이틀러의 초기 발견에 관해 언급하지 않았지만 보이틀러는 이들의 논문 수정을 종용했고, 수정된 논문에서는 보이틀러가 먼저 학회에서 같은 내용을 발표했다는 사실이 명료하게 표명됐다. 일본의 연구팀 역시 말로의 논문이 나오고 두

달 뒤에 같은 내용을 발표했다.[71]

그로부터 13년 뒤인 2011년 10월 3일, 보이틀러는 자신의 휴대전화에서 '노벨상'이라는 제목의 이메일을 보았다. "친애하는 보이틀러 씨, 귀하께 희소식이 있습니다. 노벨위원회는 오늘 2011년 노벨 생리의학상 수상자로 귀하를 선정했습니다. …… 축하드립니다!"라는 내용이었다. 수상 소식을 믿지 못한 그는 노트북을 열어 구글 뉴스를 검색한 뒤에야 수상 소식이 사실이라는 것을 알았다.[72]

그는 호프만과 캐나다의 면역학자 랠프 스타인먼[Ralph Steinman]과 공동 수상했다. 제2장에서는 이 두 사람의 연구를 살펴볼 것이다. 많은 과학자가 이들의 발견이 노벨상을 탈 만하다고 생각했다. 그러나 수상 발표 한 달 뒤, 스물네 명의 저명한 면역학자가 유례없는 조치를 취했다. 노벨위원회가 세계 최고의 학술지 《네이처》에 "제인웨이와 메드츠히토프의 중대한 공헌을 놓쳤다"라고 주장하는 편지를 실은 것이다.[73]

애석하게도 제인웨이는 2003년 4월 12일 림프종으로 사망했다. 노벨상 규정상 사망자는 상을 받을 수 없다. 《네이처》에 실린 그의 사망 기사에는 "대부분의 과학자들은 패러다임 변화에 기여하겠다는 포부만 품는 반면 제인웨이는 패러다임의 변화를 직접 정초했다"라고 쓰여 있었다.[74] 제인웨이는 300편이 넘는 과학 논문을 발표했고 주요 면역학 교과서를 집필했다. 2014년, 미국 메릴랜드 주 베데스다 국립보건원의 연구원인 저명한 면역학자 빌 폴[Bill Paul]은 제인웨이가 그토록 일찍 사망하지 않았더라면 분명 노벨상을 수상했을 것이라고 말했다.[75] 그의 후배였던 메드츠히토프 역시 노벨상을 받을 자격이 있었고 실제로 노벨상 발표 직전, 다른 권위 있는 상인 쇼상의 2011년 공동 수상자로 결정됐다. 호프만, 보이틀러와 공동 수상이었다. 그러나 노벨 생리의학상의 또 다른 규정상 상은 최대 세 명의 과학자까지만 받을 수 있기 때문에 메드츠히토프가 명단에서 빠졌다. 노벨위원회는 틀림없이 메드츠히토프의 연구 공적을 놓고 의논했을 것이다. 그러나 이들의 회의 기록은 50년 동안 비밀에 부쳐진다. 위원회 의견의 전말을 알려면 2061년까지 기다려야 한다.

과학자들이 자신의 연구 분야에서 상을 탄 다른 과학자들을 순순히 축하해주리라고 생각한다면 오산이다. 이들은 사이가 그다지 좋지 않다. 보이틀러의 연구팀과 제인웨이의 팀은 TLR4의 박테리아 '감지' 능력에 대한 발견을 놓고 경쟁의식이 심했다. 메드츠히토프는 자신이 보이틀러와 비슷한 시기에 제인웨이의 실험실에서 똑같은 발견을 했다고 주장하는 반면, 보이틀러는 먼저 발견한 것은 자신이고 당시 메드츠히토프의 연구는 불완전했다고 주장한다. 오늘날까지도 메드츠히토프는 보이틀러나 호프만이 초청받은 과학 학회에 참석하기를 거부한다.[76]

노벨상과 관련된 또 다른 문제는 2011년 12월에 불거졌다. 1993년부터 1995년까지 호프만의 연구소에서 중요한 실험들을 수행했던 르메트르는 노벨위원회가 자신을 묵살했다고 주장하는 특별 웹사이트를 만들었다. 자신이야말로 호프만의 수상 이유가 된 실험을 실제로 했다는 게 그 이유였다. 반면 호프만은 자신의 연구소가 성공한 비결은 서로 다른 전문성과 경험을 지닌 연구자들로 팀을 구성했기 때문이었다고 말한다. 팀원 중 많은 이가 이 연구에 참여했기 때문에 곤충의 톨 유전자가 균류에 대한 면역 방어에 중요하다는 중대한 발견이 가능했다는 주장이었다.[77] 2012년, 여덟 명의 저명한 면역학자들이 호프만을 지지하는 성명을 발표했다. 그들은 호프만이 "연구자들이 그의 연구소에 재직하는 동안, 그리고 그 이후 이들이 독립해서 학자로서의 경력을 쌓는 과정 동안 공동연구자들에게 공헌을 돌리고 이들에게 지지를 표명하는 일을 흠잡을 데 없이 수행해왔다"라고 주장했다.[78] 그 후 2016년 4월, 르메트르는 『과학과 나르시시즘에 대한 소론An Essay on Science and Narcissism』이라는 제목의 책을 자비로 출판했다. '과학에서 성공하는 데는 나르시시즘이 있어야 유리하다'라는 생각을 담은 책이었다.[79] 이러한 종류의 충돌은 과학계에서는 드문 일이 아니다. 특정 발견에 기여한 연구자 개인의 정확한 영향력을 구분하기 어려운 데다 완전히 고립된 상태에서 연구를 하는 사람은 없기 때문이다.

그러나 구설수에 오른 이 발견들이 칭송받아 마땅하다는 사실만은 의심할 여지가 없다. 인간의 몸에 대한 지식에서 분수령이 된 이 발견 이후 면역계의 톨유사수용체에 대한 상세한 연구가 늘어났고, 3만 편 이상의 관련 논문이 쏟아져 나왔다. 이제 이 발견의 다음 단계는 숫자를 매긴 각각의 수용체들이 어떤 종류의 세균을 알아볼 수 있는가를 찾아내는 일이었다. TLR4가 박테리아의 외피 지질다당체 분자를 추적하는 반면 TLR5와 TLR10은 기생충에서 발견되는 분자를, TLR3과 TLR7, TLR8은 일부 유형의 바이러스를 추적한다는 발견이 이루어졌다. 홍수처럼 쏟아져 나온 후속 연구 또한 톨유사수용체가 형태인지수용체의 '한 종류에 불과하다'는 점을 밝혀냈다. 그밖에도 다른 수용체들이 많다. 이들은 뉴클레오티드저중합체 수용체nucleotide oligomerisation receptors, C형렉틴수용체C-type lectin receptors 그리고 레티노산유도유전자-1 유사수용체 등 부르기에도 부담스러운 이름을 가진 것들이다.

각 형태인지수용체는 서로 다른 종류의 세균을 찾아낼 수 있을 뿐만 아니라 몸속의 위치 또한 다르다. 각 수용체마다 특정 세균이 발견될 만한 장소에 전략적으로 포진해 있다는 뜻이다. 가령 TLR4는 백혈구 표면에 자리 잡고 있다. 대장균과 살모넬라균을 비롯한 박테리아를 경계하기 위해서다. 또 다른 형태인지수용체인 RIG-1은 세포 안에 자리 잡고 독감 같은 바이러스의 뚜렷한 징후를 살핀다. 질염을 일으키는 칸디다 진균 같은 균류를 찾아내는 데 중요한 수용체는 균류를 능숙하게 파괴하는 면역세포의 표면에서 보초를 선다. 이러한 세부 사항을 알아낸 팀들 중 한 명은 일본 오사카대학교의 아키라 시즈오가 이끄는 연구팀이다. 시즈오는 "말수는 적고 글은 많이 써낸 인물"로 유명하다.[80]

이러한 발견이 이루어지기 전에는 선천면역이 단지 포괄적 방어에 불과하다고 생각했다. 가령 피부가 몸속으로 들어오는 온갖 종류의 세균을 방어하는 단순한 장벽이라고 간주하는 식이었던 것이다. 그러나 상이한 다수의 형태인지수용체-각각이 특정 유형의 세균을 감지할 채비를 갖추고 위협에 맞는 반응을 촉발시키는 수용체-가 발견되자, 선천면역계가 단지 세균의 존재만 찾아내는 것이 아니라 존재하는 세균의 유형을 인지하고 그에 어울리는 면역반응을 지시할 수 있다는 사실이 명확해졌다.

지구상에 알려진 생명체 150만여 종 중 약 98퍼센트가 무척추동물이며 이들이 질병을 이기고 살아남는 방어는 이러한 유형을 통해서만 이루어진다. 무척추동물의 면역계는 세균의 뚜렷한 징후를 잡아내는 수용체만 사용한다는 뜻이다. 반면 척추동물인 인간에게 이러한 방식은 우리 몸이 질병을 발견하는 여러 방식 중 하나에 불과하다. 이제 드디어 밝혀진 체계(혹은 하위 체계)인 선천면역은 인간 몸의 첫 번째 방어선을 형성한다. 선천면역은 존재하는 세균에 대한 즉각적인 반응인 셈이다.[81] 기회감염인 진균 감염이나 우리 몸의 상처를 통해 들어오는 박테리아는 대개 선천면역계에 의해 신속히 처리된다. 선천면역반응이 감염을 온전히 처리할수 없을 때만 후천면역반응(T세포와 B세포의 작용)이 중요해진다. 감염이 일어난 지 며칠이 지나서다. 2, 3일 내에 해결되는 감염은 대개 형태인지수용체에 의해 감지되는 세균, 그리고 이 세균이 일으키는 적절한 반응과 관련이 있다. 추정이 어렵긴 하지만 사실상 미생물에 대한 신체 방어의 약 95퍼센트는 선천면역이 담당한다고 추정된다.[82] 지금으로부터 220년 전 제너가 여덟 살짜리 소년에게 최초로 천연두 백신접종을 제공했던 이후로 인류는 면역의 역학을 이해하려고 애써왔지만, 1989년 무렵까지 연구해놓은 것은 우리의 면역 방어를 구성하는 것들 중 지극히 일부에 불과하다. 아마 겨우 5퍼센트 정도일 것이다.

선천면역을 연구한 선구자들은 처음에는 자신들이 발견한 면역이 의학적으로 어떻게 적용될 수 있을까 하는 데까지 생각이 미치지 못했다. 이들이 골몰한 것은 그저 면역의 작용 방식에 대한 수수께끼를 푸는 일뿐이었다. 호프만은 호기심이 연구의 추진력이 되어야 한다는 점을 강조했다. 그는 "응용과학 따위란 존재하지 않는다. 그저 과학을 응용한 산물이 있을 뿐이다"라는 루이 파스퇴르의 견해를 믿는다.[83] 아닌 게 아니라 의외의 영역, 즉 과학계 중앙으로부터 멀리 떨어진 곳에서 나온 의학 진보의 사례는 많다. 가장 좋은 사례 중 하나가 엑스레이다. 우주학자인 마틴 리스[Martin Rees]의 말대로 "육신을 투명하게 비춰주는 연구에 대한 제안서는 기금을 받지 못했을 테고 설사 받았다 해도 그 연구가 엑스레이로 이어지지는 못했을"것이다.[84] 그러나 선천면역의 발견으로부터 유래한 중요한 의학적 결과가 있다는 사실이 곧 분명해졌다. 모든 것이 시작된 곳으로 돌아가보았을 때 단연 중요한 결과는 백신접종과 관련된 것이었다.

알루미늄염이 백신의 작용을 돕는 애주번트로 기능하는 메커니즘은 아직 명확히 밝혀져 있지 않다. 그러나 이 물질은 1932년 이후로 수억 명의 사람들에게 사용되면서 효력을 발휘했다.[85] 단 한 가지 분명해진 것은 애주번트가 면역계의 선천적인 부분을 작동시키기 때문에 중요하다는 것이다. 그 결과 꼭 알루미늄염을 쓰지 않고도 형태인지수용체의 표적으로 규명된 특정 분자들을 이용해 선천면역반응을 촉발시킬 수 있는 애주번트를 맞춤형으로 만들수 있게 됐다. 그 덕에 제약회사들은 백신 연구가 이윤 창출이 어려운 분야라고 생각했던 과거의 통념을 버리고 여기서 수익 가능성을 점치기에 이르렀다. 이러한 입장 변화와 빌&멜린다 게이츠재단―말라리아 백신을 개발하기 위한 새로운 애주번트 연구를 후원했다―같은 자선단체의 노력이 짝을 이루어 1990년대 선천면역이 선구적으로 발견된 이후로, 백신 연구 분야는 관심이 집중되는주제로 군림해왔다. 선천면역 연구가 의학적으로 응용된 초기의 성공 사례 중 하나는 지질다당체와 유사한 분자의 발견이다. 2009년이 분자는 자궁경부암을 일으키는 인간 유두종 바이러스용 백신 승인을 받았다.[86] 이것은 나의 추정인데 제인웨이를 수상자 명단에 포함시키는 일이 늦어진 이유는, 노벨위원회가 선천면역 분야의 상을 수여하기 전에 의학적 성과가 명확해지기를 기다렸기 때문일가능성이 있다. 아무튼 제인웨이의 아이디어를 의학적으로 응용하는 데 꼬박 20년이 걸렸다는 사실은, 호기심으로 추진하는 연구가민간 자금이 아니라 공적 자금의 지원을 받는 이유를 극명하게 보여준다.

그 외에도 선천면역 분야의 의학적 활용 가능성은 또 있다. 보이틀러와 다른 면역학자들은 가까운 미래에 톨유사수용체의 작용을 막는 신약으로 자가면역질환 치료에 기여할 수 있을 것이라고 전망한다.[87] 톨유사수용체를 막는 인자들은 이식의 부작용을 예방하는 데도 도움이 될 것이다. 이식의 부작용 또한 원치 않은 면역반응, 다시 말해 이식된 기관이나 조직에 대항하는 환자의 면역반응에서 유래하기 때문이다.[88] 선천면역계에 대한 의학 방면의 연구는 계속되고 있고, 여기서 이루어지는 발견들은 신약이 개발되어 제 역할을 할 또 다른 신세계를 열고 있다. 선천면역과 후천면역이라는 서로 다른 하위 체계가 연계되는 방식에 대한 연구 분야가 그것이며, 바로 다음으로 살펴볼 주제다.

언젠가 나는 메드츠히토프에게 질문을 던진 적이 있다. 제인웨이가 다른 어떤 과학자보다 훨씬 먼저 그토록 많은 것을 예견할 수 있었던 능력의 비결이 무엇이냐는 질문이었다.[89] 메드츠히토프는 망설이지 않고 대답해주었다. 대부분의 과학자들은 연구 생활 내내 한 가지 거대한 아이디어에 골몰하는 반면, 제인웨이는 독창적인 사람들이 대개 그렇듯 많은 아이디어에 한꺼번에 골몰했고, 무엇보다 자신이 오류를 저지를 가능성을 절대로 두려워하지 않았다고 말이다.

2_____ 위험을 감지하는 세포

인간의 뇌는 항상 움직임이나 변화를 주시하기 때문에 뭔가 번쩍하거나 스치기만 해도 신속하게 반응한다. 인간은 이렇게 하도록 진화해왔다. 사소한 바람의 일렁임이라고 해도 과민하게 반응하는 쪽이 진짜 존재할지도 모르는 위협을 놓치는 것보다 낫기 때문이다. 잠깐 동안 쓸데없는 공포를 느꼈다손 치더라도 직접 해를 입는 일은 피했으니 과민반응을 해도 크게 손해볼 일은 아닌 셈이다. 하지만 면역계는 이보다 더 정밀한 주의를 기울여야 한다. 면역계의 힘은 단순한 예방책으로 촉발되어서는 안 된다. 과도하게 반응하는 열정의 면역세포는 건강한 세포나 조직을 쉽게 파괴할 수 있기 때문이다. 패혈성 쇼크나 다발성경화증 혹은 소아당뇨 같은 자가 면역질환이 그런 사례다.

찰스 제인웨이와 동시대인이었던 캐나다의 면역학자 랠프 스타인먼은 제인웨이와 마찬가지로 면역반응이 어떻게 시작되는지에 관한 수수께끼에 골몰했다. 그러나 스타인먼은 이 문제에 관해 약간 다른 사고방식을 갖고 있었다. 그가 가장 중요하게 대답해야 한다고 생각한 질문은 다음과 같은 것이었다. 신체는 어떻게 '과하지 않은 적정 수준의 경계 태세로' 면역반응을 일으키는가? 이것은 매우 중요한 질문이었다. 그는 다음과 같이 추론했다. 만일 면역계가 반응 시기와 방식을 어떻게 적절하게 결정하는지 그 방법을 알 수 있다면, 면역을 조율하는 방법을 알아내 자가면역질환에서처럼 면역반응이 잘못될 때 생기는 문제와 싸워볼 수 있을 터였다. 작가 아서 쾨슬러Arthur Koestler는 『창조의 행위The Act of Creation』에서 "발견의 역사는 예기치 않은 목적지에 도착한 이들, 잘못된 배를 타고 올바른 목적지에 도달한 사람들로 가득하다"고 말한다.[1] 면역계가 어떻게 작동하는가에 대한 이 중요한 문제를 풀기 시작했을 때 스타인먼의 목적지는 새로운 유형의 세포라는 기념비적인 과학 발견이 될 터였다.

스타인먼의 부모는 그가 종교를 공부한 뒤 가전제품부터 의복까지 온갖 물건을 판매하는 가업을 물려받기를 원했다. 하지만 정작 그는 과학에 매료되어 있었다.[2] 과학자들이 상이한 종류의 세포들을 혈액이나 세포에서 분리하는 방법을 알아낸 지 얼마 되지 않았을 때였다. 당시 면역학의 최전선은 세포들의 상이한 조합을 배양접시에 섞은 다음, 이들의 행태를 검사함으로써 면역 작용의 작동방식을 분석하는 것이었다. 이 최전선에서 연구하기로 마음먹은 스타인먼은 보스턴의 매사추세츠종합병원에서 의학 교육의 일환으로 열린 '새 세포 면역학'에 대한 강의에서 영감을 받아 1970년, 뉴욕의 록펠러대학교에 있는 잔빌 콘$^{Zanvil\ Cohn}$ 연구소에 들어갔다. 이미 면역세포 연구로 명망이 자자하던 곳이었다.[3]

그곳에서 첫 2년 동안 스타인먼은 당시 연구소가 매달리던 주요 주제를 연구했다. 면역세포가 어떻게 자기의 환경에서 분자를 집어삼킬 수 있는가를 연구하는 것이었다.[4] 그러나 1972년, 그는 훨씬 더 보람 있다고 입증된 다른 문제로 관심을 돌렸다. 부세포 $^{accessory\ cell}$의 수수께끼를 밝히는 일이었다. 당시 부세포는 실제 세포라기보다는 하나의 개념이었다. 이 개념은 달리 설명하기 어려운 관찰을 설명하기 위해 고안된 것이었다. 분리된 면역세포(특히 T세포와 B세포)가 면역반응을 일으킬 수 있다고 알려진 무언가와 섞였으나 아무 일도 일어나지 않았던 것이다.[5] 면역세포가 반응을 하려면 필시 다른 무언가가 존재해야만 하는 듯했다. 그러나 그것이 무엇인지, 그리고 왜 필요한지는 아무도 알지 못했다. '부세포'는 그 다른 것을 가리키기 위해 사용된 이름이었다.

면역반응이 쉽게 일어나는 곳이 비장이라는 사실은 이미 알려져 있었다. 스타인먼은 쥐의 절개한 비장에서 분리시킨 T세포와 B세포를 이용했고, 선배 과학자들과 마찬가지로 부세포를 추가하지 않고는 배양접시에서 면역반응을 일으킬 수 없다는 것을 발견했다. 그리고 실제로 이것은 현미경 아래 놓인 유리에 붙어 있는 게

뭐든 비장에서 나온 무언가를 추가해야 한다는 뜻이었다. 그래서 스타인먼은 비장에서 나온 무언가가 정말 유리에 붙어 있는지 꼼꼼히 관찰하기로 했다. 실제로 현미경 렌즈 아래 펼쳐진 뒤범벅된 세포들 중 그의 주의를 끄는 무언가가 있었다. 그것들은 별모양처럼 끝이 뾰족뾰족한 돌출 형태를 하고 있었다. 나무의 몸통에서 자라나온 가지처럼 본체에서 나온 미세한 돌출부가 너무도 많은 이 세포들은 교과서에 그려져 있는 달걀프라이 모양의 세포와는 전혀 다른 모양을 하고 있었다. 이 세포들은 스타인먼이 전에 보았던 그 어떤 것과도 다른 모양이었다.

스타인먼이 이 세포들을 본 당시에는 몰랐지만, 사실 이 세포들은 과거에도 관찰된 적이 있었다. 무려 100여 년 전인 1868년에 이 세포를 본 인물은 독일의 생물학자 파울 랑게르한스^{Paul Langerhans}였다. 당시 21세였던 랑게르한스는 피부 속에서 별 모양의 세포를 발견했다. 그는 이 특이한 모양 때문에 이들을 신경세포라고 생각했고, 이에 대해 관찰한 바를 논문으로 발표했다. 「인간 피부의 신경에 관해」라는 제목의 논문이었다. 그가 대학을 졸업하기도 전이었다.[6] 스타인먼은 이 이상한 세포들의 움직임을 관찰하면서 그의 표현대로 그것들이 "다양한 가지 모양을 띤 채 많은 미세한 돌기 부분들을 끊임없이 확장시켰다 수축시켰다 하는 것"을 발견했다.[7] 그는 세포가 이런 식으로 움직이는 것을 한 번도 본 적이 없었다. 이전에 세포들의 이러한 움직임을 본 사람도 전혀 없었다. 설사 보았다 해도 제대로 알아보지 못했다. 하지만 그가 세포들의 이러한 움직임을 알아본 것이 딱히 유레카를 방불케 하는 깨달음의 순간은 아니었다. 스타인먼 역시 이 세포의 희한한 형태나 움직임의 의미를 전혀 알지 못했기 때문이다. 오히려 이 발견의 순간은 그저 '와! 그거 참 희한하군' 정도의 의미를 지녔다고나 할까. 그러나 분명한 점은 스타인먼이 이 세포들이 매우 중요하다고 직감했다는 것이다.

현미경 아래에 놓여 있는 세포의 관찰에 의존함으로써 중대한 과학의 발견을 이룬다는 것, 이는 사람들이 흔히 생각하는 것만큼 만만한 일은 아니다. 그 이유 중 하나를 밝힌 것이 바로 두 명의 하버드대학교 심리학자 크리스토퍼 차브리스[Christopher Chabris]와 대니얼 사이먼스[Daniel Simons]의 충격적인 '보이지 않는 고릴라' 실험이다. 이들은 실험에 지원한 피험자들에게 농구선수 여섯 명이 경기를 하는 비디오 영상을 주시하라고 요청했다. 세 명은 흰 셔츠, 또 다른 세 명은 검은 셔츠를 입고 있었다. 이들은 경기장을 걸어 다니며 자기들끼리 농구공을 주고받았다. 차브리스와 사이먼스는 피험자들에게 흰색 티셔츠를 입은 두 명의 선수 사이에서 공이 오고가는 횟수를 세라고 지시했다.[8] 비디오를 절반쯤 보다 보면(온라인에서 쉽게 이 영상을 구해볼 수 있다)[9] 고릴라 의상을 입은 한 여성이 농구선수들이 공을 주고받는 현장으로 걸어 들어와 선수들 사이에 서서 카메라를 향해 자기 가슴을 두드리고 다시 걸어 나간다. 비디오 시청이 끝난 뒤 피험자들에게 이상한 점을 눈치 챘느냐고 질문했다. 이들의 눈을 추적하는 장치상으로는 모든 피험자들이 농구선수들을 지켜보는 시간 동안 고릴라 역시 똑바로 응시하고 있음이 드러났다. 그러나 정작 고릴라 의상을 입은 여성을 알아본 사람은 피험자의 절반에 불과했다. 이 '지각 간과perceptual blindness'는 방사선을 전문으로 해독하는 전문의 집단을 대상으로 한 실험에서는 훨씬 더 심하게 나타났다. 전문의들에게 폐를 찍은 컴퓨터 단층촬영 사진을 보고 결절을 찾으라고 요청했다. 결절은 사진에서 밝고 흰 원 모양으로 나타난다. 이 사진 중 일부에는 방사선 전문의들이 찾아야 할, 그리고 찾도록 훈련 받은 결절보다 48배나 더 큰 고릴라 사진이 있었지만 그들의 83퍼센트는 고릴라를 응시했는데도 이를 지각하지 못했다.[10]

이러한 실험은 중요한 진실 하나를 극명하게 드러낸다. 시각 작용은 눈이 아니라 뇌로 이루어진다는 것이다. 뇌는 몸의 감각기관이 지각하는 모든 것을 걸러 해석한다. 이 때문에 우리는 우리가 보고 싶은 것만 보는 경우가 대부분이며, 미리 알고 있거나 예상하지 못한 것은 설사 그것이 농구선수들 사이를 버젓이 걸어 다니는 커다란 고릴라라 해도 알아차리지 못한다.

스타인먼이 울퉁불퉁한 돌기 모양의 이 새로운 세포를 '알아보는 데는' 인간 뇌의 이러한 통상적 경향을 극복하는 일이 필요했다. 검증하려던 부세포에 대해 뚜렷한 생각을 갖고 시작하지 않았다는 사실이 오히려 그에게 도움이 되었을 수 있다. 스타인먼의 접근법은 그냥 자세히 살펴보는 것이었다. 고릴라 실험의 함의는 특별히 보고 싶거나 찾는 것이 아예 없을 경우 오히려 새로운 것을 알아보기가 더 쉽다는 뜻이기도 하다. 불이 꺼진 깜깜한 방에서 현미경의 접안렌즈를 내려다보고 있는 경우 관찰자와 그가 검토하는 자연물 대상 사이에는 방해물이 많지 않다. 고독한 공간, 감각이 온통 한곳에 집중된 상태에서는 새로운 것에 대한 인지력이 더 상승할 수도 있다는 뜻이다.

그러나 당시 아직 노련한 과학자가 아니었던 스타인먼의 길을 막을 수도 있었던 장벽은 지각 인지만이 아니었다. 지각 인지는 강력한 장애물이라고 할 수조차 없었다. 오히려 장벽은 어떤 성질의 해석이건 기존의 해석을 추종하다 자신이 본 것을 별것 아닌 것으로 치부해버릴 수 있는 위험이었다. 이와 관련한 유명한 사례가 바로 갈릴레오와 달에 얽힌 이야기다. 1609년 11월, 자신이 새로 제작한 망원경으로 달을 올려다보던 갈릴레오는 달 표면에서 흰 부분과 검은 부분을 보고 달 표면이 과거에 생각했던 것처럼 매끄럽지 않으며 그곳에도 높은 산맥과 깊은 계곡이 있다고 생각하게 됐다. 반면 영국의 천문학자 윌리엄 로우어William Lower는 바로 몇 주 전에 같은 달을 망원경으로 보고도 달의 표면이 얼마 전에 요리사가 만들어준 당밀 타르트 같이 생겼다는 언급만 남겨놓았다.[11] 갈릴레오는 로우어와 달리 자신이 본 현상을 기존의 해석에 기대지 않고 새롭게 해석해낸 것이다.

스타인먼 역시 우연히 발견한 이상한 모양의 세포들이 이미 알려져 있던 세포의 변형이거나 특이한 방식으로 세포를 분리하는 과정에서 영향을 받은 세포로 치부해버렸을 수도 있다. 가령 세포들이 이상하게 움직이는 방식은 그것들이 붙어 있는 유리판 때문이라고 생각해버리는 것이다(살아 있는 동물 내부에서 이 세포의 움직임을 관찰하는 기술이 나온 것은 그로부터 30년이나 지나서였다).[12] 비타민C를 발견했던 얼베르트 센트죄르지[Albert Szent-Györgyi]가 했던 유명한 말대로 발견이라는 마법의 핵심은 "누구나 이미 보았던 것을 보되 누구도 생각하지 못했던 것을 생각해내는 것"이다.[13]

스타인먼의 발견에는 그의 연구 환경이 톡톡히 한몫했다. 그가 몸담았던 연구소의 소장인 잔빌 콘은 늘 팀원들에게 지원을 아끼지 않는 인물이었다. 록펠러대학교 출판사는《실험의학 저널》이라는 자체 과학 학술지를 운영하고 있었고, 스타인먼이 자신의 초기 발견들을 그토록 저명한 저널에 발표할 수 있는 환경에서 연구한 것은 분명 큰 도움이 되었을 것이다. 그러나 무엇보다 중요한 것은 위층의 연구실에서 어떤 학자들이 연구를 하고 있느냐였다. 공교롭게도 그가 연구하던 건물 5층에는 스타인먼의 표현대로 "상상도 못할 만큼 위대한 세포생물학자들이 한데 모여 있었다"고 한다. 그 중에는 노벨상을 수상한 조지 펄레이드[George Palade]라는 생물학자도 있었다.[14]

또 다른 노벨상 수상자 귄터 블로벨[Günter Blobel]이 가장 영향력 있는 세포생물학자로 칭송한[15] 펄레이드는 과학자들이 전자현미경으로 세포를 볼 수 있는 방법을 개발한 인물이다. 전자현미경은 대상을 기존의 현미경보다 수천 배 이상 확대하기 위해 빛 대신 전자를 사용한다. 사실 전자현미경으로 찍은 최초의 세포 사진 역시 록펠러대학교에서 키스 포터Keith Porter와 앨버트 클로드Albert Claude와 어니스트 풀럼Ernest Fullam 팀이 1945년에 처음 발표했다.[16] 펄레이드는 이 팀에 속해 있었고 전자현미경으로 화학반응을 통해 세포에 필요한 에너지를 생산하는 세포 내부의 소기관인 미토콘드리아를 연구했다. 가령 펄레이드는 세포가 어디서 단백질 분자를 만드는지 알아냈다. 이 지식은 생명공학 산업의 많은 부분뿐 아니라 인슐린 생산의 근간에 놓인 과정을 이해하는 데도 매우 중요하다. 이러한 발견은 전자현미경 관찰로 가능해진 혁신의 성과였다. 역사학자이자 과학자인 캐럴 모버그Carol Moberg는 이러한 성과에 주목하며 "20세기에 들어서면서…… 해부학자, 조직학자, 병리학자 그리고 생화학자들의 주된 논쟁거리는 세포 내의 구성 요소가 실제로 존재하는가의 문제였다. 많은 학자는 세포를 무정형의 원형질만 가득 들어 있고 특별한 구조는 없는 효소 자루라고 여겼다"라는 말을 했다.[17] 당시로서는 비교적 소규모 연구 기관이었던 록펠러대학교는 세포 내에서 벌어지는 일에 대한 현대적 지식을 막 산출하기 시작하면서 연구 중심지로서 국제적 명성을 얻어가고 있었다.

다시 스타인먼의 연구로 돌아가자. 그는 그 유명한 펄레이드의 전자현미경을 이용해 자신이 막 발견한 뾰족뾰족한 모양의 세포 내부를 들여다보았다. 중요한 점은 이러한 관찰을 통해 그가 이 세포들이 다른 종류의 면역세포들과 다르다는 확신을 갖게 되었다는 것이다. 가령 이 세포들은 다른 세포들보다 세포질(세포 속 핵 외부를 채우는 걸쭉한 액체)이 훨씬 더 많았다. 스타인먼은 이 세포들이 전혀 새로운 종류의 세포라고 자신했고, 이 새로운 세포에 어떤 이름을 붙일까 고심했다. 과학계에서 새로운 학명을 짓는 일은 아주 귀한 명예이자 특권이다. 스타인먼은 이 세포에게 아내 클라우디아Claudia의 이름을 붙여 '클라우디아사이트claudiacyte'라는 이름을 붙여볼까 고려했다. 그가 자주 언급했던 바대로 아내의 애정과 지원이 없었다면 연구를 성공적으로 해낼 수 없다고 생각했기 때문이다.[18] 스타인먼의 아내는 부동산 중개업을 하면서 남편이 집에서 거리가 먼 연구소에 떨어져 있는 동안 아들과 두 딸을 키우며 가정 일을 도맡아했다.[19] 그러나 결국 스타인먼은 이 세포에 '수지상세포樹枝狀細胞, dendritic cell'라는 이름을 붙이기로 최종 확정했다. 그리스어 '덴드론dendron'은 나무를 뜻한다. 세포의 모양이 나무 기둥에서 이리저리 튀어나온 가지의 돌출부처럼 특이한 모양을 하고 있었기 때문에 붙인 이름이었다.

수지상세포는 몸 전체, 즉 혈액과 피부 그리고 거의 모든 장기에서 골고루 발견되지만 흔하게 보이지는 않는다. 따라서 스타인먼에게 이 세포가 무슨 일을 하는지 알아내는 장장 40년에 걸친 탐색의 다음 단계는 이들을 분리해 상세히 연구하는 방법을 찾아내는 것이었다. 이것은 절대로 만만한 작업이 아니었다. 효과 좋은 방법을 생각해내는 데만 해도 5년이 걸렸다. 그리고 이번에도 역시 위층에서 연구하던 과학자들이 중요한 역할을 했다.

연구소 건물 7층에는 크리스티앙 드 뒤브Christian de Duve가 이끄는 팀이 세제와 다른 화학물질을 이용해 세포를 분리하고 있었다. 세포의 내부 물질들을 분리해 분석하기 위해서였다. 이때 이용한 도구가 원심분리기다. 원심분리기는 세탁기처럼 물질(이 경우에는 부서진 세포들로 가득 찬 시험관)을 회전시키되 초당 수백 회의 훨씬 빠른 속도로 회전시키는 기구다.[20] 원심분리기가 세포 분리에 효과적인 이유는 세포를 구성하는 상이한 성분들의 밀도 차이로 원심력에 의해 세포 물질 중 밀도가 높은 물질이 시험관 바닥으로 가라앉는 반면, 더 가벼운 물질은 위쪽으로 얹히기(혹은 '퇴적되기') 때문이다. 그런 다음 세포 파편들을 관으로 빨아들이면 물질을 따로따로 살펴볼 수 있다. 드 뒤브의 팀은 이러한 방법을 활용해 세포 내 '세포기관organelles'(단어의 뜻 그대로 작은 기관들이다)의 놀라운 세계를 확인해볼 수 있었다. 핵은 세포의 가장 큰 세포기관이라 찾아내기도 비교적 쉽지만, 드 뒤브는 세포 내부에 핵뿐 아니라 다른 많은 작은 부분, 즉 세포기관이 채워져 있다는 것을 발견했다. 이 기관들은 작은 주머니 같아서 세포막으로 둘러싸여 있고 상이한 반응과 작용을 따로따로 담당한다. 드 뒤브는 1974년에 펄레이드와 노벨상을 공동 수상하면서 "저는 살아 있는 세포 사이를 쏘다녔습니다. 그때 도움을 준 것은 현미경보다는 원심분리기였습니다"라고 말했다.[21]

스타인먼은 드 뒤브의 방법을 빌려오되, 세포를 구성하는 부분 대신 상이한 종류의 세포들을 분리해내는 데 원심분리기를 활용했다. 당연히 밀도가 다른 세포들은 원심분리기로 몇 분 정도만 회전시키면 쉽게 분리됐다. 적혈구는 면역세포와 아주 달라서 원심분리기로 쉽게 분리된다. 그러나 수지상세포를 분리하는 과정은 그리 만만하지 않았다. 스타인먼은 이 수지상세포가 밀도가 다른 면역세포뿐 아니라 밀도가 유사한 다른 세포들과도 분리되어 시험관에 쌓이도록 만들 수 있는 방법을 고안해내야만 했다. 이를 알아내는 데만도 수년이 걸렸다. 본질적으로 이 과정은 수많은 시행착오를 통해 얻은 결과였다.

원심분리기로 세포를 회전시킬 경우 분리의 첫 단계에서 (수지상세포를 포함하는) 면역세포는 시험관 꼭대기로 쌓이는 반면, 더 작고 밀도가 높은 세포들은 바닥으로 가라앉는다. 면역세포는 관으로 뽑아 한 시간 동안 유리판에 놓아둔다. 세포들은 그 표면을 덮는 단백질 분자의 종류에 따라 '접착성'이 다르기 때문에 수지상세포를 비롯한 일부 세포는 유리판에 놓아두는 단계에서 그곳에 들러붙고 다른 종류의 세포들은 떨어져나간다. 하룻밤이 지나 남은 세포들이 유리판에서 저절로 떨어져 나오면 스타인먼은 이들을 화학반응에 노출시켜 수지상세포를 제외한 다른 면역세포들이 적혈구 주변에 모이도록 조치한다. 그런 다음 두 번째 원심분리 단계에서 적혈구를 다시 회전시켜 떨구어버리면 적혈구와 함께 그 주변에 모여 있던 다른 면역세포도 함께 떨어져나간다. 결국 마지막에 남는 것이 수지상세포다.

이 공정의 난해함, 그리고 여기에 특별한 노하우가 필요하다는 사실—자전거 타는 법을 읽는다고 해서 자전거를 타게 되는 것은 아니니까—덕분에 스타인먼은 오히려 오롯이 연구에 매진할 수 있었다. 수지상세포를 분리하는 공정의 까다로움 때문에 큰 경쟁자 없이 혼자서 최소한 10년은 수지상세포를 연구할 수 있었던 것이다.[22] 그러나 과학자들이 너도나도 앞다투어 수지상세포를 연구하려들지 않았던 또 하나의 이유는 대다수의 과학자들이 그것을 새로운 종류의 세포라고 여기지 않았기 때문이다. 대부분의 학자들은 스타인먼이 이미 발견된 유형의 세포를 분리시킨 것에 불과하다고 생각했다. 1882년, 우크라이나의 동물학자 일리야 메치니코프[Élie Metchnikoff]가 이미 발견한 세포를 분리한 것뿐이라고 여긴 것이다. 메치니코프는 이 세포를 발견한 공로로 1908년에 노벨상을 수상했다.[23]

신경질적이고 괴팍하나 독창적인 천재로 평판이 자자했던 메치니코프는 "질병은 인간의 특권이 아니라 동물과의 공통점이기 때문에" 동물이 위험에 마주할 때 벌어지는 일을 연구하면 인간의 질병을 연구하는 데 유익하리라고 추론했다.[24] 그는 많은 종들 중 불가사리 유충을 연구했다. 무엇보다 불가사리는 몸이 투명해서 살아 있는 채로 현미경 아래 두고 관찰할 수 있기 때문이었다. 시칠리아에 있는 개인 연구실에서 메치니코프는 날카로운 가시(전설처럼 전해지는 이야기에 의하면 당시 그는 장미꽃 가시로 불가사리 유충을 찔렀다고 한다)로 유충을 찔러 구멍을 냈을 때 이들에게 어떤 일이 발생하는지 지켜보았다. 메치니코프가 발견한 것은 면역에 대한 완전히 새로운 사고방식의 출발점이 됐다. 그가 본 것은 불가사리 세포의 일부가 상처 쪽으로 '움직이는' 모습이었다.

당시 메치니코프는 병리학 수업을 통해 때로 세균이 백혈구 속에서 발견된다는 것을 배웠던 터라, 세포가 상처를 통해 들어올 수도 있는 질병 인자인 미생물(세균)을 특별히 에워싸려고—혹은 먹으려고—상처가 있는 쪽으로 움직인다는 개념은 갖고 있었다.[25] 메치니코프가 사망한 후 그의 아내가 펴낸 전기에 의하면 그는 이렇게 말했다. "내가 깜짝 놀란 것은 생명체의 세포들이 침입자에 맞서 생명체를 방어할 수 있다는 사실이었다. …… 나는 너무 흥분한 나머지 방 안을 성큼성큼 걸어 다니다 해변으로 나갔다. 생각을 정리하기 위해서였다."[26] 메치니코프는 괴로움을 겪는 수동적 생명체의 견지에서만 질병을 사고하는 데서 벗어나 질병이라는 것, 혹은 최소한 일부 종류의 질병이라는 것이 두 개의 다른 종들 간의 극심한 전투라는 것을 깨달았다. 그의 표현대로 이 전투는 "외부에서 온 미생물, 그리고 유기체의 움직이는 세포"간에 벌어지는 싸움이었다.[27] 결국 메치니코프는 일부 세포들이 질병에 맞서 유기체를 보호하는 특별한 기능을 수행한다는 것을 발견했다. 이 기능을 수행하는 것이 바로 면역세포다. 1883년 8월 23일, 그는 "동물들은 박테리아를 먹어치워 소화해버림으로써 이들을 무장해제한다"라고 선언했다.[28] 훗날 메치니코프는 동료들의 도움으로 자신이 발견한 세포에 '식균세포phagocyte', 그리고 이들이 해로운 유기체를 먹어치우는 기능에 '식균작용phogocytosis'이라는 명칭을 붙였다. '세포를 먹는 과정'이라는 뜻의 그리스어에서 유래한 이름이다.[29] 세균을 가장 잘 먹을 수 있는 유형의 세포는 '대식가'라는 의미의 '대식세포^{macrophage}'라고 이름 붙였다.

사실 과학자들은 메치니코프보다 더 이른 시기에 이와 동일한 과정에 대해 보고한 바 있다. 그러나 면역학 역사는 이들의 연구를 묵살했다.[30] 메치니코프는 면역세포가 세균을 먹어치울 수 있다는 관념을 기막힐 만큼 상세히 연구했다. 그는 상이한 종과 상이한 기관에서 온 세포들을 서로 다른 온도에서 다양한 착색제를 이용해 비교했고, 다양한 유형의 박테리아에서 벌어지는 일을 자세히 관찰했다. 심지어 그는 마약이 미치는 영향까지 알아보았다. 그러고도 그는 자신이 이 과정을 발견한 최초의 과학자가 아니라는 사실을 겸허히 인정했다. 메치니코프의 탁월함은 그가 불가사리 유충을 장미 가시로 찔러 관찰한 뒤 바로 면역세포를 발견했다는 사실에 있는 것이 아니다. 그의 진정한 가치는 지속적인 관찰과 사유를 통해 세포의 기능에 대한 생각을 정식화하고 이를 이해하려는 시도를 멈추지 않았다는 데 있다.

스타인먼도 마찬가지다. 그는 현미경 아래에서 수지상세포를 처음 본 순간 이를 바로 알아보지 못했다. 수지상세포를 발견한 순간은 그저 시작에 불과했다. 이는 아무리 좋게 평가해도 당시의 과학자들이 스타인먼이 발견했다고 주장하는 내용에 의구심을 표했다는 뜻이었다.[31] 좋게 말해 의구심이지 사실 스타인먼은 푸대접을 받다시피 했다. 스타인먼의 학생 중 한 명은 국제학회에서 그가 수지상세포에 대해 이야기했을 때 청중이 보인 반응을 '모욕'으로 기억한다.[32] 대부분의 과학자들은 스타인먼이 분리해낸 세포들이 메치니코프가 이미 발견한 대식세포라고 생각했다. 대식세포 또한 유리판에 달라붙는다고 알려져 있었고 수지상세포보다 숫자도 더 많았기 때문이다. 스타인먼이 과학자들을 설득하는 작업에는 증거뿐 아니라 수많은 여행 또한 필요했다. 이 시기 비행기 요금이 저렴해져서 과학자들은 자신의 연구 결과를 알리기 위해 논문 출간에만 기대지 않고 직접 학회에 적극적으로 참가하기 시작했다. 새로운 생각을 널리 알리고 논의의 대상으로 만들기 위해 학회 참석을 중요한 일정으로 생각하는 변화가 과학자들 사이에 나타났던 것이다. 이런 이유로 스타인먼의 가족 휴가지는 대개 면역학 학회가 이루어지는 곳 주변으로 결정됐다.[33]

스타인먼의 팀이 1980년대 초에 실행한 실험들은 수지상세포가 대식세포뿐 아니라 다른 세포들과도 다르다는 것을 과학계에 알리고 설득하는 데 중요한 역할을 했다. 스타인먼의 연구실 소속이었던 연구자 미셸 누센즈바이그[Michel Nussenzweig]는 T세포가 다른 면역세포와 함께 있을 때의 반응을 비교했고, 이를 통해 수지상세포가 면역반응의 스위치를 켜는 고유한 힘을 갖고 있음을 발견했다. 누센즈바이그의 연구는 수지상세포가 불가사의한 부세포라는 강력한 증거를 제공했다.[34] 실험 기구와 전문 기술의 발전으로 상이한 유형의 면역세포를 더 쉽게 연구할 수 있게 되면서 수지상세포를 다른 세포들과 구별하는 시약들이 제조되었고,[35] 스타인먼의 연구실에서는 이를 사용해 실제로 수지상세포가 대식세포나 다른 유형의 어떤 세포보다 최소 100배 정도 더 효과적으로 면역반응을 촉발할 수 있음을 밝혀냈다.[36] 1982년, 스타인먼의 실험실에 있던 또 한 명의 연구자인 웨슬리 반 부어히스[Wesley van Voorhis]는 인간 수지상세포를 발견했고—그 이전의 모든 연구는 생쥐의 세포로 이루어졌다—이 세포들 또한 면역반응을 촉발하는 강력한 힘을 갖고 있다는 것을 입증했다.[37]

스타인먼은 연구실의 작업을 통해 대부분의 과학자들에게 자신이 새로운 유형의 세포를 발견했다는 것을 납득시켰지만, 수년 동안 노력을 했는데도 자신이 던진 첫 질문에 대한 명확한 답을 얻지는 못했다. '신체는 어떻게 과하지 않은 적정 수준의 경계 태세로 면역반응을 일으키는가?' 하는 질문 말이다. 스타인먼은 수지상세포가 처음 면역반응을 일으킬 때 강력한 힘을 발휘한다는 것은 발견했지만 어떤 이유에서 혹은 어떻게 그런 힘을 발휘하는지 모른 데다 이러한 힘의 작용이 면역계 전체 작용에 어떤 함의를 띠는지는 알지 못했다. 수지상세포의 기능을 제대로 이해하기 위한 길이 열린 것은, 스타인먼과 그의 연구팀이 수지상세포가 면역반응을 일으키는 능력이 항상 일정하지 않고 변할 수 있다는 것을 발견한 다음이었다.

수지상세포가 지닌 힘의 변화를 밝히는 데 중요한 역할을 한 과학자 중 한 명은 제럴드 슐러[Gerold Schuler]라는 피부과 의사였다. 그는 1984년에 스타인먼의 팀에 합류했다.[38] 팀의 다른 연구자들은 피부에서 분리시킨 수지상세포가 일으키는 면역반응이 비장에서 분리시킨 수지상세포가 일으키는 면역반응보다 훨씬 약하다는 것을 발견해놓은 터였다. 그러나 누구도 왜 이러한 차이가 발생하는지, 혹은 이러한 차이가 몸속 수지상세포의 작용 방식 전체에 어떤 의미를 띠는지는 해명해내지 못한 상황이었다. 여기서 슐러의 발견이 중요한 이유는, 그가 수지상세포가 피부에서 분리된 지 얼마 되지 않았을 때는 실제로 면역반응을 촉발시키는 힘이 꽤 약하지만 똑같은 세포를 2, 3일 정도 연구실에서 배양하면 힘이 강력해진다는 것을 알아냈기 때문이다.[39] 이는 수지상세포의 존재 상태가 한 가지만이 아니라는 것을 의미했다. 수지상세포는 두 가지 상태, 즉 스위치가 '켜진 상태'와 '꺼진 상태'로 존재하는 것이다. 스타인먼은 수지상세포의 '스위치가 켜진' 상태로 바뀌는 과정을 '성숙화maturation'라고 불렀다. 따라서 수지상세포의 두 상태는 '성숙mature'과 '미숙immature'으로 나뉘어 불리게 된다.

이름이 암시하는 대로 성숙한 수지상세포는 '스위치가 켜진' 상태로 바뀌어 면역반응을 일으키는 세포다. 미숙한 수지상세포는 면역반응을 잘 일으킬 수 없다는 의미에서 '스위치가 꺼진' 상태지만, 또 한 가지 분명한 것은 미숙한 수지상세포라 해도 전혀 활동이 없는 것은 아니라는 점이다. 미숙한 수지상세포는 표면에 제인웨이가 존재하리라 예측했던 많은 다양한 형태인지수용체를 갖고 있다. 여기에는 톨유사수용체뿐 아니라 주변 환경에서 박테리아나 바이러스 입자, 또는 감염된 죽은 세포의 파편의 존재를 인지하고 포획하는 선천적 능력을 이 수용체에 제공하는 다른 수용체들을 갖고 있다. 다시 말해 미숙한 수지상세포들은 식균작용에 능숙하다. 따라서 수지상세포의 두 가지 상태에 대한 그림이 확립됐다. 이 그림에서 미숙한 수지상세포들은 몸속에 있는 외부 물질들을 효율적으로 감지하고 포착하는 반면, 성숙한 수지상세포들은 다른 면역세포들이 반응하도록 스위치를 켜주는 일을 강력하게 수행한다. 그런데도 두 가지 상태의 수지상세포들이 존재한다는 것을 아는 것만으로는 몸속에서 일어나는 일을 명료하게 알 수 없었다. 몸속 면역반응의 모든 것을 파악하려면 또 한 가지 중요한 발견이 필요했다.

1980년대 말에서 1990년대 초 무렵, 세계 각지에서는 상당수의 연구자들이 수지상세포를 연구하고 있었다. 그중에서도 선두주자는 단연 스타인먼이었다. 수지상세포를 주제로 하는 심포지엄은 1990년대에 시작되어 오늘날까지 열리고 있으며, 세계 각지의 학자들이 2년에 한 번씩 모여 토론을 벌인다.[40] 이 학회가 시작될 무렵 여러 연구실에서 수지상세포의 위치를 표시해주고 이들이 미숙한지 성숙한지 분리해 확인해주는 실험 기구들이 개발됐다. 이러한 기구를 이용해 피부와 폐와 소화관 등의 기관에서 수지상세포를 찾아냈다.

수지상세포는 비장과 림프절에서도 발견됐다. 림프절은 목과 겨드랑이, 무릎 뒤 등에서 발견되는 콩 모양의 작은 기관이며 면역세포로 가득 차 있다(감염으로 몸이 아플 때 목이 부은 것처럼 느껴지는 부위가 바로 이 림프절이다. 림프절은 흔히 림프샘이라고 불리지만 엄밀히 말하면 샘이 아니다). 이 연구를 통해 이루어진 중대한 발견은 피부나 폐, 내장 같은 조직에 있는 수지상세포는 미숙한 반면, 비장이나 림프절에 있는 수지상세포는 성숙하다는 점이다.

이들의 연구를 통해 몸속에서 수지상세포가 하는 일에 대한 지식이 구체적인 형태를 띠게 됐다. 미숙한 수지상세포는 우리 몸의 장기와 조직 거의 모든 곳을 돌아다니지만 특히 피부와 위와 폐처럼 외부 환경에 노출된 장소를 돌아다닌다. 미숙한 수지상세포는 이들이 갖고 있는 다수의 형태인지수용체를 이용해 주로 세균을 탐지하며, 만나는 세균을 잡아 파괴해버린다. 그런 다음 미숙한 수지상세포는 다른 상태로 변화한다. 성숙해진다는 뜻이다. 성숙해진 수지상세포는 근처에 있는 림프절이나 비장으로 직진한다. 림프절이나 비장은 다른 면역세포들이 꽉꽉 들어차 있는 일종의 기착지다. 림프절에서 다른 면역세포들은 수지상세포들이 먹어치운 세균의 파편들을 제공받는다. 그다음 문제를 해결할 적정한 유형의 면역세포들이 림프절에서 나와 문제가 있는 곳으로 옮겨간다. 이 모든 움직임은 혈액과 림프계를 경유해 이루어진다. 림프계는 얇은 관 모양의 시스템으로, 면역세포를 림프절로 운반한다. 림프라는 액체는 혈액과 유사하지만 적혈구가 없다. 수지상세포는 림프관을 경유해 림프절로 가는 반면, T세포 같은 면역세포는 림프절을 나와 혈액을 통해 몸의 조직으로 들어간다.

베인 상처나 큰 부상에 대한 몸의 반응은 분명 복잡하고 경이롭다. 우선 면역세포들이 문제가 발생한 구역으로 움직이면 상처 부위가 빨갛게 부어오른다. 이것은 생래적인 면역반응이며, 면역세포들이 바이러스나 박테리아, 균류, 손상을 입은 다른 세포에서 나오는 분자들을 감지하는 수용체를 표면에 갖고 있기 때문에 문제를 인식하는 제일선의 방어체계다. 하지만 즉각 이루어지는 이 반응 후에는 면역세포들의 복잡다단한 춤사위가 시작된다. 몸속으로 침입한 세균의 정확한 구조에 맞춰 다른 차원의 면역반응이 일어나도록 하기 위해서다. 이것이 바로 후천면역반응이다. 정확하고 오래 지속되는 후천면역반응이 시작되는 것은 수지상세포들이 림프절에 도달해 그곳에 있는 T세포들에 자신들이 집어삼킨 세균의 분자 샘플을 보여줄 때다.

수지상세포가 돌출 부위가 많은 별 모양을 하고 있는 것은 분명한 목적이 있다. 돌출 부위가 많은 모양 덕에 수지상세포는 다수의 T세포들과 동시에 결합할 수 있기 때문이다. T세포 끝부분의 모양이 무정형이라서 다른 모든 종류의 분자를 추적할 수 있다는 점을 떠올려보라.[41] 대부분의 T세포들은 수지상세포 위에 있는 것이 무엇이건 다 추적할 수 있는 적정 모양의 수용체를 갖고 있지 못하다. 그러나 소수의 T세포는 수지상세포가 삼킨 세균에서 나온 분자를 추적할 수 있는 적정 수용체를 갖고 있다. 이러한 T세포들은 세균을 알아볼 수 있는 모양의 수용체를 갖고 있기 때문에 표적을 정확히 겨냥해 면역반응을 시작할 수 있는 세포들이다. T세포는 자신이 알아볼 수 있는 세균을 삼킨 수지상세포를 만나면 증식을 시작한다.

한 개의 T세포는 림프절에서 분열해 최소한 수백, 수천 개로 늘어난다(감염이 일어났을 때 목의 림프절이 부었다고 느끼는 이유는 이러한 세포 수의 증가 때문이다). 킬러T세포-'킬러'라는 이름은 어디까지나 과학계에서 사용하는 공식 명칭이다. 이야기의 재미를 위해 만들어낸 말이 아니라는 뜻이다-는 림프절을 벗어나 문제가 있는 곳으로 넘어가 (바이러스에 감염된 세포 등) 병든 세포들을 죽인다. 그러는 동안 '보조helper'라고 불리는 T세포는 다른 면역세포들을 자극해 작용을 유발한다. 현재는 여러 가지 종류의 보조T세포가 있다는 사실이 알려져 있다. 가령 제1형 보조T세포라는 이름의 세포들은 박테리아와 싸우는 반면, 제2형 보조T세포는 기생충에 대한 공격을 촉발한다.[42] 제1형 보조T세포는 박테리아를 상대하기 위해 대식세포를 동원한다. 반면 제2형 보조T세포는 '뿜어서 휩쓸어버리는weep and sweep' 반응의 스위치를 켠다(너무 생생하게 상상하지 말 것). 이 경우 소화관의 세포는 점액을 '뿜은' 다음 내장의 근육 수축을 통해 살아 있는 기생충을 '휩쓸어' 버린다.[43]

제1형이나 제2형 (그리고 다른 형도 있다) 등의 T세포 반응이 그때그때 어떻게 적절히 촉발되는지는 아직 확실히 파악되지 않았다. 이는 여전히 변방의 지식으로 남아 있다.[44] 한 가지 중요한 과정은 수지상세포들은 이들이 받은 상이한 종류의 성숙 신호에 따라 특정 유형의 T세포의 스위치를 켠다는 것이다. 가령 기생충은 박테리아와는 다른 종류의 수지상세포 성숙을 유발한다. 구체적으로 말해 이러한 일이 발생하는 이유는 수지상세포의 다양한 무기고 내부에 있는 상이한 형태인지수용체가 상이한 종류의 세균을 추적하기 때문이다. 한 놈은 박테리아를 찾아내고, 또 다른 놈은 바이러스를, 또 다른 놈은 균류를, 또 다른 놈은 기생충을 추적하는 식이다. 이 형태인지수용체들은 수지상세포가 성숙하는 방식을 지시한다. 예컨대 형태인지수용체는 성숙한 수지상세포가 표면에서 보여주는 단백질 분자들의 레퍼토리를 변화시키는 것이다. 그리고 이것은 결국 특정 T세포의 반응을 유발한다.

간략히 말해서 수지상세포는 위협이 될 만한 문제를 발견하고 그 위협을 상대할 적절한 종류의 면역반응을 촉발시킨다. 더 전문적인 용어를 쓰자면 수지상세포는 선천면역반응, 즉 세균에 대한 몸의 즉각적인 반응을 후천면역반응과 연계시키는 일을 한다. 이 후천면역반응은 T세포와 B세포를 참여시키는 반응, 지속력과 정확성을 갖춘 반응이다. 대식세포를 비롯한 몸속 다른 세포들도 이와 같은 기능을 수행할 수 있지만, 이 경우에는 몸이 전에 만난 적이 있는 세균에 대한 면역반응을 다시 점화해야 할 때만 이 기능을 한다. 반면 수지상세포는 특정 세균이 처음 몸으로 들어왔을 때 정확한 면역반응을 작동시키는 데 중대한 역할을 수행한다.[45] 그런 의미에서 수지상세포는 우리 몸에 경종을 울리는 세포다.

이야기가 여기서 끝난다고 해도 수지상세포와 스타인먼의 연구는 이미 광범위한 주의를 끌기에 충분할 만큼 가치 있는 연구다. 그러나 이것은 아직 시작에 불과하다. 그 이후로 몸속 수지상세포의 역할이 이 초기 실험들을 통해 알게 된 것보다 훨씬 더 기상천외하고 복잡하다는 사실이 밝혀졌기 때문이다.

누구나 보았으나 누구도 생각하지 못한 것

내가 가르치는 학생들은 대개 이렇게 생각한다. 명망 높은 작가들은 책을 쓰기 위해 자리에 앉기만 해도 어떤 내용을 쓸지 아주 잘 알고 있다고 말이다. 탁월한 작가들은 플롯의 개요를 이미 짜놓았기 때문에 그토록 아름다운 작품을 쓰는 것이고, 따라서 이러한 작가들의 삶이 그토록 안락하고 환희에 찬 이유, 이들이 하늘 높은 줄 모르는 자존감에 아이처럼 순진무구한 믿음과 경외감을 그대로 간직하고 있는 이유가 바로 그것이라고 말이다. 글쎄, 나는 이러한 묘사에 어울리는 작가를 단 한 명도 알고 있지 못하다. 내가 아는 모든 작가들은 효과적인 플롯과 구조를 찾아내느라 이리저리 뒹굴고 푸념을 늘어놓다가 결국 우울함에 빠진다.[46]

위의 구절은 앤 라모트^Anne Lamott^라는 소설가의 플롯을 찾는 방식에 대해 쓴 것이다. 과학자들이 자신의 이야기를 할 때도 라모트의 표현을 그대로 적용할 수 있다.

힉스입자의 발견, 인간 게놈 서열의 정리, 혹은 우주선을 통한 화성 탐사는 어마어마한 양의 장기적인 계획과 문서 작업이 따른다. 그러나 새로운 종류의 세포가 몸속에서 무슨 일을 하는지 알아내는 일은 이와는 매우 다르게 접근해야 한다. 이러한 종류의 선구적 연구는 엄밀한 과학이라고 말할 수조차 없다. 최소한 처음에는 확인하거나 부인할 명확한 이론이랄 것도 없고, 꾸려서 조율할 만한 국제 협력단이나 여러 학문 분야의 학자들을 아울러 조직한 연구팀도 전혀 없다. 세포 관련 학문의 진보는 그저 소수의 개인들이 자신의 직감을 따라간 덕분에 이루어진다. 작가와 과학자의 창작 과정이 유사한 것은 바로 이 때문이다. 과학자들이건 작가들이건 모두 이곳저곳을 헤매며 푸념을 늘어놓다가 침울함에 빠지고 그러면서 효과적인 플롯을 찾아다닐 뿐이다.

스타인먼은 수지상세포가 면역반응을 어떻게 초래할 수 있는지를 설명하는 거대 이론 하나 없이 이 세포를 발견했다. 그에게는 후속 실험에 지침을 제공해줄 만한 플롯도 전혀 없었다. 그는 공을 넘겨받았을 뿐 게임의 성질을 밝히는 일은 누구의 도움도 없이 온전히 혼자 해내야 할 몫이었다. 그와 그의 연구팀은 수지상세포와 이런저런 다른 세포들이 서로 다른 조합으로 섞일 경우 무슨 일이 발생하는지를 알아내는 수밖에 별 도리가 없었다. 이렇게 뒤섞어놓은 세포들은 증식할까 죽을까, 아니면 이런저런 단백질 분자를 분비할까? 만일 이 세포들을 한 시간 동안 또는 하룻밤 내내 놓아두면 어떨까? 그것은 의미 있는 일일까? 세포들은 형태를 바꿀까, 아니면 무엇인가를 쫓아내거나 끌어들일까, 더 빨리 움직이거나 더 느려질까, 더 크거나 더 작아질까, 돌출 부위를 더 많이 만들까 더 적게 만들까, 이런 저런 유전자의 스위치를 켤까 아니면 끌까?

처음에 이루어진 모든 실험들을 통해 스타인먼과 다른 학자들은 수지상세포가 정확한 면역반응을 시작하는 데 중요하다는 견해를 얻었다. 그러나 그 이후 서로 다른 조건과 상황들을 시험해보면서 일부 실험에서는 오히려 정반대의 일이 일어난다는 것을 알아냈다. 즉 수지상세포는 면역반응을 '중단시킬' 수도 있었던 것이다. 스타인먼이 게임을 이해했다고 생각한 바로 그 순간, 그가 아는 것은 단지 한 부분일 뿐 얼마나 더 많은 측면이 존재하는지 누구도 모른다는 새로운 사실이 드러난 것이다. 지식이 늘어날수록 무지는 더욱 도드라질 뿐이다.

초기 연구와 상반되는 결과를 드러냈던 실험 중 하나를 살펴보자. 이 실험에서는 수지상세포를 몸이 전에 만난 적이 없는 낯선 단백질 분자에 노출시키되 전체 세균에는 노출시키지 않았다. 이렇게 처리할 때 수지상세포들은 면역반응을 초래하지 못한다. 이들의 형태인지수용체가 세균을 감지하지 못하기 때문에 세포들은 미숙 상태에 머문다. 실제로 이 수지상세포들은 다른 면역세포의 반응을 유발하지 않았다. 그러나 무언가 다른 일이 '일어나고' 있었다. 이 수지상세포에 노출된 다른 면역세포들은 나중에 심지어 세균이 존재하는데도 면역반응을 하지 못하게 되어버렸다. 다시 말해 이 수지상세포들은 다른 면역세포가 세균에 무관심해지는 상태, 즉 면역세포의 관용 상태를 유발함으로써 면역세포가 아무런 반응도 하지 않도록 만들었다.

도무지 이치에 맞지 않는 일이 벌어질 때 스타인먼을 지탱해준 것, 그가 포기하지 않고 연구를 계속하도록 만든 것, 스타인먼뿐 아니라 모든 과학자들의 탐구심을 지속시키는 것은 바로 자연은 일관성을 지킨다는 신념, 답은 존재한다는 믿음이다. 과학자는 포기하지 않는다. 과학자는 세부 사항을 꼼꼼히 점검한다. 같은 세포(수지상세포)가 반응을 일으키고 중지시키는 상반된 기능을 어떻게 수행하는지 이해하려면 수지상세포가 다른 면역세포와 상호작용하는 정확한 메커니즘을 파악해야 했다. 수지상세포가 감염 장소에서 세균을 먹어치운 다음, 림프절에서 T세포에게 세균의 분자 샘플을 보여주는 기능을 한다는 점을 떠올려보라. 오늘날에는 수지상세포가 이런 기능을 수행할 때 중요한 역할을 하는 것은 어떤 유전자가 코딩한 단백질이라는 사실이 알려져 있다. 그 중요한 유전자가 바로 주요조직적합성복합체^{major histocompatibility complex} 유전자 혹은 더 간략히 적합유전자^{compatibility gene}다.[47] 이 적합유전자에 의해 코딩된 단백질은 수지상세포의 표면으로부터 돌출되어 있다. 이 단백질은 수지상세포 내부에서 온 다른 단백질 분자, 가령 세균 분자 같은 다른 분자의 샘플을 꽉 잡은 뒤 수지상세포 표면에 이 단백질을 보여준다. T세포는 수지상세포 표면에 나타난 이 단백질 중에서 전에 몸속에 들어온 적이 없던 것을 찾는다.

적합유전자가 코딩한 단백질이 특별한 것은 그것이 중요한 기능을 수행하기 때문만이 아니라 이 단백질을 코딩하는 유전자, 즉 단백질 자체가 사람마다 다르기 때문이다. 적합유전자는 결국 '나만의 유전자'인 셈이다. 대체로 인간은 모두 똑같은 집합의 유전자를 갖고 있다. 인간 유전체^{genome}를 구성하는 2만 3000개의 유전자가 똑같다는 뜻이다. 그러나 이 유전체 중 약 1퍼센트는 사람마다 다르다. 가령 머리칼이나 눈이나 피부 색깔에 영향을 주는 유전자가 그렇다. 중요한 점은 사람마다 '차이가 가장 큰' 유전자는 외모와 무관하며 오히려 면역계의 일부라는 것이다. 이 유전자의 차이가 수지상세포에서 돌출된 단백질을 주고, 현재 그 세포 안에 들어 있는 약간씩 다른 형태의 샘플을 제시한다. 이는 사람들 각자가 그들의 수지상세포 내에서 만들어진 조금씩 다른 단백질 샘플을 제공한다는 것을 의미한다. 이것이 사람마다 특정 감염에 직면했을 때 조금씩 다른 반응을 보이는 이유다.

이쯤에서 꼭 짚고 넘어가야 할 이야기가 있다. 우리가 갖고 있는 고유한 적합유전자들이 다른 이들의 적합유전자보다 더 좋거나 나쁜 것이 아니라는 점이다. 가령 에이즈 바이러스 감염에 평균 이상의 면역반응을 보이도록 하는 변종 유전자가 자가면역질환 같은 다른 질환에는 더 취약할 수 있다. 이러한 유전자 시스템에 위계란 전혀 없다. 인간 종에 포진해 있는 유전적 다양성은 온갖 종류의 잠재적 감염과 싸우는 능력에 모두 꼭 필요하다. 나는 바로 이것이 인간의 다양성을 칭송해야 하는 강력하면서도 근원적인 이유라고 생각한다.[48]

면역반응을 유발하거나 억제하는 수지상세포 능력의 수수께끼를 푸는 데 도움이 되는 세부적 내용을 소개하면 다음과 같다. T세포가 무엇이건 전에는 몸속에 전혀 없던 것, 적합유전자 단백질의 홈으로부터 제공된 무언가를 추적할 때 그 무엇만으로는 면역반응을 시작할 수 없다. T세포는 면역반응을 시작해도 된다는 것을 알려주는 더 많은 증거가 필요하다. 모든 T세포가 문제를 인식하려면

'두 가지' 징후가 필요하다. 첫 번째 징후, 다시 말해 공식 명칭으로 시그널1은 전에 몸속에 없던 단백질 분자의 샘플을 찾아내는 것이다. 두 번째 징후, 즉 시그널2는 공동자극단백질[co-stimulatory protein]이라는 것에서 유래한다.[49] 공동자극단백질은 수지상세포의 형태인지수용체가 특정 세균을 잡았을 때 세포 표면으로 옮겨진 수지상세포 속 단백질이다(이제 수지상세포는 미숙 상태에서 성숙한 상태로 변한다). 따라서 공동자극단백질은 세균을 만난 수지상세포 표면에서만 증가한다.[50] 공동자극단백질의 증가는 특정 수지상세포가 세균을 만났다는 것을 알리는 효과적인 분자표지자다.[51]

요컨대 수지상세포는 형태인지수용체를 이용해 세균이나 감염된 죽은 세포의 파편 등 문제의 징후들을 인지해낸 뒤 성숙한 상태로 변해(스위치를 켠다는 뜻이다) 자신이 발견한 세균의 샘플을 T세포에 제공한다. 수지상세포가 제공하는 것(가령 몸에 없었던 무엇)을 추적할 수 있도록 적절한 모양으로 생긴 수용체를 가진 T세포는 수지상세포의 공동자극단백질이 필요하다. 이 공동자극단백질이 세균을 상대하는 면역반응이 필요하다는 것을 알려주는 시그널 역할을 하는 것이다. 수지상세포가 제공한 무언가를 추적하는 T세포에 공동자극단백질이 보이지 않으면, 그 T세포는 자신이 대응하는 것이 '세균에서 비롯된 것이 아님'을 알게 된다. T세포가 반응하는 것이 세균이 아니라 전에 몸속에 없던 어떤 단백질일 수 있음을 포착한다는 뜻이다. 그 단백질은 음식이거나 아니면 임신이나 청소년기의 신체 변화로 만들어진 새로운 단백질일 수 있다. 이러한 경우 T세포는 면역반응을 중단시키는 데 그치지 않으며, 다른 상태로 변환된다. '관용T세포tolerant T cell'가 되는 것이다. 이제 관용T세포는 면역반응을 일으키지 못한다. 시간이 지나도 마찬가지다. 수지상세포는 이 같은 방식으로 T세포의 면역반응의 '스위치를 꺼버릴' 힘을 갖고 있다. 그렇지 않으면 T세포가 건강한 세포나 조직을 공격하는 일이 벌어지기 때문이다.

면역계를 연구하는 과학자들은 자신이 연구하는 부분이 면역계 전체에서 가장 중요하다고 역설하곤 한다. 아닌 게 아니라 면역계는 극도로 복잡하고 다층적이라서 T세포나 B세포 혹은 대식세포, 아니면 형태인지수용체나 또 다른 무엇이 면역계에서 가장 중요하다고 주장해도 딱히 반박할 수 없을 정도다. 그러나 수지상세포의 위상은 압도적이다. 수지상세포가 면역계에서 아주 특별한 지위를 갖고 있다는 점만큼은 부인하기 힘들다는 의미다. 수지상세포는 면역계의 스위치를 켜는 '동시에' 끄는 능력, 다시 말해 세균에 맞서 면역 작용을 조절하는 동시에, 건강한 세포와 조직을 공격하는 면역계를 억제하는 두 가지 능력을 모두 갖추고 있기 때문이다.

결국 수지상세포 기능의 발견—스타인먼이 시작했고 훗날 수천 명의 다른 과학자들이 매진했다—은 우리 몸이 면역반응을 조심스레 시작하는 방식에 대해 스타인먼이 처음 던졌던 근원적 질문에 답을 제공한 셈이다. 몸은 면역반응을 시작하기 전에 한 가지 이상의 시그널을 필요로 한다는 답이 그것이다.

자연은 일관성을 지키고, 과학자들은 답이 존재한다고 믿는다

연구하는 내내 스타인먼을 앞으로 나아가게 해준 동력은 자신의 연구가 질병 치료를 위한 설계 역량을 향상시키는 데 쓰일 수 있다는 신념이었다.[52] 수지상세포는 면역반응이 시작되는 데 매우 긴요하기 때문에 세균이 몸속에서 감지되는 첫 단계에서 실질적으로 몸의 천연 애주번트 기능을 수행한다고 할 수 있다. 과학은 알루미늄염 같은 인위적 화학물질이 어떻게 애주번트로 작용하는지 아직 정확히 알지 못하지만, 최소한 이러한 애주번트 물질은 수지상세포에 작용해 이들이 실제 세균이 존재한다고 느끼게 함으로써 면역반응을 하지 않는 미숙한 상태에서 성숙한 상태로의 변화를 초래할 수 있다.[53] 따라서 에이즈 바이러스나 결핵이나 암에 맞서는 새로운 종류의 백신을 만드는 데 수지상세포를 이용할 수 있어야 한다는 것이 스타인먼의 생각이었다.

일본의 여성 면역학자 이나바 카요稲葉カヨ는 1990년, 스타인먼의 연구실에서 한 가지 실험을 수행했다. 이 실험을 통해 수지상세포를 기반으로 한 백신의 효력이 드러났다. 당시 면역학 분야의 지배자는 남성들이었다. 이나바의 말에 따르면 "면역학 분야에 여성 연구자는 전무"했다(사실 당시 여성 면역학자가 아예 없지는 않았지만 극소수였다). 이나바는 그것이 두려웠다.[54] 이나바가 실행했던 실험은 현재 혁명적 연구로 널리 인정받고 있다.[55] 우선 그녀는 생쥐에게서 수지상세포를 분리했고, 그다음 분리한 수지상세포를 배양접시

에 넣어 종양 세포에서 뽑아낸 추출물이나 생쥐의 몸에서 자연 발견되지 않는 단백질에 담가놓았다. 그런 뒤 이질적인 단백질에 담가놓은 수지상세포를 다시 쥐에게 주입했다. 이 수지상세포를 주입받은 쥐들은 수지상세포를 담가놓았던 단백질에 면역반응을 보이기 시작했다.[56] 결국 이나바는 수지상세포를 몸 밖에서 변형시킨 다음 면역반응을 대비하기 위해 다시 몸속으로 주입할 수 있다는 것을 발견했다. 이는 면역반응을 유발하는 새로운 방식이었고, 새로운 종류의 백신이 될 만한 것이었다. 1992년, 이나바는 일본으로 돌아가 더 많은 선구적 연구를 수행했다. 그녀는 교토대학교 자연과학부 최초의 여자 부교수가 되었고, 내가 이 글을 쓰고 있는 현재 교토 대학의 부총장으로서 성평등 운동을 적극적으로 펼치고 있다.[57]

이제 수지상세포를 기반으로 한 백신의 목적은 이 세포를 이용해 에이즈 바이러스나 결핵 박테리아나 암세포 등에 대항하는 신체 면역 방어의 스위치를 켜는 것이다. 이나바의 실험은 동물에게 이것이 어떻게 작용할 수 있는지를 입증했다. 면역학자들의 농담을 빌리면 실험의 성공은 생쥐나 좋아할 희소식이었다. 인간에게 이 과정을 시험하는 일은 훨씬 더 복잡하기 때문이다. 예컨대 암환자의 경우 수지상세포를 그의 혈액 샘플에서 뽑아야 하고, 그런 다음 배양접시에 그 환자의 암세포에만 존재하는 고유한 단백질 분자를 넣어 그 속에 담가놓아야 한다. 애주번트(가령 박테리아의 구성 성분)를 배양접시에 추가해 수지상세포를 성숙한 상태로 만든 다음에야 비로소 이 세포가 다른 면역세포를 활성화할 수 있는 상태가 된다. 성숙한 수지상세포는 환자의 암세포에서 단백질을 흡수한 뒤 다시 환자에게 주입되어야 한다. 이 모든 것이 계획대로 순조롭게 진행된다면 수지상세포는 림프절로 가서 그곳에 있는 T세포에 환자의 암세포에서 나온 단백질 샘플을 보여주어야 한다. 이때가 되어야 비로소 적절한 T세포—즉 암을 찾아낼 수 있는 T세포—의 스위치가 켜지고 암에 대한 면역반응이 시작된다.[58]

이토록 복잡다단한 치료에 대한 아이디어는 대개 수년, 심지어 수십 년에 걸쳐 단계적인 테스트를 거친다. 실험실 배양접시 내의 세포를 이용하는 연구들은 동물을 이용한 소규모 연구를 거쳐 다른 동물들을 이용한 더 큰 연구로 이어진 다음, 인간을 상대로 한 소규모 안전성 시행—모든 단계에서 시행 계획을 꼼꼼히 실행해보는 일—을 거치고, 그런 뒤에야 마지막으로 임상실험에서 검증할 수 있게 된다. 2007년 3월, 스타인먼은 갑자기 이 실험 도중 그 어떤 것도 할 시간이 없는 상태가 됐다. 그의 췌장에서 진행암—암세포의 크기가 키위만한 상태—이 자라고 있었던 것이다. 그는 자신에게 남은 날이 몇 달밖에 안 된다는 선고를 받았다. 자식들에게 이 소식을 알리면서 지령을 내렸다. "구글을 검색하지 마라."[59]

스타인먼이 처한 상황은 누구나 두려워하면서도 상상해보는 일이기도 하다. 만일 살날이 얼마 남지 않았다는 이야기를 듣는다면 무엇을 해야 할까? 어떤 사람은 직장을 그만두고 늘 보고 싶었지만 보지 못한 세상을 구경하러 다닐 수도 있다. 그러나 스타인먼은 급작스러운 비극이 닥친다고 해서 계획을 바꾸는 유형의 인간이 아니었다. 그는 그저 자신의 연구 계획을 밀고 나갔다. 차이는 단 한 가지, 실험 대상을 자신으로 삼았다는 것이다.

암을 치료하려고 수지상세포를 이용하기 시작하면서 스타인먼은 자신이 몸담았던 필생의 연구가 자기 생명을 구해주기를 바랐다. 새로운 프로젝트에 돌입한 그는 혼자가 아니었다. 스타인먼의 종양과 싸울 수 있는 방법을 궁리하고자 전 세계에서 친구와 동료들이 모여들었고, 한 인간을 위한 위대한 실험이 시작됐다. 스타인먼과 그의 업적에 대한 애정과 존경에서 우러나온 온갖 아이디어, 귀한 한 생명을 구하려는 엄청난 노력의 소산들이 논의선상에 올랐다.

그렇다고 스타인먼이 공식 학계를 피해 병든 자신을 밀실 실험의 대상으로 삼아 거품이 뭉글뭉글 뿜어져 나오는 이상한 혼합물을 자기 몸에 마구 주입하는 따위의 은밀한 일을 벌이려 했다고 생각한다면 오산이다. 실험의 모든 공정은 규제 기관을 거쳐야 했다. 관련자들은 누구나 엄청난 양의 문서 작업과 씨름해야 했다는 뜻이다. 그러나 스타인먼의 생명을 구하려는 목적을 무기삼아 온갖 종류의 위험 요소들이 새로운 검토 대상이 됐다. 가령 통상적인 경우 인간의 혈액으로 실험을 하는 실험실에서는 연구자들이 자신의 혈액을 실험 대상으로 쓰면 절대로 안 된다는 가르침을 받는다.[60] 하지만 스타인먼의 실험은 워낙 예외적이었기 때문에 동정적 사용 프로토콜을 미국 식품의약국FDA에 특별히 제출했다. 규제 당국은 특수한 상황을 양해해주었다. 마무리하는 데 수개월이 걸릴 법한 일들이 때로는 며칠 만에 해결되기도 했다.[61]

스타인먼의 첫 박사학위 제자였던 미셸 누센즈바이그는 당시 뉴욕의 록펠러대학교에서 교수로 재직 중이었다. 그는 수술 중 제거한 스타인먼의 종양 중 일부를 가져다 후속 분석을 위해 생쥐의 몸에 넣고 배양했다. 그러는 동안 제넨테크라는 기업의 종양 연구 부사장이었던 아이라 멜먼[Ira Mellman] ─ 과거에 스타인먼과 함께 연구를 한 이력이 있는 인물이다 ─ 은 자신의 연구팀에게 암세포를 배양시킨 다음 아직 임상시험을 거치지 않은 여러 약물을 암세포에 투여했다.[62] 캐나다의 토론토에서는 스타인먼의 또 다른 친구들이 종양의 특정 유전자 돌연변이를 분석했다. 독일의 튀빙겐에서는 다른 동료들이 종양에서 단백질 분자를 추출한 다음 실험 백신을 투여했다.[63] 도움을 제공한 과학자 중 한 명은 먼 옛날 고등학교 여름방학 동안 스타인먼의 실험실에서 현장 실습을 한 인연으로 그를 알게 된 인물이었다.[64] 아이라 멜먼은 해야 할 것과 하면 안 되는 것들을 논의하기 위해 스타인먼의 사무실에서 그를 만났던 일화를 회고한다. "주제가 스타인먼 선생의 종양이라는 점만 빼면 정말 더할 나위 없이 자연스러운 대화였어요. 그냥 과학자들끼리 쉽게 할 수 있는 이야기가 오갔죠."[65]

스타인먼이 실험을 통해 받은 치료는 총 여덟 가지였다. 여기에는 수지상세포를 기반으로 한 세 가지 백신도 포함됐다. 이 백신 중 두 가지는, 스타인먼의 수지상세포를 분리해 두 가지 다른 방식으로 변형시켜 그의 종양에서 나온 분자에 노출시키는 방법을 쓴 것이었다. 첫 번째 변형 방식은 스타인먼의 수지상세포를 그의 암 세포에서 나온 DNA와 융합시키는 것이었고, 두 번째 방식은 수지 상세포를 암세포 단백질 속에 담그는 것이었다. 각각의 경우 수지 상세포를 다시 스타인먼의 혈액에 주사했다. 수개월의 기간에 걸 쳐 여러 차례 수지상세포 주입이 이루어졌다. 이 세포들이 암에 대 항하는 면역반응을 일으켰으면 하는 희망에서였다.

세 번째 백신은 앞의 두 가지와 작용 방식이 달랐다. 세 번째 백신의 경우 스타인먼의 종양 세포를 분리해 유전자 변형을 시켰 다. 이 세포들이 단백질 분자를 분비해(이 분자의 무시무시한 이름은 과립대식세포집락자극인자granulocyte macrophage-colony stimulating factor다) 그것이 수 지상세포와 다른 면역세포를 자극하도록 하기 위해서였다. 그다음 유전자를 변형시킨 종양 세포에 고용량의 방사능을 쬐어 이 세포 들의 증식을 막았다. 그런 뒤 이 종양 세포를 다시 스타인먼의 혈 류에 주입했다. 방사능 처리를 한 종양 세포가 스타인먼의 수지상 세포의 주의를 끌어 수지상세포가 이 종양 세포를 에워싸 림프절 에서 T세포에 드러나게 함으로써 면역계가 공격해야 할 대상을 알 려주자는 의도에서였다.

스타인먼은 당시 임상실험에서 쓰던 기존의 치료도 함께 받았 다. 대개 수지상세포 백신과 결합한 치료들이었다. 그중 한 치료는 스타인먼이 특히 희망적이라고 생각한 것이었으나 식품의약국의 허가가 떨어지지 않아 시험할 수 없었다. 이러한 차질이 있는데도 스타인먼은 병이 치유되리라는 낙관적인 태도를 버리지 않았다.[66] 퇴원해서 생활하던 마지막 날까지도 그는 연구에 온전히 참여하면서 수지상세포가 암 대항용으로 쓰이게 될 방안을 찾고자 모진 애를 썼다. 절반은 농담조였지만 스타인먼은 《뉴잉글랜드 의학저널》에 「내 종양, 나는 이 골칫덩어리를 어떻게 해결했나」라는 제목의 논문을 발표하고 싶어 했다.[67] 하지만 2011년 9월 25일, 그는 병원에서 임종을 맞이했다. 전날 그는 아내와 세 자식과 세 손자들과 저녁 식사를 했다.

스타인먼을 위해 실행한 실험 중 무엇이 그의 생명을 연장시켜주었는지 알아내기란 이제는 불가능하다. 한 사람의 병력은 통계로서의 의미가 전혀 없기 때문이다. 그러나 스타인먼은 실험이 효력을 발휘하고 있다는 확고한 믿음을 늘 갖고 있었다. 암 진단 초창기의 예후는 그에게 남은 날이 몇 주에서 몇 달 정도밖에 안 된다는 것이었다. 그가 1년을 살 확률은 5퍼센트 미만이었다.[68] 하지만 그는 4년 6개월을 더 살았고, 2011년 9월 30일 68세의 나이로 생을 마감했다. 십중팔구 스타인먼의 암은 이미 진행이 많이 된 상태여서 실험 치료를 통해 그의 면역계가 활성화되었다고 해도 종양 세포가 면역반응의 공격을 피할 방안을 찾아냈을 확률이 높았다. 멜먼은 다음과 같이 이야기한다. "그 실험은 일정 기간 동안 효과를 냈을 겁니다. 하지만 다시 돌아가서 실험을 되풀이할 수는 없어요. 그러니 확신할 수 있는 것은 없죠."[69]

스타인먼이 사망한 지 사흘 후 아내 클라우디아는 해 뜨기 전

일어나 물을 마시러 가다가 남편의 열쇠뭉치 옆 우묵한 통 속에서 그의 블랙베리 휴대폰 화면이 깜박이는 것을 발견했다. 클라우디아는 지난 며칠 동안 손도 대지 않은 전화기의 메시지를 열어보았다. 새벽 5시 23분에 날아든 메시지였다. "친애하는 스타인먼 박사님, 기쁜 소식을 알려 드립니다……." 그녀는 자고 있던 딸에게 소리쳤다. "아빠가 노벨상을 타신단다!"[70] 클라우디아는 남편이 "기쁨을 함께 나누지 못했다는 것…… 그것이 얼마나 슬프고 씁쓸한 행복이었는지"를 전한다.[71] 스타인먼이 사망했다는 소식이 알려지기도 전에 수상자가 발표된 것이다. 그의 죽음을 알고 있던 한 지인─이를 알고 있던 지인은 더 많았을 것이다─은 축하를 전하는 이메일을 보내야 한다는 데 당혹스러움을 느꼈다.[72] 만일 노벨위원회가 그의 사망 소식을 미리 알았더라면 그에게 상을 수여할 수 없었을 것이다. 하지만 노벨위원회는 수상자를 발표하고 한 시간 뒤 스타인먼의 사망 소식을 알게 됐다. 위원회는 후속 조치를 결정하기 위해 회의를 열었다. 스타인먼에게 상을 수여하지 않기로 결정하면 50만 달러에 상당하는 스타인먼 몫의 상금은 공동 수상자인 보이틀러와 호프만에게 돌아갈 참이었다. 결국 위원회는 이를 예외적인 상황으로 받아들이고 상을 그대로 수여하기로 결정했다. 제인웨이가 사망으로 노벨상을 타지 못했던 그해에 스타인먼은 사망했음에도 불구하고 노벨상을 받았다.

스타인먼은 노벨상을 받고도 그 소식을 모르는 유일한 인물이 됐다. 그는 노벨상을 더 빨리 탈 수 있었고, 대부분의 과학자들이 수긍하듯 실제로도 더 빨리 탔어야 마땅했다. 이상한 나라의 앨리스가 토끼굴을 통해 미지의 모험을 떠났던 것처럼, 스타인먼 역시 미지의 세계를 들여다보다가 면역이라는 이상한 나라로 통하는 문을 열어젖혔다. 특이하고 이상한 모양의 캐릭터들이 빼곡하게 모여 복잡한 체계 속에서 상호작용하는 희한한 세계, 수많은 유형의 세포들이 정보를 공유함으로써 질병과 싸우는 활동을 조율하는 놀라운 세계로 가는 문 말이다. 멜먼은 이렇게 말한다. "혼자 힘으로 한 분야 전체를 개척한 인물, 다른 학자들이 자신의 경력을 쌓겠다고 포기한 후에도 자기 분야의 연구를 끝까지 고수했던 집념의 사나이, 그가 스타인먼이다."[73]

인생의 막바지, 스타인먼은 수지상세포를 연구하는 많은 연구자에게 널리 추앙받았다. 나무가 열매의 이름으로 기억되듯이 그의 이름 또한 수지상세포와 연계되어 길이 남을 것이다. 그러나 다른 모든 과학자들과 마찬가지로 그 역시 꿈을 다 이루지 못하고 세상을 등졌다. 연구하는 내내 그는 자신의 연구가 의학에 도움이 되기를 바랐다. 그가 의학에서 거둔 성공은 그다지 크지는 않다. 수지상세포를 기반으로 한 백신 하나는 전립선암 환자의 생존 기간을 약 4개월 정도 늘리는 것으로서 미국 식품의약국의 승인을 받았다.[74] 그러나 수지상세포 백신은 아직 암 치료에서 흔히 쓰이는 치료법이 아니다. 수지상세포를 기반으로 한 다른 백신들의 임상실험이 여전히 진행 중이므로 이러한 유형의 치료는 미래에는 더 흔해질 수 있겠지만 현재로서는 극복해야 할 난제들이 남아 있다.

수지상세포 백신이 현재 큰 효력을 내지 못하는 한 가지 이유는 종양이 면역계를 방해하는 방법을 진화시켜왔기 때문이다. 가령 일부 종양은 자체 단백질 분자를 분비해 수지상세포가 공동자극단백질을 자기 표면에 내보이지 못하게 만든다. 이처럼 영향을 받는 수지상세포들은 면역반응에 도움을 주지 못할 뿐 아니라, 면역 방어의 스위치를 적극적으로 꺼버려 T세포가 암을 그냥 지나치게 만들어버리기 때문에 종국에는 환자의 병이 악화되는 상황을 초래한다.

수지상세포 백신의 두 번째 문제는, 수지상세포가 몸 밖에서 스위치가 켜지면 이 세포를 다시 몸속으로 주입해 면역반응을 일으키도록 할 때 주입된 수지상세포가 몸속에서 이동하는 능력을 잃는 경향을 보인다는 것이다. 환자에게 다시 주입된 수지상세포가 T세포를 만나 면역반응의 스위치를 켜는 림프절로 옮겨가지 못하는 것이다.[75]

수지상세포 백신의 세 번째 문제는, 최근 발견된 내용대로 수지상세포의 유형이 너무 많다는 점이다. 가령 피부 속의 수지상세포는 소화관에 있는 수지상세포와 다르고, 혈액에서 발견되는 수지상세포와도 다르다. 게다가 수지상세포가 존재하는 각 장소 내에는 수지상세포의 수많은 변종이 존재한다. 이 때문에 면역계는 어느 정도 자연의 생태계와 비슷해진다. 상이한 서식처의 세포들은 유사성도 크지만 또한 차이도 있어서 자리를 옮기면 그곳에 적응해버린다. 상이한 유형의 수지상세포를 알아내는 것이 현 연구의 최신 개척 분야다. 사실 우리는 아직 스타인먼이 한 초창기의 연구, 즉 최상의 세포(부세포)를 찾아 면역반응의 스위치를 끄려는 원래의 실험조차 마무리하지 못했다고 할 수 있다. 백신 환경에서 면역반응을 유발하는 데 특히 강력한 힘을 발휘하는 수지상세포의 하위 유형이 존재할 가능성도 배제할 수 없다.[76]

스타인먼이 살아생전에 인류에게 준 선물은 신약이 아니라 인간의 몸에 대한 새로운 인식이었다. 수백 년 동안 우리는 혈액이 몸속을 돌면서 산소와 영양분을 나누어준다는 것을 알고 있었다. 스타인먼과 그와 함께 수지상세포를 연구한 전 세계 수천 명의 과학자들은 인간 신체 내의 또 다른 위대한 역학의 세부를 밝혀냈다. 상이한 유형의 면역세포가 몸속 기관과 조직 사이를 돌아다니며 림프절로 들어갔다 나오는 동안 우리 몸을 지속적으로 방어하는 지극히 중요한 역할을 한다는 사실이 그것이다.

수지상세포 백신뿐 아니라 신약이 면역계의 힘을 활용함으로써 효력을 낼 수 있으리라는 스타인먼의 더 큰 비전은 오늘날에도 큰 인기를 끌고 있다. 그러나 이 비전이 강력한 힘을 발휘하려면 먼저 면역계 내 완전히 다른 층위의 상호작용이 밝혀져야 한다.

3_____ 20세기의 중요한 발견, 인터페론

1986년 여름, 런던 외곽에 있는 밀힐의 국립의학연구소^{National Institute for Medical Research}에서 두 명의 과학자, 장 린덴만^{Jean Lindenmann}과 앨릭 아이작스^{Alick Isaacs}가 만났다. 이 7층짜리 연구소 건물은 1933년에 독감 바이러스가 발견된 곳이고,[1] 2005년에는 영화 〈배트맨 비긴스〉에서 '아캄 어사일럼^{Arkham Asylum}'이라는 가상의 정신병원으로 사용된 유명한 촬영지이기도 하다. 당시 31세였던 스위스 출신의 린덴만은 신참 과학자였다. 반면 영국 출신의 아이작스는 린덴만보다 세 살 더 많았고, 바이러스 실험으로 이미 세계적 명성을 날리고 있었다. 그는 오스트리아에서 3년을 보내면서 노벨상 수상자 맥팔레인 버넷^{Macfarlane Burnet}의 지도를 받으며 연구 중이었다.[2] 린덴만은 취리히대학교에서 물리학을 전공했지만 원자폭탄 때문에 필생의 소명에 대한 생각이 달라져 그 후 의학으로 전공을 바꾸었다.[3] 10대 시절 결핵을 앓는 바람에 수년 동안 부모와 떨어져 살아야 했던 이유 때문인지 린덴만은 매우 수줍고 조용한 성격의 소유자였다. 반면 아이작스는 휘파람으로 오페라 멜로디를 즐겨 불러 동료들이 그 소리만 듣고도 그를 알아챌 정도로 쾌활한 인물이었다.[4] 대개 과학 논의가 일사천리로 진행될 때는 한 사람은 명쾌하며 탐구적인 태도를 지닌 반면, 또 다른 사람은 차분해서 흥분을 구체적인 실험 계획으로 변모시킬 수 있을 때다. 배경도 기질도 딴판인 이 두 인물의 협업은 20세기 최고의 과학 혁신 중 하나를 이끌어낼 참이었다.[5]

아이작스는 린덴만을 만나기 전부터 이미 수년 동안 바이러스를 둘러싼 오랜 수수께끼를 풀기 위해 애쓰고 있었다.[6] 한 사람이 동시에 두 가지 다른 바이러스에 감염되는 것이 드문 일이라는 사실은 19세기부터 알려져 있었다. 찰스 다윈의 할아버지 에라스무스 다윈은 천연두에 걸린 환자가 홍역을 앓는 것은 한 번도 본 적이 없다고 말한 바 있다.[7] '왜 한 바이러스의 존재가 다른 바이러스의 성장을 막는가' 하는 수수께끼가 체계적으로 연구되기 시작한 것은 1937년부터였다. 당시 리프트밸리열[Rift Valley fever](아프리카에서 발생하는 감염성 강한 바이러스성 질환-옮긴이) 바이러스의 한 유형에 감염된 원숭이들이 또 다른 바이러스인 황열병 바이러스에 감염되지 않는다는 것은 기정사실로 알려져 있었다.[8] 심지어 배양접시에서 증식하는 세포에 두 가지 다른 바이러스를 함께 추가해도 대개 한 가지 바이러스만 증식했다.

이것은 풀리지 않은 수수께끼이긴 했지만 아이작스와 린덴만이 만났을 때는 그다지 긴급한 문제가 아니었다. 당시의 뜨거운 주제, 특히 밀힐 연구소가 몰입했던 주제는 독감이 어떻게 유행병으로 퍼져나가는가에 관한 문제였다. 아이작스의 연구팀도 이 문제에 골몰해 있었고, (아이작스가 좋아하는 프로젝트는 독감 연구에 길을 열어주기 위해 뒤로 후퇴한 상황이었다) 이들은 1951년, 영국에서 걷잡을 수 없이 퍼져 나간 독감에 두 가지 버전의 바이러스가 연루되어 있다는 것을 발견했다. 이 발견뿐 아니라 당시 밀힐 연구소의 많은 다른 연구 역시 매우 혁신적이었다. 이들의 연구를 통해 오늘날 우리가 컴퓨터를 이용해 독감의 진화와 전 세계적 확산을 예측하는 방식이 확립되었기 때문이다. 이러한 방식은 세계보건기구가 매년 독감백신에 쓸 바이러스의 종류를 선정할 때 꼭 필요하다.

유행병이 어떻게 확산되는가를 파악하는 것은 예나 지금이나 말할 수 없이 중요하다. 따라서 왜 한 바이러스가 다른 바이러스의 성장을 막는지를 연구하는 것은 당시로서는 중요성이 비교적 덜했을 것이다. 특정 바이러스가 다른 바이러스의 성장을 막는 원인을 밝혀내기 위해 중요한 것이 무엇인지를 알아내는 일—그 일만으로도 수년이 소요될 수 있다—은 어떤 과학자라도 피해갈 수 없는 가장 큰 난제다. 일부 과학자들은 추적해야 할 것에 대한 직감을 갖고 있으나 대부분의 과학자는 자신이 관찰한 원인들 중 가능한 것을 죄다 분석하고, 그중 하나가 맞는 것으로 입증되면 그 원인의 어떤 점이 획기적인 발견으로 이어질 수 있을까를 또 자문해보아야 한다. 가령 컴퓨터가 갑자기 먹통이 됐을 때 그 원인을 밝힌다고 해서 곧 중요한 발견이 이루어질까? 아닐 확률이 크다. 따라서 대개는 먹통이 된 컴퓨터를 그냥 다시 켜보는 게 최상의 방책이다. 정확히 왜 컴퓨터가 먹통이 되었는지 알아보느라 시간을 낭비하지 않는 편이 낫다는 뜻이다.

그러나 아이작스와 린덴만은 함께 대화를 나누면서 곧 한 유형의 바이러스가 왜 다른 유형의 바이러스의 성장을 막았는지를 주제로 삼고 있는 자신들을 발견했다. 린덴만은 취리히에서 수행했던 미발표 실험에서 그 현상을 우연히 발견했다. 린덴만이 스위스 연구 장학금으로부터 1년 봉급을 받기로 하고 런던에 도착했을 무렵 아이작스는 이미 다른 바이러스를 막는 데 필요한 특정 바이러스의 양이 얼마나 되는지를 밝혀냈고, 한 바이러스가 다른 모든 종류의 바이러스의 성장을 막는다는 것도 입증해낸 참이었다. 그러나 이 수수께끼의 핵심—어떻게 한 바이러스가 다른 바이러스를 막는가—은 아직 풀리지 않은 채였다. 이들은 가능성이 있는 원인에 대해 이야기를 나누었다. 가능성 하나는, 한 가지 바이러스가 세포로 진입하기 위해 의지하는 것으로 알려진 단백질 분자가 소진되거나 제거되어 다른 바이러스가 동일한 세포로 접근하지 못하게 막을 수 있다는 것이었다. 또 다른 가능성은, 바이러스가 복제에 필요로 하는 단백질 자체가 소진된다는 것, 다시 말해 다른 바이러스가 동일한 세포로 진입할 수는 있으나 증식할 수는 없다는 것이었다. 이들은 이 두 가지 가능성 중 어느 것이든 입증만 된다면 큰 발견이 되리라는 것을 깨달았다. 이를 통해 바이러스가 어떻게 작용하는지, 그리고 바이러스가 어떻게 취약성을 드러내는지도 밝혀낼 수 있기 때문이었다. 두 사람 모두에게 이 문제는 당시에 받고 있던 세간의 관심보다 더 큰 가치가 있어 보였다. 따라서 두 사람은 차를 마시면서 쟁점을 논의한 뒤 1956년 9월 4일, 함께 실험을 시작했다. 이들은 의학을 발견한 것뿐만 아니라 자신들의 생애 또한 영원히 바꾸어놓았다.

오늘날 추앙받는 이 실험은 수정된 달걀껍질 내막을 독감 바이러스로 감염시키는 것이었다. 그러나 이들은 바이러스로 내막 세포를 직접 감염시키지 않고 먼저 적혈구와 섞은 바이러스를 이용했다.[9] 린덴만과 아이작스는 바이러스가 자기보다 약 1만 배 더 큰 적혈구에 들러붙으리라는 것을 알고 있었지만, 이것 때문에 바이러스가 자신의 유전물질로 달걀 내막을 감염시키지 못하게 되지는 않으리라 추정했다(바이러스는 자기 유전물질을 세포 속으로 보내 자신을 복제한다). 적혈구와 바이러스를 섞어도 여전히 내막이 감염되리라 여겼던 것이다. 그러나 바이러스의 유전물질이 바이러스를 떠난 뒤에도 바이러스의 외피는 적혈구에 여전히 붙어 있었다. 이제 적혈구에 붙어 있는 바이러스 외피를 달걀 내막에서 씻어내 제거한 다음 바이러스 외피가 붙어 있는 적혈구를 새 달걀 내막에 추가시켰다. 적혈구와 바이러스 외피가 새 달걀 내막에 추가되었을 때 다른 바이러스 감염을 막는지 보기 위해서였다. 만일 외피가 감염을 막는다면 이들의 추정상 바이러스의 외피가 바이러스의 유전물질과 달리 다른 바이러스 감염을 막는 요인이라는 게 입증될 참이었다. 실험은 여러 시간이 걸렸다. 달걀 내막과 적혈구는 시험관 회전배양기 속에서 회전시켜야 했고, 이를 기다리는 동안 아이작스는 후속 실험에 대한 아이디어나 정치를 주제로 린덴만과 대화를 나누었다.

두 사람은 바이러스로 덮인 달걀 내막 세포에서 씻어낸 적혈구가 정말로 다른 바이러스 감염을 막아줄 수 있다는 것을 발견했다. 이것은 바이러스 외피가 2차감염을 막는 중요한 요인이라는 이들의 가설과 잘 들어맞는 듯했다. 그러나 이러한 해석은 바이러스의 외피가 적혈구에 여전히 붙어 있으리라는 이들의 가정이 옳을 때만 가능한 해석이었다. 결국 이들은 바이러스의 외피가 적혈구에 들러붙어 있는가를 확인하기 위해 전자현미경(스타인먼이 수지상 세포를 상세히 보기 위해 사용했던 것과 같은 종류의 현미경)으로 세포를 들여다보았다. 전자 현미경 사진이 너무 흐려서 적혈구에 바이러스 외피가 남아 있는지 여부를 알아볼 수 없었다. 엎친 데 덮친 격으로 사진상으로는 바이러스 중 일부가 적혈구에서 떨어져 나와 있는 것으로 보였다. 필시 적혈구와 바이러스가 회전배양기 속에서 회전을 거치는 동안 일어난 일 같았다. 이 일로 이들은 불안해졌다. 그렇다면 외피가 분리되지 않은 온전한 바이러스가 적혈구에서 분리되어 그 때문에 두 번째 감염이 차단되었을 가능성이 있기 때문이었다. 만일 그렇다면 이들의 실험에서는 어떤 새로운 발견도 이루어지지 않은 셈이다. 하지만 다른 새로운 실험으로 이 문제와 씨름하는 동안 두 사람은 엄청난 금광을 발견했다. 실제로 금 자체보다 더 귀중한 발견이었다.

두 사람은 외피가 분리되지 않은 바이러스가 액체 속에 떠돌아다니고 있는지 알아보기 위해 시험관의 액체를 조심스럽게 옮겨 달걀 내막에서도 분리시키고, 바이러스로 덮인 적혈구에서도 분리시켰다. 그런 다음 이들은 이 액체를 새로운 달걀 내막 세포에 추가했고, 그것─혹은 그 속의 어떤 것─이 역시 세포 감염을 막을 수 있다는 것을 발견했다. 하지만 린덴만과 아이작스는 이 용액을 살펴보고 그 속에 분리된 바이러스가 거의 없다는 사실을 발견했다. 이 발견이 의미하는 바는 무슨 일이 일어나고 있는지 설명할 길이 전혀 없다는 뜻이었다.

이들은 적혈구를 추가하는 복잡한 조치 없이 실험을 재개하기로 했다. 그 결과 바이러스와 달걀 내막 세포가 함유된 용액 또한 바이러스가 새로운 세포 감염을 중단시킬 수 있다는 것을 발견했다. 액체 속 무언가─그냥 액체 자체─가 바이러스 감염을 중단시킨 것이었다. 이것은 중요한 발견의 여정에서 이들이 다른 길로 빠지지 않도록 해준 중대한 관찰이었지만, 당시 린덴만과 아이작스에게는 그것이 어떤 영감을 준 것으로 느껴지지 않았다. 이러한 관찰 결과로 무엇을 해야 할지 도무지 알 수 없었기 때문이다. 두 사람은 그저 혼란스러웠다.

아이작스는 바이러스를 방해할 수 있는 무언가가 액체 속에서 생성되었을지도 모른다고 말했지만, 두 과학자 모두 액체 속에서 일어난 일이 그다지 흥미를 끌만한 게 아닐지도 모른다는 점 역시 알고 있었다. 가령 액체가 산성으로 변해 바이러스를 막은 것일까? 아니면 바이러스가 양분을 다 고갈시켜 두 번째 감염이 중단된 것일까? 후속 실험으로 무엇을 해야 할지 갈팡질팡하는 상황에서 린덴만은 2차감염을 방해하는 원인이 무엇이든 간에 이름부터 붙이기로 결정했다. 그것의 이름은 인터페론^{interferon}이었다. 전자^{electron}나 중성자^{neutron}나 보존^{boson}처럼 우주의 근원 입자같이 느껴지게 할 요량으로 만든 신조어였다. 린덴만은 생물학자들도 물리학자들처럼 연구 대상으로 삼을 근본적인 입자를 가질 때가 되었다고 생각했다. 물리학자들에게는 그런 근본 입자가 이미 차고 넘쳤다. 1956년 11월 6일, 아이작스는 린덴만과 연구를 시작한 지 불과 2개월 만에 연구실 노트에 적어 넣을 새로운 연구 분야의 이름을 정했다. 그것은 바로 '인터페론 연구'였다.[10] 이렇게 고된 연구가 시작됐다.

집중포화의 대상이 된 기적의 신약

아이작스가 린덴만보다 전문 연구 경력이 길다는 것은 더 이상 의미가 없었다. 지도에 그려져 있지 않은 미답의 영토에서는 누구나 초심자에 불과하다. 무엇을 찾아내야 할지 딱히 확신도 없이 범죄 현장에 도착하는 형사처럼 이들은 어떤 단서라도 찾기 위해 액체의 힘을 파고들기 시작했다. 이들은 열이 액체의 바이러스 차단 효과를 파괴하는 반면, 냉장고에 저장되어 있던 액체는 그렇지 않다는 것을 알아냈다. 이러한 결과들은 액체의 수소이온농도^{pH}가 중요하지 않다는 것, 열에도 영향을 받지 않는다는 것, 그러나 무언가 열에 민감한 요인이 차단 효과의 인자라는 것을 암시했다. 이들은 원심분리도 테스트해보았으나 아무런 효과도 없었다. 이는 액체 속 큰 입자가 바이러스를 차단하는 요인도 아니라는 뜻이었다(입자가 큰 것은 무엇이건 시험관 바닥에 가라앉기 때문이다). 아이작스와 린덴만은 액체가 상이한 유형의 바이러스를 중단시킬 수 있는지도 시험해보았고, 그렇다는 것을 알아냈다. 시간이 갈수록 이들은 흥미를 유발하지 않는 요인들이나 정황적인 요인들을 배제해나갔고, 아직 확인되지 않은 무언가가 바이러스 감염을 중지시킬 힘으로 무장한 채 능동적으로 작용하고 있다는 것을 점차 확신하게 됐다. 인터페론이 실제로 존재한다는 확신이 커진 것이다.

이때를 회고하면서 린덴만은 훗날 다음과 같은 글을 남겼다.

일부 과학자들이 연구에 매료되는 진짜 이유는 그 연구의 흥미진진함이 외부인에게는 지루하고 아둔해 보일 게 분명한 탐사 단계라는 어둠 속에 숨어 있기 때문이다. 환희와 자부심 가득한 승리의 순간은 찰나에 불과하다. 그런 순간은 금방 사라진다. 오래 지속되는 것은 정직한 지적 노력에서 오는 충족감이다. 과학 연구의 이러한 성격을 대중용 글이 다루지 않는 것은 오히려 다행스러운 일일지도 모른다. 과학은 그 힘든 소명에 응할 만큼 대담하거나 천진난만한 이들의 몫이라는 진실을 은밀히 즐기는 과학자의 기쁨을 누구나 누릴 수 있는

것은 아니지 않겠는가.[11]

  1957년 2월 말경, 두 사람은 바이러스 복제를 방해할 수 있는 새로운 요인, 세포에서 유발되고 바이러스가 유도한 새로운 요인이 존재한다는 자신들의 주장을 온전히 기록해도 되겠다는 확신이 들 만큼 충분한 증거를 축적했다고 생각하기에 이르렀다. 이들이 연구 중이던 밀힐 연구소의 소장이자 왕립학회 회원이며, 1933년 독감 바이러스를 발견한 공로로 명망이 높았던 크리스토퍼 앤드루스[Christopher Andrewes]는 두 사람이 왕립학회의 《회보[Proceedings]》에 두 편의 논문을 실어 실험 결과를 발표할 수 있도록 도와주었다.[12] 지금은 이 두 편의 논문 속 주장이 옳다고 널리 인정받고 있지만 당시만 해도 이들의 주장에 동의하는 학자들은 드물었다.

  1957년 6월, 린덴만이 스위스의 과학 학회에서 처음으로 인터페론을 발표하고부터 난관이 시작됐다. 그의 발표가 끝난 뒤 스위스의 한 바이러스학자는 이들의 생각이 자신이 읽었던 모든 내용과 상반되므로 쓰레기에 불과하다고 논평했다.[13] 그해 10월 아이작스와 린덴만의 공식 논문이 발표되자 여러 명의 저명한 과학자, 특히 미국의 과학자들은 두 사람이 진정 새로운 분자를 발견한 것인지 의심스럽다는 의견을 내놓았다.[14] 의구심을 표명하는 과학자들의 주장은 바이러스 중 일부가 샘플을 오염시킨 게 틀림없는데 이들이 그것을 새로운 분자 덕으로 돌렸다는 것이었다. 이들의 실험이 상상 속에서나 있을 법한 것이라는 소문이 파다하게 퍼져나갔고, 인터페론은 미스인터프리턴misinterpreton 혹은 이매지논imaginon 같은 조롱 섞인 이름으로 불렸다.[15] 새로운 발견이 늘 그렇듯이 회의적 시각은 그저 악의의 소산만은 아니었다. 이들의 초기 실험은 복잡했고—세포와 바이러스가 함께 배양되었고, 액체는 사이펀으로 뽑아낸 다음 재사용됐다—따라서 그 과정에서 정확히 무엇이 감염 중단 요인을 발생시킨 것인지에 대한 논란의 가능성은 상존했다. 그뿐 아니라 이들 실험의 복잡성은 다른 과학자들이 똑같은 결과를 산출하기가 극히 어렵다는 뜻이기도 했다.

과학자라면 누구나 자신의 실험이 다른 과학자들에게 신뢰받지 못할까 봐 두려워한다. 실험에 대한 의심보다 더 나쁜 것은 학자로서의 양심까지 의심받는 것이다. 린덴만이 런던에서 1년을 보내고 스위스로 돌아왔을 때, 바로 그런 사태가 그를 기다리고 있었다. 그의 학자적 양심이 집중포화의 대상이 된 것이다. 그의 전 상관이었던 헤르만 무서Hermann Mooser는 린덴만이 아이작스와 함께 쓴 인터페론 관련 논문이 자신의 공을 무시했기에 이를 인정하는 조치를 취해야 한다고 생각했다. 이들의 인터페론 연구가 1955년 아이작스와의 연구가 시작되기 전 무서의 실험실에서 린덴만이 실행했던 미발표 실험을 기반으로 구축된 것이라는 이유에서였다. 무서는 (발진티푸스 박테리아 관련 연구로) 크게 존경받는 과학자였기 때문에 그의 비난은 린덴만의 경력에는 재앙이나 다름없었다. 결국 린덴만은 스위스를 떠나야 했다. 그는 2년은 베른에서, 3년은 플로리다에서 보내는 등 여러 일자리를 전전하다 결국 취리히로 돌아

갔다. 무서가 은퇴한 후였다.[16]

무서는 죽을 때까지 자신이 인터페론의 공동 발견자이며, 자신의 공을 인정하지 않는 것은 부당한 처사라고 믿었다.[17] 사실 많은 연구소가 이미 인터페론을 산출한 실험을 수행했다. 살아 있는 바이러스와 세포를 다루는 거의 모든 실험도 예외는 아니었다. 그러나 이 연구소들은 자신들이 산출해낸 것이 무엇인지 제대로 인식하지 못했다. 아이작스와 린덴만이 인터페론을 발견했다고 발표할 당시, 면역세포로 하여금 특정 방식으로 반응하게 만드는 요인들이 존재할 수 있다는 암시는 과학 기록 내에 다양하게 존재했다.[18] 요컨대 연구란 동시다발적으로 발생하는 법이고, 따라서 무서는 린덴만과 아이작스와 더불어 인터페론의 공동 발견자라고 인정받을 만한 충분한 일을 하지 못했다고 보아야 한다.

아이작스는 무서의 주장에는 확신에 차 반박했지만 다른 과학자들의 비난에는 근원적인 환멸을 느꼈다. 그는 우울증에 시달렸다. 병원에 입원해 약을 처방받아야 할 정도였다.[19] 한 친구의 말대로 아이작스는 "큰 그림을 볼 줄 아는, 상상력 풍부한 과학자였다. …… 아이디어로 머리가 꽉 차 있었지만 우울증에 빠져 있을 때는 잘 지내기 힘든 사람이기도" 했다.[20] 아이작스는 때로 가장 가까운 동료들과 이야기를 나누다가 자신이 린덴만과 발견한 것이 결국 이들이 찾아내지 못한 액체 속 바이러스의 흔적에 불과한 것이었는지의 여부에 관해 말하기도 했다. 그들의 연구에 회의를 표명한 학자들의 말이 맞았을지도 모른다. 인터페론은 존재하지 않을지도 모른다.

이러한 의구심을 해결하는 것은 자기의심보다는 새로운 실험과 연구여야 가장 이상적이겠지만, 과학 논문이 아무리 객관적인 어조로 되어 있어도 결국 새로운 지식을 추구하는 일은 개인의 처절한 노력의 산물이다. 아이작스는 1958년 가을, 결국 신경쇠약에 걸렸다. 밀힐 연구소에 있는 대부분의 과학자들이 보기에 그는 늘 흥과 열의, 에너지로 가득 찬 인물이었으나 그들이 보지 못한 그의 삶은 녹록치 않았다. 1949년 의사였던 젊은 시절, 그는 정신과 의사인 수재나 고든Susanna Gordon과 결혼했다. 결혼생활은 순탄했으나[21] 아내가 유대인이 아니었던 관계로 아이작스는 정통 유대교 신자였던 집안의 지지를 잃었고 그의 아버지는 상속권을 박탈했다.[22] 이런 상황에서 아이작스에게는 과학계 사람들이 가족이나 마찬가지였고, 이는 그의 연구에 대한 과학계의 지지가 그에게 큰 의미라는 뜻이었다.

압력이 가중되면서 인터페론은 과학계의 학회뿐 아니라 주류 신문과 TV에서도 논란거리가 됐다. 물론 이러한 관심은 린덴만과 아이작스가 과학계의 숙원이었던 바이러스 간섭viral interference이라는 문제를 해결한 데 쏟아진 것이 아니었다. 그러나 인터페론이 바이러스 감염을 중단시킬 수 있다면 그것이야말로 새로운 기적의 약이 될 수 있으리라는 것쯤은 누구나 알고 있었다. 이들의 이야기는 1957년《데일리 익스프레스》에서 다루어졌고, 1958년 5월 아이작슨이 인터페론을 왕립학회 리셉션에서 발표한 후 BBC TV를 비롯해 더 많은 대중매체의 관심사로 떠올랐다.[23] 인터페론은 심지어 대중문화의 어휘에도 편입됐다. 1960년, 댄 배리Dan Barry의 만화 『플래시 고든Flash Gordon』에서는 치명적인 외계 바이러스에 감염된 우주인들이 적시에 인터페론 주사를 맞아 목숨을 구하기도 한다(사실 이 만화에는 미묘한 오류가 있다. 인터페론은 병든 우주인들의 체온을 내림으로써 효력을 발휘하는 것으로 그려졌지만 실제로 인터페론이 효력을 내려면 체온을 높여야 한다).

영국 정부 또한 인터페론을 예의주시했다. 영국 의회와 의료연구위원회Medical Research Council는 밀힐 연구소에 자금을 제공하던 기관으로, 1928년 알렉산더 플레밍Alexander Fleming이 런던에서 발견한 페니실린이 결국 미국에서 개발되고 특허를 받았다는 사실 때문에 여전히 낙담하고 있었다. 정부는 페니실린 특허권을 잃은 쓰디쓴 아픔을 맛보았고, 누군가 또 큰 발견이라도 한다면 이번에는 절대로 개발 기회를 놓치지 않을 심산이었다. 인터페론을 정확히 잠재된 금광의 범주에 놓은 누군가-누군지는 확실치 않다. 아마 아이작스 자신일 수도 있다-는 인터페론을 '항바이러스 페니실린'이라고 불렀다.

아이작스는 정부와 과학계, 대중으로부터 오는 압력과 인터페론이 실재할 뿐 아니라 약물로 효력이 있다는 것을 입증하고 그에 대한 특허를 취득해야 한다는 거대한 압박이 자신을 짓누르고 있다고 느꼈다. 스트레스가 심했던 그는 동료들도 모르는 사이에 최소 두 차례나 자살을 기도했다.[24]

일이 이렇게 커지는 동안 아이작스의 실험실에서는 28세의 젊은 화학자 데릭 버크Derek Burke가 인터페론 분자를 정제하는 과제를 받았다. 인터페론의 화학적 성질과 작용을 좀 더 명료하게 알아내기 위해서였다. 1958년 6월《뉴사이언티스트》에서 버크와 아이작스는 "인터페론의 화학적 성질을 알아내는 일이야말로 그것이 세포 속에서 어떻게 생산되어 작용하는지 이해하는 데 꼭 필요하다"라고 주장했다.[25] 아이작스는 버크가 이 일을 하는데 6개월 정도가 소요될 것이고, 그다음에는 자신의 생각이 옳다는 것이 입증되리라고 생각했다. 그러나 인터페론 정제는 엄청나게 힘든 일이었다. 세포와 바이러스에서 사이편으로 뽑아낸 액체에는 극미량의 인터페론만이 함유되어 있었고, 버크는 이를 분리하는 화학 공정을 알아내려 애쓰느라 노트를 열두 권이나 썼다.[26] 지금 와서 생각해보면 인터페론 정제에 필요한 시간이 6개월에 불과하다는 생각은 어이없을 만큼 순진한 발상이었다. 이 일에는 장장 15년이라는 세월이 소요됐다.

1964년 새해 첫날, 정제 작업이 완성되기 한참 전에 아이작스에게 뇌출혈이 일어났다. 혈관조영술에 의하면 출혈의 원인이 비정상의 종양성 혈관일 가능성이 있었지만 수술은 불가능했다.[27] 결국 아이작스는 3개월 후 연구소로 돌아왔지만 연구부서장으로서의 직무를 줄이고 자신의 소규모 연구팀과 다른 두 팀의 대표 자리를 따로 임명했다. 연구소로 복귀한 다음에도 그는 어느 동료의 말대로 "중한 정신장애를 몇 차례나" 겪었다.[28] 1967년 1월에 찾아든 두 번째 뇌출혈은 치명적이었다. 당시 그의 나이 45세였다. 사망하기 1년 전 그는 왕립학회 회원으로 선출되었고, 사망 후에는 그를 기리는 심포지엄이 런던에서 개최됐다. 이 심포지엄에는 두 명의 노벨상 수상자 언스트 체인Ernst Chain(페니실린 연구)과 프랜시스 크릭Francis Crick(DNA 구조의 공동 발견자)도 참가했다.[29] 한 동료 과학자는 "분자생물학은 수호성인을 잃었다"라고 탄식했다.[30] 아이작스가 남긴 과학의 유산은 결국 널리 인정받게 될 참이었지만 그는 수많은 의구심과 비난 속에서 세상을 떠났다.

그의 생애 말기 인터페론을 주제로 한 소규모 임상실험들은 실망스러운 결과만 내놓았고 제약회사들도 흥미를 잃었다. 그러나 그의 사망 직후 암 연구를 통해 인터페론에 대한 희망이 되살아났다. 대부분의 암은 바이러스 감염과 무관하지만 암을 일으키는 소수의 바이러스가 존재한다.[31] 파리에서 연구 중이던 뉴요커 이온 그레서Ion Gresser는 생쥐 실험을 통해 인터페론이 바이러스가 유발한 암을 중단시킬 수 있는지 알아보았고, 이것이 가능하다는 것을 입증해냈다.

그러나 더 큰 발견은 오히려 아무 일도 일어나지 않아야 하는 대조실험에서 나왔다. 대조실험은 과학자들이라면 누구나 주요 실험과 나란히 수행하는 실험이다. 대조실험은 모든 면에서 주요 실험과 동일하되 오직 한 가지, 실험 대상 요인만 제외시키는 실험으로서 주요 실험과 대비될 수 있도록 아무런 일도 일어나지 않아야 성공한 것으로 간주된다. 그래야만 주요 실험 결과가 정당하다고 입증되기 때문이다. 그레서의 대조실험은 바이러스와 아무런 상관도 없는 다른 유형의 암을 대상으로 한 것이었다. 그레서는 바이러스가 유발하는 암보다 훨씬 더 흔한 이 유형의 암이 인터페론의 영향을 받을 리 없다고 생각했다. 하지만 놀랍게도 그는 여러 다양한 종류의 암세포를 주입한 동물들이 인터페론 치료를 받았을 때 생존한다는 것을 발견했다. 1969년, 그는 최소한 생쥐의 암을 치료하는 데는 인터페론이 효력을 보인다는 내용을 발표했다.[32]

암 치료제는 과학의 성배지만 인터페론 치료만큼은 성배로 인정받기는커녕 오히려 비난의 화살이 쏟아졌다. 가장 큰 문제는 그레서가 인터페론 자체를 암 치료제로 사용한 것이 아니라는 점이었다. 그때까지 누구도 인터페론을 분리해내지 못했기 때문에 그는 마치 우유에서 걷어낸 크림처럼, 세포와 바이러스에서 뽑아낸 순수하지 않은 생체 용액을 쓸 수밖에 없었다. 이 때문에 과학자들은 아이작스가 살아 있을 때처럼 암에 효과를 낸 유효성분이 정확히 무엇인지를 놓고 다시 논쟁을 벌이기 시작했다. 그레서는 한 동료가 자신을 위로하고자 했던 말을 회고한다. 언젠가 먼 훗날 그레서의 실험이 학계 표준 실험이 되어 무수한 과학자들이 똑같은 실험을 되풀이할 테고, 그렇게 되면 누가 그 실험을 최초로 했는지조차 다들 잊어버릴 것이라고 말이다.[33]

이 논쟁의 실험과 별도로 그레서가 했던 또 다른 관찰 역시 인터페론 관련 지식이 진일보하는 데 지대한 영향을 끼쳤다. 아주 우연한 관찰이었다. 1961년 12월에 발표된 연구 논문 중 하나—당시에는 전혀 주목받지 못한 논문이었다—에서 그래서는 다른 세포와 마찬가지로 인간의 백혈구 또한 바이러스와 섞였을 때 인터페론 생산을 유발한다는 점에 주목했다.[34] 그는 이것이 바이러스에 대항하는 몸의 면역 방어에서 어떤 역할을 하리라 추정했고, 인터페론 산출이 바이러스 감염의 진단 기준으로 쓰일 수 있을지도 모른다는 점을 시사했다. 이러한 가설은 핀란드의 과학자 코리 칸텔Kari Cantell의 상상력을 사로잡았다. 인기 있는 연구 분야를 오히려 기피하는 경향을 지닌 고독한 연구자 칸텔은 바이러스와 섞인 대부분의 인간 세포가 인터페론 생산을 유발하지만 백혈구가 인터페론 생산에 특히 능숙하며, 그렇다면 이 백혈구를 이용해 실험실에서 인터페론을 대량으로 생산하는 데 쓸 수 있으리라 추론했다. 탁월한 생각이었지만 행운이 제몫을 해주지 않으면 그 어떤 결과도 나오지 않을 판이었다.

칸텔은 냉장고에 우연히 갖고 있던 센다이Sendai라는 이름의 바이러스에 자신의 가설을 실험해보았다. 센다이 바이러스는 독감 바이러스와 다소 비슷하다. 센다이라는 이름은 그것이 발견된 일본의 도시 이름에서 온 것으로, 오늘날에는 센다이 바이러스와 백혈구가 인터페론을 생산하는 데 특히 효과적이라는 것이 널리 알려져 있다. 만일 칸텔이 다른 바이러스를 이용했거나 심지어 같은 바이러스라도 다른 종류를 이용했더라면 첫 실험은 실패했을 것이고 그는 절대로 버티지 못했을 것이다.[35] 공교롭게도 1963년 5월 8일 시작된 첫 실험 결과, 백혈구는 그가 시험한 다른 어떤 유형의 인간

세포보다 열 배나 더 많은 인터페론을 생산해냈다. 모든 것을 운으로 돌리자는 말이 아니다. 칸텔은 처음부터 평생 직장을 구한 것 또한 매우 중요한 요인이었다고 주장한다. 그가 종신직 일자리를 얻지 못했더라면 첫 실험 후 인터페론을 정제하는 데 소요될 9년이라는 오랜 세월 동안 자금 지원을 받지 못했을 것이기 때문이다.[36]

그가 마침내 알아낸 인터페론 정제 과정의 복잡함을 보면 왜 그토록 오랜 세월이 필요했는지 이해하게 된다. 이 과정의 근간은 상이한 단백질 분자가 용액(가령 침전액)의 산도에 따라 다르게 굳어진다는 사실이었다. 칸텔은 차가운 산성 알코올의 초기 원 조제 물질을 휘젓다가 다른 화학물질을 추가해 용액의 산도를 천천히 높임으로써 인터페론을 뽑아낼 수 있다는 것을 발견했다. 불순물들은 인터페론보다 더 빨리 용액에서 빠져나왔기 때문에 원심분리를 통해 제거가 가능했다. 그는 이 정제 과정을 여러 차례 반복해야 했다. 칸텔은 이렇게 지난한 과정이 화학에서는 좀처럼 없는 일이라는 것이 당시 화학자들의 공통된 견해였다고 회고한다. "하지만 나는 화학자가 아니었고 화학을 몰랐던 것이 오히려 편견으로부터 자유로울 수 있는 기회를 준 것 같다."[37]

아이작스와 린덴만이 인터페론의 발견을 발표한 후 15년이 흘렀고, 이 주제에 대한 대중의 관심도 턱없이 낮아져 있던 무렵, 드디어 칸텔은 인터페론을 정제할 방법을 알아낸 셈이었다. 그는 인터페론 정제법을 찾아냄으로써 아이작스와 린덴만이 했던 주장을 검증할 수 있는 길을 확고하게 열어놓았다.

칸텔의 인터페론 덕분에 소수의 암환자들이 치료를 받았고, 용기를 주는 결과에 대한 일화들이 임상의들과 과학자들 사이로 퍼져나갔다. 대중은 인간의 몸이 직접 만들어낸 약이라는 완전히 새로운 개념에 전율했다. 인터페론은 방사능 치료법 같은 인공적인 치료보다 자연에 더 가까운 치료법을 찾아내고 싶어 하는 사람들의 욕망에 더 잘 들어맞았다.[38] 그러나 사실상 어떤 약물이든 '자연에 가깝다'라고 규정하는 것 자체가 과학과 철학의 엄밀한 의미에서는 불가능에 가깝다. 결국 모든 치료는 개입이며, 모든 약물은 일정 부분 자연에서 추출한 것이기 때문이다. 미국의 암 연구계 또한 인터페론으로 인한 이 초기 결과에 열광했다. 이들 또한 1971년에 닉슨 대통령이 '암과의 전쟁' 법에 서명한 이후 신약을 출시해야 한다는 압박에 시달리고 있었기 때문이다.

스위스에서 태어난 미국의 바이러스 학자 마틸드 크림[Mathilde Krim]은 미디어 거물인 남편이 미국 민주당 내의 영향력 있는 인사였던 덕에 인터페론 연구 자금 로비 역할을 맡았다. 크림은 정부 각료, 제약회사 그리고 다른 연구자들과도 넓은 인맥을 자랑하는 인물이었다.[39] 메리 래스커[Mary Lasker]와 로렌스 록펠러[Laurence Rockefeller] 같은 미국의 저명한 과학계 후원자들은 대부분 크림의 노력 덕분에 인터페론 연구에 지원 결정을 내렸다.

그러나 모든 임상 등급의 인터페론은 칸텔의 통제 속에 핀란드에서 생산되었고, 환자에게서 인터페론의 효과를 시험하고 싶은 사람은 누구나 두 가지 장애물을 극복해야 했다. 그중 하나는 칸텔에게서 인터페론을 살 만큼 충분한 돈을 구하는 일이었다. 칸텔은 목숨을 구하려는 부자들뿐 아니라 과학자들과 임상의들의 쇄도하는 요청에 시달리고 있었다.[40] 《타임》은 칸텔을 "완고한 인사"라고 칭했지만[41] 그도 그럴 수밖에 없었다. 공급은 제한되어 있었고 더 높은 값을 지불하는 순서로 인터페론을 제공하고 싶지도 않았기 때문이었다.

텍사스 주 휴스턴에서 연구하던 종양학자 조던 구터먼[Jordan Gutterman]은 메리 래스커의 재단에서 100만 달러를 구해 암 환자들에게 인터페론을 실험했다. 구터먼이 래스커를 만난 것은 그가 한 암 센터의 대표에게 가장 유망한 연구에 대한 발표를 주선해달라고 몇 차례 요청을 한 뒤였다.[42] 당시 36세였던 구터먼은 발표자 중 가장 젊었지만 래스커의 주목을 끌었다. 구터먼은 예나 지금이나 설명의 달인이다. 두 사람의 우정은 이렇게 시작됐다.[43] 구터먼은 인터페론을 자신에게 팔도록 칸텔을 설득하기 위해 스톡홀름의 알란다 공항으로 날아갔다. 칸텔이 강연을 하러 가는 길에 들른 경유지에서 그를 만나기 위해서였다.[44] 결국 그의 노력은 빛을 보았고 칸텔은 구터먼이 필요로 하는 인터페론을 50퍼센트 할인된 가격에 제공하기로 약속했다.[45]

래스커는 유방암 환자들을 대상으로 한 구터먼의 인터페론 실험에 관심이 컸다. 그녀의 막역한 친구가 유방암을 앓고 있었는데 다른 치료가 효력을 보이지 않았기 때문이었다.[46] 구터먼의 첫 여성 환자는 종양 때문에 팔을 들어 머리를 빗을 수 없는 게 힘들다고 탄식했다. 1978년 2월 12일, 구터먼은 환자에게 300만 단위의 인터페론 치료를 실시한 후 병실을 들여다보았다. 환자는 하얗게 센 긴 머리를 빗질하고 있었다. 첫 임상실험에서 아홉 명의 환자 중 다른 치료에서 효력을 보지 못한 환자 다섯 명의 몸에서 종양이 일부 사라졌다.

구터먼은 나중에 인터페론이 골수의 면역세포에서 발생하는 암인 골수종^{myeloma} 환자 열 명 중 여섯 명, 그리고 림프계에 영향을 미치는 암인 림프종 환자 열한 명 중 여섯 명에게 도움을 주었다는 것을 발견했다. 다른 과학자들 또한 소수의 환자에게서나마 비슷한 발견을 했다는 낭보를 전했다. 발열과 오한, 피로감 등 부작용도 흔했지만 이 정도는 다른 암 치료제의 부작용에 비하면 경미한 수준이었다. 1978년 8월, 미국암학회$^{American\ Cancer\ Society}$는 당시로서 가장 큰 상금인 200만 달러를 구터먼에게 수여했다. 인터페론 임상실험 결과의 공로를 인정한다는 뜻이었다. 1979년 7월《라이프》는 인터페론이 기적의 신약임이 거의 확실하다고 공표했다.

사실 인터페론의 초창기 임상실험은 엄격한 통제를 거친 경우가 아니었다. 본격적인 임상 치료에 사용할 수 있는 양 만큼의 인터페론을 구할 수가 없었기 때문이다. 인터페론의 공급 출처는 거의 핀란드의 칸텔이었다. 다른 과학자들은 인터페론을 분리해낸 칸텔의 방법을 따라 하기가 어렵다고 생각했다. 그의 방법은 수백 회의 시행착오를 거친, 자잘하고 기기묘묘하며 최적화된 기술로 가득했기 때문이다. 하지만 칸텔은 인터페론 제조법으로 특허를 내지 않았다. 그는 개인적인 이득에는 전혀 관심이 없었다. 자신의 연구가 공공기금을 통해 이루어진 것이므로 그것으로 경제적 이득을 보는 것 자체가 온당치 않은 일이라고 생각했기 때문이다. 그러나 특허를 내지 않는다고 해도 특정한 모양의 원형 병을 쓰면 더 많은 양의 인터페론을 생산할 수 있으며, 이렇게 미묘한 차이가 중요하다는 사실을 다른 과학자들에게 설득하기란 어렵다는 것을 그는 잘 알고 있었다. 그들이 이를 납득하려면 최소한 몇 차례의 실패를 맛보아야 할 터였다.[47]

상황이 변하기 시작한 것은 1978년 3월이었다. 당시 칸텔은 취리히대학교에 있던 찰스 바이스만Charles Weissmann의 전화를 받았다. 칸텔은 그를 몰랐다. 그 당시에는 유전공학 혁명의 기운이 감돌고 있었고 생명공학 산업은 팽창일로에 있었다. 샌프란시스코에 본사를 둔 제넨테크라는 기업은 인간 유전자를 박테리아에 삽입하고, 이 유전자 변형 박테리아가 인간 유전자에 의해 코딩된 인간 단백질을 생산할 수 있다는 것을 막 입증한 참이었다.[48] 이것이 가능한 이유는 인간 유전자와 박테리아가 세포 내에서 단백질을 만드는 화학 메커니즘이 본질적으로 동일하기 때문이다. 박테리아는 삽입된 인간 유전자를 마치 다른 유전자인 양 취급해 그 유전자가 코딩하는 단백질을 생산하는 것이다. 1982년, 식품의약국이 최초의 유전공학 산물인 휴먼인슐린human insulin이라는 신약의 판매를 승인하면서 제넨테크는 큰 성공을 거두었다.[49] 1978년, 바이스만은 칸텔과의 통화에서 유전공학 혁명에 대해 설명하고 자신이 어떻게 인터페론 유전자를 분리하고, 그것을 이용해 인터페론 단백질을 대량으로 생산할지에 대한 계획을 이야기했다. 칸텔이 듣기에 그것은 공상과학소설을 방불케 하는 이야기였다. 실제로도 그 계획은 소설이나 마찬가지였다. 칸텔이 바이스만과의 협업에 신중한 태도를 취하자, 결국 바이스만은 이틀 후 자신의 계획을 직접 설명하기 위해 헬싱키까지 날아갔다. 마침내 칸텔은 설복됐다.

바이스만은 칸텔이 백혈구를 통해 다량의 인터페론을 만드는 과정에서 인터페론 유전자 활동이 분명히 증가했을 것이며, 이를 이용하면 유전자를 분리시킬 수 있을 것이라고 말했다. 세포가 인터페론 같은 단백질을 만들 때 이 단백질은 유전자로부터 직접 만들어지는 것이 아니다. 우선 단백질 유전자는 그 유전자 자체의 DNA와 아주 유사한 화학물질인 RNA로 복제된다. 이 단백질 유전자의 RNA 버전은 대개 끝이 잘리거나 변형된(최종 버전은 '전령 RNA' 혹은 'mRNA'라고 한다) 다음 세포의 핵을 떠나 세포가 단백질을 만드는 모형으로 작용한다. 특정 단백질이 대량으로 필요할 경우 세포는 그에 해당하는 RNA 모형의 복제물을 대량으로 만든다. 이것이 바이스만 연구팀이 인터페론 유전자를 분리하기 위해 활용한 메커니즘이다. 이들은 처음에 칸텔의 방법으로 처리한 백혈구에서 전령 RNA를 분리했다. 이 전령 RNA의 많은 부분이 인터페론을 위한 것이리라 생각해서였다(그 외 다른 RNA들은 세포가 만들고 있던 다른 단백질을 위한 것이었다). 그다음 바이스만의 팀은 인터페론을 위한 RNA를 분리하기 위해 다른 RNA를 개구리 알 속에 주입한 뒤 인터페론을 만들어낸 것들만 골라냈다. 그다음에는 효소를 사용해 RNA 모형을 다시 DNA로 바꾸고, 결국 인터페론 유전자를 얻어냈다.[50] 이 유전자를 다시 박테리아 속으로 삽입하면 대량의 인터페론 단백질이 만들어진다.[51] 이 공정은 각 단계마다 생명공학의 극한의 기술을 요할 만큼 까다로웠고 긴 시간이 소요됐다. 바이스만은 아예 연구실에 침낭을 가져다놓고 생활해야 했다.[52]

바이스만은 학자이자 사업가 그리고 생명공학 기업인 바이오젠의 공동 창립자로서 이 연구를 주도했다.[53] 처음에 칸텔은 바이스만과 자신의 협업이 영리 사업의 일환이라는 것을 알지 못했지만, 나중에는 자신이 그걸 알았다 해도 연구를 중단하지는 않았으리라고 말한다.[54] 사실 칸텔이 알지 못했던 온갖 종류의 금전 거래들이 과학계 뒤편에서 판을 치고 있었다. 미국의 제약회사 셰링플라우는 바이오젠이 파산 지경에 이르렀을 때 공동소유권을 얻기 위해 800만 달러를 투자했다.[55] 800만 달러는 큰돈이 아니었다. 1980년 1월 16일, 바이오젠이 기자회견을 열어 유전자 변형 박테리아로부터 인터페론을 생산했다는 발표를 내놓은 뒤 셰링플라우의 주가가 20퍼센트나 뛰었기 때문이다.[56]

늘 그렇듯이 주식시장이 들떠 있는 동안 과학은 더욱 복잡해졌다. 1980년의 미국임상종양학회American Society of Clinical Oncology에 대표로 참석한 학자들은 인터페론에 실망했다. 인터페론 치료를 받은 환자들 중 소수만이 종양 크기의 부분적 감소를 보였기 때문이다.[57] 많은 약이 소수의 환자들에게서는 희망적인 결과를 내지만 다수의 환자들에게 주의 깊게 투약할 때는 실패하고 만다. 이는 필시 첫 임상실험 대상자들이 특별히 집중적인 치료를 받고 있거나 평균 이상의 차도를 보이는 환자들이 애초부터 부지불식간에 선정되었기 때문일 수 있다. 1982년 11월, 인터페론의 또 다른 문제가 표면으로 떠올랐다. 인터페론 사용으로 인한 부작용이 예전에 생각했던 것만큼 미미하지 않다는 것이 확실해졌다. 파리에서 인터페론 치료를 받은 네 명의 환자들이 심장마비로 사망했기 때문이다.[58]

1984년 무렵까지 과학계의 통설은 인터페론이 간단히 암 치료제가 되기는 글렀다는 것이었다.[59] 일부 암은 다른 암보다 이 약에 더 반응을 잘 보였고, 그로 인해 1984년에는 특정 유형의 백혈병에 쓸 수 있다는 승인까지 받았지만 인터페론의 성공은 일부 치료에 국한되거나 지속성이 떨어졌다.[60] 이 무렵에는 이미 인터페론의 종류가 한 가지가 아니라는 사실 역시 분명해졌다. 일본암연구소에서 연구하던 다니구치 타다츠구, 일명 '타다'는 바이스만이 인터페론 유전자를 면역세포에서 분리했던 것과 달리 피부세포에서 인터페론 유전자를 분리해냈다.[61] 그리고 여러 다른 팀들이 인터페론이 면역세포에 영향을 끼칠 수 있는 유일한 유형의 단백질 분자가 아니라는 것을 발견했다. 1976년부터 일련의 국제 워크숍들은 다양한 연구소들이 발견한 갖가지 단백질 분자를 분류하는 작업에 착수했다. 최초의 학회는 미국 베데스다에서, 두 번째 학회는 스위스의 에르마팅엔에서 열렸다.[62] 처음 이 워크숍들은 면역학의 변방에 불과했다.[63] 당시 주류 연구는 특정 면역반응이 어떻게 유발되는지에 집중하고 있었기 때문이다. 그러나 시간이 지나면서 이 워크숍들을 통해 인간 생명에 대한 새로운 지식이 출현했다.

누구나 존재 이유는 있지만 과학자의 특별한 존재 이유 중 하나는 새로운 지식을 담고 있는 무언가를 남길 수 있다는 것이다. 린덴만은 2015년에 사망했고 아이작스보다 거의 두 배나 오래 살았지만, 짧든 길든 두 사람 모두의 인생에서 이들이 함께했던 1년이라는 세월 동안 가장 중요한 업적은 인터페론의 발견이었다. 이들의 업적이 영원한 이유는 다른 과학자들의 수많은 노고가 바로 이들의 노고를 기반으로 하기 때문이다. 소설가 마거릿 애트우드Margaret Atwood는 이렇게 말한다. "결국 우리는 모두 이야기로 남는다."[64] 린덴만과 아이작스가 과학계의 영웅인 이유는 이들의 이야기가 기원 신화가 되었기 때문이다.

결과적으로 인터페론의 존재는 하나의 목적을 위해 몸속에 존재하는 서로 유사한 수용성 단백질soluble protein 전체를 향한 인식의 지평을 열어주었다. 그 하나의 목적이란 세포와 조직 간의 소통, 그리고 면역계의 조율이다. 이제 우리는 인터페론 같은 상이한 단백질이 100가지가 넘는다는 것, 그리고 그중 일부는 수천 곳의 연구실에서 연구되었고 또 다른 것들은 최근에 와서야 발견되었다는 것을 알고 있다. 이러한 단백질을 통틀어 사이토카인cytokine이라고 한다. 사이토카인은 면역계의 호르몬이다. 인간의 면역세포는 사이토카인의 불협화음에 둘러싸여 있다. 일부는 면역계의 스위치를 켜고 일부는 끄며, 많은 사이토카인이 면역계의 활동을 끌어올리거나 끌어내린다.[65] 이들의 목적은 바이러스나 박테리아 감염 같은 문제의 유형에 맞는 면역반응을 형성하고 면역계를 몸의 다른 체계와 연결하는 것이다. 이들의 활동은 믿을 수 없을 만큼 복잡하고 (사이토카인을 조절하는 사이토카인이 있을 정도다) 이들이 몸의 작용 방식에서 갖는 중요성, 그리고 이들이 지닌 신약을 위한 잠재력은 막강하다. 다음은 이를 살펴볼 차례다.

암 면역요법의 씨앗을 심다

모든 인간 세포는 미생물의 침입을 받을 수 있고 미생물의 침입은 대개 해롭다. 독감이나 소아마비 같은 수많은 바이러스는 일단 증식─증식이란 바이러스가 다른 세포를 감염시키고자 원래 있던 세포를 떠난다는 뜻이다─하면 숙주세포를 죽인다. B형 간염 같은 또 다른 바이러스들은 숙주세포를 살려두지만 세포의 정상적 화학반응을 무너뜨림으로써 큰 위해를 초래하며, 또 다른 극소수의 바이러스는 세포가 암의 성질을 띠게 할 수 있다. 이러한 작용에 맞서기 위해 거의 모든 인간의 세포는 형태인지수용체를 이용해 세포의 뚜렷한 신호를 감지함으로써 언제 세균에 의해 공격을 받았는지 알아낼 수 있다. 앞에서 살펴본 대로 어떤 종류의 형태인지수용체는 바이러스나 박테리아의 외피처럼 인간 몸에 이질적인 분자를 추적함으로써 세균을 알아본다. 또 다른 형태인지수용체는 DNA처럼 인간 몸에 낯설지는 않으나 있지 말아야 할 곳에 있어서 결국 자신이 침입한 세균의 일부라는 것을 누설하는 분자를 추적함으로써 세균의 존재를 감지해낸다. 수지상세포는 엄청나게 다양한 형태인지수용체들을 갖고 있어서 이들을 통해 다양한 종류의 세균을 능숙하게 감지해내지만, 몸속의 거의 모든 세포들은 특정 유형의 형태인지수용체를 갖고 있다. 이 세포들의 형태인지수용체는 세균의 뚜렷한 신호를 붙잡으며, 이는 세포로 하여금 인터페론, 즉 사이토카인이라는 수용성 단백질을 생산하도록 방아쇠를 당긴다. 이런 식으로 거의 모든 유형의 인간 세포는 바이러스에 감염되었을 때 인터페론을 생산할 수 있다.

인터페론은 감염된 세포와 근처의 다른 세포들을 방어체제로 전환시킨다. 이 일을 하는 방법은 인터페론자극유전자^{interferon-stimulated gene}라는 유전자의 스위치를 켜는 것이다.[66] 인터페론자극유전자는 박테리아 및 다른 세균을 중단시키는 일을 돕는 단백질을 생산하며, 특히 바이러스를 상대하는 데 강력한 힘을 발휘한다. 이 단백질은 바이러스가 인근의 세포 속으로 들어가지 못하게 차단하고, 이미 세포 안에 들어간 바이러스가 (복제를 위해 들어가야 하는) 세포핵으로 들어가지 못하게 막으며, 바이러스가 세포의 시스템을 장악해 자신을 복제하는 데 필요한 단백질을 만들지 못하게 막는다. 테터린^{tetherin}이라는 이름의 이 단백질은 인터페론자극유전자가 만드는 단백질 중 하나로, 인간면역결핍바이러스 같은 바이러스가 한 세포를 떠나 다른 세포를 감염시키려는 바로 그때 바이러스를 붙잡아 병의 확산을 저지한다.

일부 바이러스의 경우 이러한 반응—선천면역반응—은 감염을 막을 만큼 강력하지만, 대개 이 정도 면역반응은 후천면역반응—T세포와 B세포가 이끄는 면역반응—이 발달해 문제를 완전히 제거하고 지속적인 면역을 제공할 때까지 며칠 동안만 감염의 기세를 꺾어놓을 뿐이다. 인터페론자극유전자가 하는 반응이 감염을 완전히 막지 못하는 한 가지 이유는 바이러스와 다른 유형의 세균이 이 반응에 저항하기 때문이다. 가령 인간면역결핍바이러스는 테터린 단백질을 파괴할 수 있기 때문에 이 세포 저 세포를 자유롭게 감염시킨다.[67] 독감 바이러스를 이루는 모든 유전자의 10퍼센트가 인터페론의 효과를 막는 데 할애된다는 사실을 고려하면 이 작용이 얼마나 중요한지 알 수 있다. 과거에 인류는 별의 위치가 건강에 영향을 끼친다고 생각했지만, 현실은 이보다 더 기상천외하다. 우리 몸은 작디작은 세균과의 끊임없는 군비 확장 전쟁에 휘말려 있는 셈이니 말이다.

우리는 각자 동일한 방식으로 세균에 대응하지만 이는 그저 아주 대략적인 주장에 불과하다. 일부 사람들이 독감을 심하게 앓는 이유 중 하나는 인터페론자극유전자의 차이 때문이다. 가령 유럽인 400명당 한 명 정도는 인터페론에 의해 유도되는 유전자 중 하나인 IFITM3의 고장 난 버전을 갖고 있다.[68] 통상 IFITM3이 만드는 단백질은 무슨 이유에선지 독감 바이러스가 세포에 들어가는 방식을 방해한다(이 동일한 유전자는 동물도 사용한다고 알려져 있다. 이 유전자를 갖고 있지 않도록 유전자 변형을 시킨 생쥐는 독감 감염에 더 취약하다). 따라서 이 유전자의 고장 난 버전을 갖고 있는 소수의 사람들은 바이러스에 대항하는 면역 방어의 요소가 결여되어 있다. 2012년, 이러한 유전자 변종은 특히 독감 감염으로 입원한 사람들 가운데 흔하다는 사실이 밝혀졌다. 중환자실에 있는 환자들은 고장 난 버전의 유전자를 열일곱 배나 더 많이 갖고 있었다.[69] 이 변종은 특히 일본인과 중국인에게 흔하다.[70] 이 때문에 일본인과 중국인은 독감을 심하게 앓을 위험이 높지만 이는 아직 검증이 필요한 문제로 남아 있다.[71]

그러나 제 기능을 못하는 IFITM3 유전자를 갖고 있는 사람들이라 해도 대부분은 별 문제 없이 독감과 싸운다. 이는 이러한 유전자도 면역반응의 수많은 요소 중 하나에 불과하기 때문이다. 사실 독감이 아닌 다른 질환에서는 제 기능을 하는 IFITM3 유전자가 차라리 없는 편이 이로울 수도 있다. 가령 면역반응 자체가 원인인 질환의 경우에 그렇다. 실제로 일본인과 중국인에게 이러한 기능이 부실한 유전적 변이가 더 많이 분포되어 있다는 사실은, 이러한 변이가 이익이 되는 상황이 일부 존재하며, 따라서 그런 상황이 중국과 일본에 더 흔할 수 있다는 것을 시사한다.

우리는 아직 이 상황을 온전히 이해하지 못하지만 현재 알고 있는 것을 활용할 수 있는 방식이 최소한 두 가지는 된다. 첫 번째 방법은, 사람들의 유전자 구조를 바탕으로 독감백신접종을 우선적으로 받아야 할 사람들의 순위를 정할 수 있다. 독감에 감염될 경우 상태가 심해질 위험이 큰 사람부터 접종하는 것이다. 현재로서는 유전자를 가려내는 일이 흔하지도 않고, 순전히 독감 하나 때문에 유전자 분석 능력을 늘리는 일 자체는 비용에 비해 그리 효율적이지도 않다. 차라리 모든 이들에게 백신을 제공하는 편이 비용이 훨씬 덜 들기 때문이다. 하지만 유전자 분석이 상용화된다면 이러한 방법이 가능해질 수도 있다. 임페리얼칼리지런던에서 독감 연구를 진두지휘하고 있는 피터 오픈쇼Peter Openshaw는 IFITM3 유전자 변종이 흔한 중국이나 일본계 사람들부터 접종을 실시하는 것이 꽤 유용하리라고 생각한다.[72]

인터페론 유전자와 관련해 유용하게 쓸 수 있는 두 번째 방법—이는 예기치 않은 독감 대유행 시 필요할 수도 있는 방법이다—은 신체의 인터페론 반응을 증강시켜 백신 없이 독감과 싸우게 하는 것이다. 이는 생쥐 세포에서 효력이 있는 것으로 이미 밝혀졌다. 인터페론자극유전자 IFITM3이 만드는 단백질의 양이(이 유전자를 제한하는 효소를 억제함으로써) 생쥐 세포 속에서 늘어난 것이다. 이 단백질 증가는 결국 생쥐 세포의 독감 방어 능력을 증강시켰다.[73] 생쥐 입장에서는 생쥐로서는 축하할 일이지만 이 결과 역시 인간에게는 아직 유용하지 않다. 인간의 IFITM3 단백질을 증가시키는 방법을 모르기 때문이다.[74] 아직은 그 이상의 지식이 더 필요하다.

인터페론은 암 치료제로서의 가능성을 대대적으로 홍보했던 초기 광고에 부응하지 못했다. 그런데도 흑색종과 일부 종류의 백혈병에서는 중요한 역할을 수행한다. 인터페론 투약 방식은 대개 일주일에 여러 차례 주사를 놓는 것이다.[75] 2015년 7월처럼, 일정 종류의 암에 대한 치료법으로 인터페론의 효력을 실험하는 공개 임상실험이 100회 넘게 이루어졌다.[76] 인터페론이 과거에 기대했던 만큼의 효력을 내지 못하는 주된 이유는 그것이 암세포를 중단시키는 역할을 직접 행하지 않기 때문이다. 현재 우리는 인터페론이 암을 퇴치하도록 돕는 대부분—전부는 아니다—의 방법이 면역계 자극이라는 것을 알고 있다. 문제는 면역계가 암세포를 쉽게 감지하지 못한다는 점이다. 결국 암세포란 몸이 모르는 이질적 세포라기보다는 우리 몸에 있던 세포가 잘못된 길로 빠진 결과물이기 때문이다. 따라서 인터페론이 돕는 면역반응의 크기에는 한계가 있을 수밖에 없다.

몸속의 다양한 세포가 생산하는 인터페론의 유형은 상당히 많다. 최소한으로만 잡아도 유형이 열일곱 개나 된다.[77] 우리 세포의 대부분은 린덴만과 아이작스가 발견했던 종류의 인터페론—오늘날에는 '인터페론 알파interferon alpha'라 불린다—을 만들어 감염의 확산을 저지할 수 있다.[78] 오늘날 인터페론 알파는 B형 및 C형 간염 감염의 치료에 일부 쓰인다.[79] 다른 형태의 인터페론은 더 특화되어 있다. 가령 '인터페론 감마interferon gamma'는 진행 중인 면역반응을 증폭시키기 위해 일부 유형의 백혈구에 의해 주로 생산된다. 각 유형의 인터페론이 면역반응을 촉발하는 유전자들은 온라인 데이터베이스에 차곡차곡 쌓이고 있다.[80] 인터페론 이후에 발견된 다른 사이토카인 중 많은 것들은 인터류킨interleukin이라고 한다. 류코사이트

^{leukocyte}(이것이 백혈구의 정식 명칭이다) '사이에서^{inter}' 작용하는 단백질이라는 이유로 붙은 이름이다.[81] 줄여서 IL이라 불리는 각 유형의 인터류킨에는 IL-1, IL-2, IL-3 등 숫자가 붙는다. 현재 IL-37까지 있다.[82] 인터페론과 마찬가지로, 이 인터류킨 중 일부도 버전이 약간씩 다르고(가령 IL-1은 알파 및 베타 형태가 있다) 숫자가 다르게 매겨진 인터류킨이라 하더라도 공통점이 있어서 가령 IL-1족에는 IL-18과 IL-33이 포함되는 식이다. 이 모든 사이토카인의 몸속 작용은 그저 경이로울 뿐이다.[83]

각각의 인터류킨은 고유한 효과를 다수 갖고 있다. 한 가지 사례를 들어보자. IL-1은 여러 세포 중에서 백혈구의 한 유형인 호중구^{neutrophil}에 작용한다. 호중구는 혈류 속 가장 풍부한 면역세포다. 호중구는 수분 이내에 베인 상처나 부상 부위 쪽으로 몰려가며[84] 세균을 완전히 집어삼켜 직접 파괴할 수 있다. 그러나 호중구의 면역 방어 기능 중 특히 경이로운 것은 이것이 DNA와 단백질 가닥으로 만들어진 끈끈한 망을 불쑥 내밀어 돌아다니는 세균을 잡아챈다는 것이다.[85] 스파이더맨을 상상하면 된다. 물론 포획의 규모는 세포와 세균이니 아주 작다고 봐야 한다. 이 망에는 포획한 세균을 죽이는 항균물질^{antimicrobial}이 함유되어 있다. 호중구는 수명이 짧아 혈액 속에서 하루 정도밖에 살지 못하지만, 사이토카인 IL-1은 이들의 수명을 늘려 최장 5일까지 계속 망을 만들어내 전투를 지속하도록 해준다.[86]

두 번째 사례는 IL-2다. IL-2는 자연살해세포^{Natural Killer cell}에 극

적인 영향을 끼친다.[87] 자연살해세포는 암세포와 일부 유형의 바이러스 감염세포를 죽이는 데 능숙한 백혈구의 일종이다(나의 첫 책 『나만의 유전자』에 이 백혈구에 대해 상세히 밝혀놓았다). 내 연구실에서는 종종 자연살해세포를 혈액에서 분리한 다음 IL-2를 이용해 이 세포의 스위치를 켠다. IL-2가 세포에 끼치는 영향은 현미경 아래에 놓고 보면 금방 보인다. IL-2를 추가한 세포들은 구형 모양에서 점점 길어져 Y 모양으로 변한 다음 비활성 상태에서 벗어나 배양접시 속을 이리저리 기어 다닌다. 세포의 앞쪽 끝이 배양접시 표면에 몸을 대고 밀면 뒷부분이 앞쪽을 따라 가는 식으로 추진하면서 공격해야 할 병든 세포를 탐색한다. 자연살해세포가 암세포나 바이러스에 감염된 세포 같은 병든 세포를 만나면 그 세포를 붙잡아 납작하게 만들어 몇 분 이내로 죽인다. 그런 다음 이 살해자는 죽은 세포의 찌꺼기—현미경 아래에서 이 찌꺼기는 거품이 나는 뭉텅이로 보인다—로부터 떨어져 나와 공격할 또 다른 세포를 찾아 이리저리 움직인다.

면역반응을 끄는 사이토카인 중 하나는 IL-10이다. 1989년에 발견되어 1990년에 분리에 성공한 이후 수천 명의 과학자들이 연구 대상으로 삼아온 IL-10은 원치 않는 면역반응에 대항해 몸을 보호하는 데 도움을 준다고 알려져 있다.[88] IL-10은 감염이 제거되면 염증을 억제하고, 몸의 치유 과정인 손상된 조직의 수리가 시작되도록 신호를 보낸다. IL-10은 소화관에서도 중요하다. 소화관에서 무해한 박테리아에 대한 원치 않는 면역반응을 예방하기 위해 면역세포를 비교적 비활성 상태로 유지하는 기능을 하는 것이다. IL-10이 없도록 유전자가 변형된 생쥐는 염증성 장질환을 앓는다.[89] 인간의 경우 장의 면역계가 과도하게 활동하면 크론병과 궤양성 대장염을 일으킬 수 있다. 두 질환은 30만 명 이상의 영국인을 괴롭히는 질환이다.[90]

사이토카인에 대한 지식은 약에 대한 거대한 아이디어로 이어진다. 몸속 사이토카인의 규모를 조종해 감염이나 암과 싸우는 면역계를 증강시키거나, 자가면역질환 치료를 위해 면역반응을 약화시키는 약물에 대한 생각이 그것이다. 앞에서 살펴본 대로 인터페론으로 면역계를 증강시키는 일은 부분적으로 성공을 거두었지만 다수의 다른 사이토카인도 이와 같은 일을 시도해볼 수 있다. 암에 대한 신체의 면역반응을 증강시키는 일의 선구자는 스티븐 로젠버그[Steven Rosenberg]다. 일각에서는 가장 중요한 선구자로 통한다.[91]

로젠버그는 1974년 7월 1일, 미국 베데스다 국립암연구소의 외과 과장이 됐다. 불과 33세의 나이에 100여 명의 직원과 연간 수백만 달러의 예산을 쥐락펴락하는 자리에 오른 것이다. 그는 그 이후 연구소에 머물면서(그는 "이곳은 견고한 기초과학 연구가 가능하고 그 성과를 바로 환자들에게 적용할 수 있는 이상적인 장소"라고 여긴다)[92] 800편이 넘는 과학 논문을 공동집필했다.[93] 과학 전문 저자 스티븐 S. 홀[Stephen S. Hall]은 면역 치료의 개척자들을 다룬 경이로운 저서인 『혈액 속의 소동[A Commotion in the Blood]』에서 로젠버그를 "무한한 자신감의 소유자"라고 칭하며 이렇게 이야기한다. "누군가에게 로젠버그는 지나치게 많은 것을 요구하고 엄청난 속도로 일을 진행하는 인간이었을 테지만, 또 누군가에게 그는 고작 몇 명의 생명을 구하겠다고 수많은 쥐를 희생시키는 것으로 악명 높은 분야에서 고된 일을 마다않고 해낼 수 있는 최고의 적임자였다."[94] 로젠버그는 자신에 대해 이렇게 말한다. "나는 내가 목적의식이 분명한 사람이라는 것을 잘 알고 있다. 목적의식이란 무자비함의 다른 말일 것이다."[95] 로젠버그는 시간을 까다롭게 챙기는 것으로 유명하다. "나는 큰 학회에 별로 가지 않는다. 그런 곳에 가는 경우가 있다면 발표를 마치자마자 학회장을 나서기 위해서일 뿐이다."[96]

"암에 걸린 모든 사람을 치료하고 싶습니다"라고 말할 정도의 그의 지독한 목적의식은 1968년에 외과 수련을 끝내면서 만났던 한 환자에게서 비롯됐다.[97] 이 환자는 12년 전에 큰 종양을 제거했지만 제거가 불가능한 다른 종양이 발견됐다. 이 환자는 더 이상 치료할 수 있는 게 없다는 말을 들었고, 결국 퇴원해 죽음을 기다릴 수밖에 없었다. 그러나 그로부터 12년이 지난 후 그 환자는 완치되어 로젠버그와 대화를 나누었다. 로젠버그는 그 환자를 오진 사례로 치부해버릴 수 있었지만 그러지 않았다. 그는 환자의 기록을 점검했고, 환자를 주의 깊게 살폈으며, 병원 보관소에서 찾아낸 현미경 슬라이드까지 꼼꼼히 관찰했다.[98] 오진은 전혀 없었다. 그에게는 커다란 종양이 여러 개 있었지만 아무런 치료도 받지 않고 기적적으로 회복됐다. 전이성 암이 저절로 사라진 사건은 의학계에 알려진 가장 드문 기적 중 하나다.[99] 어떻게 이런 일이 일어날 수 있었을까? 로젠버그는 훗날 이렇게 썼다. "좋은 과학의 단 한 가지 중요한 요소는 의미심장한 질문을 던지는 일이다. 나는 바로 그 의미심장한 질문을 던졌다."[100]

로젠버그의 가설은 환자의 치유 원인이 면역계라는 것이었다. 면역 가설을 이용한 첫 암 치료에서 그는 회복된 환자의 혈액을 채취해 위암으로 사망진단을 받은 다른 노령의 환자에게 주입했다. 혈액이 암 치료에 도움이 되는지 확인할 요량이었다. 환자는 퇴역 군인이었다. 그는 자신이 평생 위험천만한 일을 해왔으니 이제 덕 좀 볼 차례가 온 것 아니냐며 농담을 건넸다.[101] 그러나 혈액은 효력이 없었고 결국 환자는 2개월 뒤 사망했다. 훗날 로젠버그는 "어찌나 단순한지 어이가 없을 지경이었다"[102]며 자신의 생각이 너무 순진했다는 것을 인정하면서도 그것을 시도해보는 것 외에 다른 도리가 없었다고 회고했다.[103]

그 뒤로도 로젠버그는 온갖 다양한 종류의 실험 치료를 시도했다. 그중 하나는 회복된 환자의 혈액에서 면역세포를 분리해 그것을 실험실에서 배양해 면역세포의 숫자를 늘린 다음 다시 다른 환자의 혈액 속에 주입하는 것이었다. 연구실에서 면역세포를 배양하는 일에 기반이 되어준 지식은 사이토카인 IL-2를 인간 면역세포의 증식 자극에 쓸 수 있다는 발견이었다. 면역세포를 배양할 수 있는 정확한 조건은 시행착오로 알아내는 수밖에 없었다. 오늘날에도 인간 세포를 배양하는 과학 작업은 장인의 기술이 필요할 만큼 정교한 일이다. 게다가 면역세포가 많다고 해도 그것들을 다시 환자에게 주입했을 때 몸속에서 살아남을지, 아니면 환자의 종양을 제거할 능력을 어떤 것이든 보유할 수 있을지도 불분명했다. 로젠버그가 시도했던 작업에는 미지의 변수가 하도 많아 대부분의 과학자들 같았으면 이렇게 야심만만한 생각을 떠올리지도 않았을 것이다. 그러나 그 많은 장애와 의혹 속에서도 그를 앞으로 나아가게 한 것은 오직 한 가지 생각뿐이었다. '만에 하나' 잘되기만 한다면 암을 치료할 수 있게 되리라는 생각 말이다.

로젠버그의 첫 환자 66명 중 그의 실험으로 생명을 구한 사람은 없었다. 그 후 1984년, 67번째 환자인 린다 테일러[Linda Taylor]가 로젠버그를 찾아 왔다. 33세의 여성 해군 장교였던 테일러는 전이성 흑색종 환자였다. 흑색종은 피부와 다른 장기를 공격하는 암이다.[104] 로젠버그를 찾아오기 2년 전, 그는 진갈색 점들이 솟아난 것을 발견한 뒤 흑색종 진단을 받았다. 17개월이라는 시한부 선고가 내려졌다. 인터페론 실험 치료를 받았지만 소용이 없었다.[105] 효과도 없이 지속되는 치료에 지친 그는 유럽 여행이라도 하는 것이 그나마 남은 시간을 가장 잘 활용하는 일이라고 생각했다. 그러나 가족은 싸움을 포기하지 말라고 그를 격려하며 로젠버그의 실험 치료를 믿어보자고 설득했다.

로젠버그는 테일러에게 백혈구와 고용량의 사이토카인 IL-2를 여러 차례 주사하는 치료를 실행했다.[106] 치료는 정말 어려웠다. 하루 세 차례 IL-2 주사, 그리고 2~3일에 한 번씩 백혈구 주사를 놓아야 했다. 테일러는 자주 토했고 가족을 볼 수도 없을 만큼 몸이 쇠약해졌다. 심지어 호흡곤란까지 찾아왔다. 결국 호흡이 중지되는 사태가 벌어졌다. 맥박이 1분당 20회까지 곤두박질치는 바람에 응급 소생을 통해 겨우 목숨을 건지는 상황에 이르렀다. 로젠버그는 테일러의 몸을 극한으로까지 밀어붙였다. 자신의 실험 치료가 조금이나마 전망이 있는 것인지 알아내기로 작심했기 때문이었다. 66회의 실패 끝에 성공의 기미가 조금이라도 보이지 않으면 이제 노력을 접어야 한다는 것을 그는 잘 알고 있었다.[107] 그는 테일러에게 이전에 투약했던 것보다 훨씬 더 많은 양의 IL-2를 주사했다.

치료가 시작되고 2개월 후 테일러는 로젠버그에게 종양이 사라지는 느낌이 든다고 말했다. 테일러가 옳았다. 종양은 제거되었고 죽은 종양의 세포 덩어리가 몸에서 사라지고 있었다. 사람들은 종양이 다시 나타나리라고 예상했지만 그들의 예상은 틀렸다. 테일러의 암은 완치됐다.[108]

인류와 암 사이의 오랜 반목과 불화는 남다르다. 새로운 종류의 약으로 생명을 구한 환자가 있다면 그것은 그야말로 국제 뉴스감이다. 테일러의 사연은 전 세계 신문 1면에 대서특필됐다.[109] 로젠버그는 현명하고 신중한 성격의 소유자였기 때문에 《뉴욕타임스》와의 인터뷰에서 자신이 거둔 성공을 저평가했다. "이것은 전도유망한 첫 걸음일 뿐입니다."[110] 그는 자서전에서 당시 자신의 감정이 "흡족한 느낌"이었다고 기술했다. "한껏 승리감에 취했다거나 의기양양함을 느꼈다거나 한 것은 아니었다. …… 흡족한 느낌은 내면을 채우는 깊은 것, 어떤 성취감, 평온함이다. 그것은 승리감보다 더 깊고 내밀한 충족감이다."[111] 30년 후 테일러는 로젠버그를 다시 찾아갔고 TV방송국에서는 그 순간을 다큐멘터리로 남겼다. 두 사람은 포옹했고, 복받쳐 오르는 감동에 목이 멘 테일러가 말했다. "저는 우는 일이라고는 없는 사람인데 선생님만 생각하면 눈물이 나네요."[112]

수많은 환자를 대상으로 한 실험을 통해 로젠버그가 시도했던 치료의 중요한 성분이 면역세포가 아니라 IL-2라는 점이 밝혀졌다.[113] 그러나 애석하게도 IL-2가 기적의 약이 아니라는 사실이 곧이어 분명해졌다. 로젠버그가 테일러를 치료하는 데 성공한 지 1년도 채 되지 않아 고용량의 IL-2를 투여한 다른 환자가 사망한 것이다. 물론 이 환자의 몸속에는 종양이 많았고(간에 20개가 포진해 있었다) 살날이 몇 달밖에 안 되었지만, 그의 사망 원인은 분명히 로젠버그의 실험 치료였다. IL-2는 환자의 몸이 폐로 들어온 박테리아 감염에 정상적인 면역반응을 하지 못하게 막았고, 결국 환자는 폐에 물이 차올라 사망했다. 훗날 로젠버그는 이때를 "어두운 시절이었다"라고 회고한다.[114] 환자의 어머니는 로젠버그를 비난하지 않았지만 자기 아들의 삶을 담은 편지를 써서 그에게 보냈다. 독실한 유대인 부모의 교육을 받은 로젠버그에게 어머니의 이러한 행동은 홀로코스트에 대해 알게 된 것들을 상기시켰다. "홀로코스트를 겪은 사람들이 가장 두려워하는 것은 바로 기억에서 사라지는 것이라는 말"이었다.[115]

IL-2는 환자들에게 찬란한 치유의 기쁨을 주거나 험난한 비극을 안겨주는 것 같았다. 그러나 로젠버그는 물론, 다른 누구도 둘 중 어떤 결과가 나올지 예상할 수 없었다. 그 이후 크고 작은 다양한 임상실험을 통해 IL-2가 흑색종과 진행성 신장암을 치료할 때 최상의 효과를 낸다는 것이 입증됐다. 이러한 유형의 암에 걸린 환자들이 반응을 보이는 전체적인 비율은 연구마다 다르지만 대략 5~20퍼센트다.[116] 반응을 보이는 소수 환자들의 경우 암은 남지 않는다. 진정한 의미의 완치가 이루어지는 것이다.

무슨 이유로 IL-2가 일부 종류의 암에만 효력을 발휘하는지는 명확하지 않다. 테일러의 몸속에 있던 흑색종은 대부분의 다른 암에 비해 돌연변이가 더 많다. 따라서 IL-2가 대부분의 다른 암보다 흑색종에 도움이 되는 이유로 생각해볼 수 있는 것은, 이 많은 수의 돌연변이가 흑색종 세포를 건강한 세포와 구분되게 표시해줘 면역계가 이를 감지하고 면역반응을 하기 더 쉽게 만들어주기 때문일 수 있다. 일부 환자가 다른 환자보다 IL-2 치료에 더 잘 반응하는 이유는 불행히도 아직 알려져 있지 않다. 한 가지 가능한 가설은 IL-2 치료가 종양에 대한 면역반응이 이미 일정 부분 진행 중인 환자에게서 가장 큰 효과를 낸다는 것이다. 따라서 이 치료가 면역반응을 더 증강시킬 수 있다는 것 정도다.

정리하자면 린덴만과 아이작스부터 구터먼과 로젠버그까지 일군의 개척자들은 사이토카인의 존재를 찾아내고, 그다음에는 사이토카인의 힘을 발견했다. 이들은 거대한 과학적 시도―암 면역요법―의 씨앗을 심었고 이 씨앗은 이제 수백 개의 가지로 뻗어나갔다. 가지 격인 각각의 연구들은 암에 대한 면역반응을 증가시킬 다양한 방법을 알아내는 일에 매진하고 있다. 이 가지에 수많은 암 치료법의 열매가 열릴 것이고, 앞으로도 계속해서 훨씬 더 많은 열매가 열릴 것이다. 이러한 시도는 뒤에서 다시 다룰 것이다. 이제부터는 사이토카인 관련 지식에서 나온 완전히 다른 치료 혁명을 살펴보고자 한다. 이번의 전투 대상은 암이 아니라 자가면역질환이다. 자가면역질환을 치료하는 혁명은 면역을 증강시키는 것이 아니라 중지시키는 방법으로부터 도래했다. 이제 항사이토카인[anti-cytokine]의 세계로 들어가 보자.

4_____ 신약 개발을 위한 거액의 블록버스터

신약은 대개 빅 아이디어로 시작된다. 마크 펠드만 경^{Sir Marc Feldmann} 역시 빅 아이디어의 소유자였다. 1944년 12월 폴란드에서 태어난 그는 가족과 함께 전쟁이 끝난 후 프랑스로 이주했고, 8세 때 다시 호주로 이주했다. 그는 "이민자는 근면을 통해 성공하려는 동기가 아주 강하다"라는 생각을 갖고 있었다. 그는 낮에는 경리로 일하면서 밤마다 공부에 매진했던 아버지에게서 노동윤리를 배웠다.[1] 멜버른 의대를 다니면서 해부학 지식을 기계적으로 암기하는 데 진력이 난 펠드만은 과학 논문에서 발견한 불확실성과 번뜩이는 아이디어에 매료됐다. 그가 면역학에 지대한 공헌을 하게 될 여정의 첫걸음을 내디딘 덕에 결국 수많은 사람의 통증을 치유하는 수십억 달러짜리 산업이 탄생했다. 그 단초는 호주의 월터-엘리자홀연구소^{Walter and Eliza Hall Institute}에서 "커피와 롤링 스톤즈의 음악에 의지하며"[2] 박사과정 연구를 하는 동안 마련됐다.

모든 일은 불만에서 시작됐다. 당시에 확립되어 있던 이론은 면역반응에 상이한 많은 세포들이 연루되어 있다는 것이었다. 스타인먼의 수지상세포 발견으로 이 점은 특히 강조됐다(제2장 참조). 펠드만 역시 현미경을 들여다보면서 면역세포가 이리저리 활발히 움직이는 모습을 보았다.[3] 반면 그가 생체에서 분리시킨 면역세포를 대상으로 하던 연구는 지나치게 환원론적이어서 몸속에서 실제로 일어나는 작용과는 크게 동떨어져 보였다. 그는 훗날 이런 말을 남겼다. "특정한 환경에서 산출된 개념으로는 복잡하고 비환원주의적인 현실을 추정할 수 없다."[4] 물론 모든 과학 실험은 어느 정도 환원주의적이다. 시스템 전체의 보편적인 효과를 연구하고 싶은 경우 그 전체의 특정 측면을 어느 정도 분리해낸 실험을 통하지 않으면 결론을 제대로 내릴 수 없다는 뜻이다. 그러나 펠드만의 근원적 욕망은 특정 유형의 면역세포 내에서 벌어지는 일만이 아니라 몸속에서, 즉 시스템 전체에서 실제로 일어나는 일을 알고 싶다는 것이었다. 따라서 그의 생각은 상이한 면역세포가 서로 소통하는 방식을 겨냥했다.

상이한 세포들 간의 소통을 연구하기 위해 펠드만은 플라스크에 두 개의 유리 시험관을 집어넣은 실험 장치를 마련했다. 하나의 시험관 안에 다른 시험관을 집어넣도록 되어 있는 장치였다. 두 개의 시험관 끝에는 구멍을 숭숭 뚫어놓은 막을 씌웠고 가장 바깥쪽의 플라스크에는 걸쭉한 배양액을 채웠다. 배양액은 시험관에 씌워놓은 막의 구멍을 통해 자유자재로 흐르게 하되 세포 같은 큰 입자들은 막을 통과할 수 없도록 되어 있었다. 그는 이 장치를 통해 안쪽과 바깥쪽 시험관 내에 다양한 종류의 면역세포를 채워 넣고 이들을 분리시킨 상태를 유지하는 한편 동일한 배양액에 둘러싸인 환경을 만들 수 있었다. 그는 배양액은 자유자재로 흐르되 세포는 돌아다닐 수 없도록 한 플라스크를 여러 개 마련해놓은 뒤 그 안에서 일어나는 일과, 세포들이 자유롭게 돌아다니며 상호작용할 수 있도록 시험관을 설치하지 않은 플라스크를 따로 마련해 서로 다른 환경에서 일어나는 일을 비교했다. 이를 통해 세포 간의 직접 접촉이 필요한 면역반응이 어떤 종류이며, 세포에서 배양액으로의 분비물이 유발하는 면역반응이 어떤 종류의 것인지를 가늠할 수 있었다. 다른 소수의 과학자들 또한 비슷한 실험을 하고 있었고 액체 속에 무엇이 있는지에 대해 아는 바가 거의 없었지만, 결국 이들이 관심을 갖고 연구했던 것은 본질적으로 동일했다. 바로 사이토카인의 효과였다. 2016년, 나는 펠드만에게 이 초창기 실험에서 무엇을 알아냈느냐고 물었다. 그는 싱긋 웃으면서 대답했다. "생명이 참 복잡하다는 것이지요."[5]

펠드만은 1976년 사이토카인을 주제로 한 최초의 학회에 참석했던 개척자 중 한 사람이었다. 사이토카인이 어떤 작용을 하는가에 관해 일관된 그림을 그릴 목표를 갖고 미국 국립보건원 근처 호텔에 모인 40여 명의 과학자들 속에 그도 섞여 있었다. 사이토카인의 작용을 밝히는 일은 처음에는 거의 가망 없는 숙제였다. 상이한 사이토카인을 분리해낼 방법이 전무했기 때문에 각각의 면역세포에 미치는 다양한 효과를 유발하는 것이 한 가지 사이토카인인지, 여러 가지인지 확실히 알아낼 수 없었기 때문이다.[6] 사이토카인의 각 효과를 체계적으로 연구할 수 있게 된 것은 사이토카인 유전자를 분리시켜 상이한 사이토카인 단백질을 개별적으로 생산할 수 있게 된 뒤였다. 이를 통해 각각의 사이토카인이 수많은 작용을 한다는 점이 밝혀졌다. 이러한 발견은 사실 처음에는 논란거리였다. 당시의 통념으로는 몸속 다양한 단백질의 작용은 단 한 가지였기 때문이다.[7] 사이토카인 중 다수가 동일한 분자에 적용된다는 점이 밝혀지면서 사이토카인마다 따로 붙였던 이름을 버려야 했다. 결국 사이토카인의 세계를 본격적으로 해부할 수 있는 도구가 생기자 너도나도 이를 연구하자는 움직임이 뒤따랐고, 일부 과학자들은 사이토카인이 가져다줄 돈과 명성에 대한 희망으로 흥분하거나 도취감에 빠졌다(이들의 흥분 정도는 이들이 사이토카인에 대한 전망을 어떻게 보느냐에 따라 달랐다).

과학의 고유한 속성으로 간주되었던 도덕적 순수성은 1984년 10월에 있었던 네 번째 사이토카인 워크숍에서 큰 타격을 입었다. 바이에른 주 알프스의 고급 리조트에서 열린 워크숍에서, 매사추세츠공대 찰스 디나렐로[Charles Dinarello] 교수의 연구팀인 필립 오런[Philip Auron]은 자신의 팀이 IL-1이라는 사이토카인 중 하나의 유전자를 분리하는 데 성공했다는 소식을 알렸다.[8] 객석에 앉아 있던 어느 과학자는 그때의 흥분을 생생히 기억한다.[9] 또 다른 학자들은 그 순간이야말로 "워크숍 최고의 순간"이라고 손꼽는다.[10] 당시 워크숍의 대표는 사진 촬영을 엄격히 금지하겠다고 말했다. 그것이 데이터 발표에 동의하기 전에 오런이 내건 조건이라고 했다. 오런은 발표 과정에서 IL-1의 유전자 서열을 스치듯 보여주었다.[11] 그런데 오런의 발표가 끝나자마자 누군가 급히 관객용 마이크를 잡고는 "이건 IL-1이 아닙니다!"라고 외쳤다.[12]

마이크를 잡은 방해꾼은 크리스토퍼 헤니Christopher Henney였다. 그는 1981년에 생명공학업체 이뮤넥스를 공동 설립했다. 시애틀에 본사를 둔 회사였다.[13] 동료 스티븐 길리스Steven Gillis와 함께 이뮤넥스를 설립할 당시 헤니의 나이는 마흔 살이었다. 둘은 당시 시애틀의 프레드허친슨 암연구소Fred Hutchinson Cancer Research Center에 소속되어 있었다. 헤니는 "앞으로 25년이나 똑같은 일만 하고 있을 수는 없었다"라고 말한다. "머리를 말고 목에 금목걸이를 두른 채 여자 꽁무니를 쫓는 남자들도 있지만 나는 회사를 만들기로 작정했다."[14] 관객용 마이크를 든 헤니는 IL-1 유전자를 분리해낸 것은 자신이 세운 회사이며, 오런이 보여준 것은 가짜라고 말했다.[15] 오런은 헤니에게 진짜 IL-1 유전자라는 것을 보여 달라고 요청했지만 헤니는 이를 거부하고 자리로 돌아갔다.

워크숍 직후 발간된 요약 자료에는 "헤니의 무례함이야말로 가장 놀라운 사건이었다는 것…… 특히 이뮤넥스를 세우기 전 오랜 기간 대학에서 탁월한 연구를 해온 헤니의 이력으로 볼 때 그의 무례한 태도는 충격적이었다"라고 되어 있었다.[16] 워크숍 직후 이뮤넥스는 IL-1 유전자의 두 가지 형태인 알파와 베타의 서열을《네이처》에 발표했다. 사실 이 유전자 서열 중 하나는 매사추세츠공대 연구자들이 워크숍에서 발표한 유전자와 동일한 것이었다.[17] 매사추세츠공대 팀은《네이처》에 편지를 보내 결국 자신들의 발표가 옳았으며, 따라서 이뮤넥스가 워크숍에서 벌인 무례한 소동은 전혀 근거가 없다고 주장했다.[18] 하지만 이 사건의 이면에는 학자적 자부심 이상의 문제가 걸려 있었다. 시스트론이라는 생명공학 소기업이 당시 매사추세츠공대 팀과 연구 중이었고, 시스트론과 이뮤넥스는 IL-1 유전자에 대한 특허출원을 내놓은 상태였다. 누가 무엇을 했는지, 그리고 특허 분쟁을 언제 해결할지 파헤쳐갈수록 이 싸움이 통상적인 과학 경쟁의 단순한 사례가 아니라는 사실이 드러나기 시작했다.

　시스트론은 이뮤넥스가 사기를 쳤다는 혐의를 제기했다. 이뮤넥스의 공동 창립자 길리스가 논문 게재의 비밀 절차인 동료검토를 위해《네이처》로부터 매사추세츠공대 연구소의 논문을 받았을 때 IL-1 중 한 가지에 대한 정보를 알게 된 게 분명하다는 것이었다.[19]《네이처》는 동료검토를 근거로 논문 게재를 거절했다. 문제는 이뮤넥스가 제출한 특허출원서에서 발견된 유전자 서열의 오류가 매사추세츠공대의 논문에서 발견된 유전자 서열의 오류와 동일하다는 점이었다. 이 정도 동일성이 우연의 일치라고 간주될 가능성은 극히 적다. 시스트론은 이러한 오류의 동일성이야말로 이뮤넥스가 동료검토용으로 받은 논문의 유전자 데이터를 이용해 IL-1에 대한 특허를 제출한 증거라고 주장했다. 이뮤넥스 측은 그것이 단순한 오기誤記였다고 항변했다. 게다가 이뮤넥스 측 변호사들은 어쨌거나 과학 논문의 동료검토에서 비밀엄수의무를 강제하는 규칙 따위는 없었다는 새로운 주장을 들고 나왔다.[20]

상황이 정리되는 데는 장장 12년의 세월이 걸렸고, 결국 이뮤넥스가 시스트론에게 2100만 달러를 지불하는 것으로 결론이 났다.[21] 전해지는 바에 따르면 헤니와 길리스 둘 다 이 비용에 자기 돈을 보탰다.[22] 그 무렵 시스트론은 파산했고, 고용량의 IL-1에 독성이 있는 것으로 밝혀지면서 논란이 된 특허의 가치 또한 크게 떨어졌다.[23] 반면 그 무렵 이뮤넥스는 면역계에 중요한 유전자의 긴 목록을 발견해 연구해놓은 상태였고, 2002년 암젠이라는 생명공학 기업에 160억 달러에 매각됐다.[24] 헤니와 길리스는 다시 다른 여러 생명공학 기업의 이사직을 맡았다.

알프스에서 IL-1의 참사가 벌어지기 1년 전(이뮤넥스와 디나렐로의 매사추세츠공대 연구팀이 사이토카인 유전자 분리를 놓고 경합을 벌이는 동안이었다), 펠드만은 15세기에 지어진 고풍스러운 성이 풍광을 수놓은 스페인의 코스타브라바 해안가의 작은 마을에서 휴가를 보내고 있었다. 분주한 도시의 소음을 벗어나 생활하면서 그는 돌연 큰 깨달음의 순간을 경험했다. 그는 장기 휴가를 기피하는 오늘날의 연구소 분위기에 우려를 표한다. 그는 훗날 이렇게 썼다. "휴가는 가족과 친구와 어울리고, 우리가 사는 세상의 찬란함을 누릴 기회뿐 아니라 창의적이고 전략적으로 사고할 기회 또한 제공하는 소중한 시간이다."[25] 훗날 《랜싯Lancet》에 발표될 그의 빅 아이디어는 자가면역질환의 기원에 관한 것이었다.[26]

그는 면역세포가 사이토카인 분비를 통해 서로를 활성화하되, 그 활성화가 영속적으로 면역계를 과도하게 자극함으로써 몸에 해를 끼치는 악순환을 만들 정도까지 이루어지는지의 여부에 골몰했다. 이것은 참신하고 강력한 발상이었다. 그의 회고에 의하면, 그는 자신의 생각이 사실이라는 증거가 거의 없었는데도 "젊은이의 치기 어린 자신감으로" 그 생각을 세상에 내놓았다.[27] 오늘날 같았으면 풍부한 데이터의 뒷받침 없이 이러한 생각을 발표한다는 것은 불가능에 가까운 일일 것이다. 특히 《랜싯》 같은 명망 높은 저널이라면 더더욱 그렇다.

그러나 당시 생물학의 환경은 오늘날과 달랐다. 과학자들의 수도 훨씬 적었고 학술지의 지면 경쟁도 심하지 않았으며, 저널의 편집자들 역시 참신한 아이디어를 다룬 논문에 대해 오늘날보다 더 개방적인 태도를 갖고 있었다. 아무튼 새로운 아이디어라는 것은 증거가 없다고 해도 전진의 발판이 되는 법이고, 최소한 의학적 관점에서 볼 때 펠드만이 내놓은 아이디어의 가장 중요한 함의는 사이토카인을 막아 면역세포의 과도한 작용을 중지시키면 자가면역질환을 예방할 수도 있으리라는 것이었다.

펠드만은 류머티즘관절염rheumatoid arthritis이라는 특정 자가면역질환에 주력해보기로 결정했다. 류머티즘관절염은 통증과 경직, 때로

장애까지 유발하는 만성 관절염증으로서 각국의 약 1퍼센트에 달하는 사람들이 앓고 있다.[28] 이 병이 어떻게 시작되는지는 아직 정확히 알려져 있지 않다. 발병 양상은 사람마다 다르지만 증상은 면역세포가 관절에 축적되어 시간이 지날수록 연골과 뼈를 파괴시키는 것이다. 류머티즘관절염은 어느 정도 가족력에 따른 유전이며, 48개의 유전자가 관련되어 있다고 밝혀졌다.[29] 하지만 (똑같은 유전자를 공유하고 있는) 일란성 쌍둥이 중 한 사람이 이 질환에 걸릴 경우 나머지 한 사람도 똑같은 병에 걸릴 확률은 20퍼센트에 불과하다. 이는 유전자 외에도 이 질환과 관련된 비유전적 요인이 많기 때문이다. 우리는 아직 이 요인들을 잘 알지 못한다. 가령 한 분석에 따르면 커피의 과다 섭취(어떤 연구는 과다 섭취를 하루 네 잔 이상으로 정의한다)가 류머티즘관절염이 약간 증가하는 원인일 수 있다.[30] 하지만 이러한 연관성은 결코 명확하지 않다. 연구마다 결론이 다 다르기 때문이다.[31] 설사 결과를 사실로 받아들인다 해도 질환이 커피 과다 섭취에서 직접 초래되는 것인지, 아니면 그저 질환의 다른 원인이 커피 과다 섭취와 관련이 있을 뿐인지 구분하기 어렵다. 펠드만이 류머티즘관절염을 연구하기로 작정했던 당시, 전문가들의 통념은 이 질환 자체가 수많은 요인과 연관된 극히 복잡한 병이기 때문에 특정 분자 하나를 표적으로 삼는 약물 치료 같은 단순한 치료는 전혀 도움이 되지 않으리라는 것이었다.

펠드만은 박사학위를 받고 런던으로 이주했다. "호주보다 연구비를 더 많이 받을 수 있다는 이유"에서였다.[32] 임상의였던 라빈더

N. 마이니^{Ravinder N. Maini} 경은 펠드만이 런던에서 류머티즘관절염 연구에 전념할 수 있도록 애써주었다. 1937년 인도의 루디아나에서 태어난 마이니는 1942년 우간다로 이주했고, 그의 아버지는 영국령 우간다 정부의 각료가 됐다. 1955년 마이니는 다시 영국으로 이주했다.[33] 펠드만이 마이니를 만났을 때 그는 마이니가 새로운 아이디어에 개방적인 인물이라는 말을 이미 들은 터였다. 두 사람이 첫 통화를 한뒤 이틀 후 마이니는 런던에 있는 펠드만의 연구실을 찾아갔다. 이때부터 두 과학자의 오랜 우정이 시작된다. 마이니는 둘의 만남을 "지성인들의 만남"으로 추억한다.[34] 성공적인 협업에 꼭 우정이 필요한 것은 아니겠지만 펠드만의 생각은 다르다. 그는 우정이 제공하는 신뢰가 꼭 필요하다고 생각하는 쪽이다.[35] 이들은 서로 다른 경험과 배경을 연구에 적용시켰다. 펠드만은 면역학자로 더 잘 알려진 반면 마이니는 임상에 대한 전문지식과 경험이 풍부했다. 그러나 이들은 전문용어로 자유롭게 대화를 나눌 만큼 공통점도 충분히 갖고 있었다. 둘 중 누구도 상대를 지배하려 들지 않았다. 이들은 정확히 똑같은 비중으로 연구에 기여했다. 마이니의 말을 빌리면 두 사람은 "통일체"였다.[36]

　이들이 다른 자가면역질환 대신 류머티즘관절염을 연구 주제로 삼은 것은 매우 중요했다. 환자의 신체 조직을 연구에 쓸 수 있었기 때문이다. 임상의였던 마이니는 주사를 통해 환자의 관절에서 쉽게 샘플을 채취해 제공할 수 있었다. 하지만 다발성경화증의 뇌 조직이나 당뇨의 췌장 조직 등 다른 자가면역질환 연구에 필요한 신체 조직은 예나 지금이나 구하기가 매우 어렵다. 두 사람은 모든 사이토카인 중 어떤 것이 관절염 환자의 관절에 축적된 면역세포에 의해 만들어진 것인지를 알아내는 게 연구의 첫 번째 목표여야 한다는 데 의견을 모았다.[37] 환자들의 관절에서 분리한 세포와 관절액을 살필 수 있었던 덕에 펠드만과 마이니는 대부분의 다른 연구자들과 차별화된 연구를 할 수 있었고, 이 질환과 싸우는 길을 찾는 올바른 경로에 들어설 수 있었다. 이들은 많은 사이토카인이 존재하지만 그중 한 가지—종양괴사인자알파[tumour necrosis factor alpha]라는 복잡한 이름을 가진 한 가지 사이토카인으로 대개 TNF라 줄여 부른다[38]—가 특히 관절 조직에 풍부하다는 것을 발견했다.[39]

TNF는 1975년 면역세포에서 방출된 요인으로 종양을 검게 변화시켜 죽일 수 있다고 밝혀진 바 있다.[40] 이 발견으로 사이토카인은 즉시 큰 관심의 대상이 됐다. 종양을 죽이는 사이토카인이 암 환자 치료에 사용될 수 있으리라는 희망 때문이었다. 이 희망은 사이토카인 자체가 종양에 영향을 끼치지 못할 만큼의 소량만으로도 신체에 유독하다는 사실이 밝혀지는 바람에 포기할 수밖에 없었다. 어떤 사이토카인이건 제각각 다양한 활동 능력을 갖고 있었지만, 펠드만과 마이니의 관심사는 종양을 제거하는 고용량 TNF의 영향력이 아니었다. 이들은 오히려 관절염 환자의 염증 속 TNF의 활동을 억제할 때 어떤 일이 벌어질지 알고 싶었다. 그러기 위해서 이들에게는 항사이토카인, 즉 '항체[antibody]'의 형태로 생산할 수 있는 무언가가 필요했다.

마법의 탄환, 항사이토카인의 세계 속으로

항체는 B세포로 알려진 백혈구에서 분비되는 것으로 우리 몸에서 '마법의 탄환' 역할을 수행한다. 항체라는 용어는 노벨상을 수상한 독일의 세균학자인 파울 에를리히[Paul Ehrlich]가 1890년대에 처음 만든 말이다. 항체는 온갖 종류의 세균과 위험성을 지닌 다른 분자를 추적해 무력하게 만드는 수용성 단백질이다. 개별 B세포는 각각 끝부분이 나름 고유한 모양으로 생긴 항체를 만들어낸다. 항체의 끝부분은 항원이라는 표적 분자에 들러붙는다. 항원은 박테리아나 바이러스 외피에 있는 것이다. 그러나 항체는 세균 자체에 들러붙도록 설계되어 있지 않다. 각 항체 끝부분의 모양은 항체를 만드는 유전자를 잘게 나누어 재배열하는 과정에 따라 닥치는 대로 만들어진다. 이 과정은 그 자체로 놀랍다. 어쩌다 건강한 세포와 조직에 들러붙는 항체를 만들게 된 B세포는 제거되거나 비활성화되는데, 이는 혈류가 허용하는 B세포는 평소 몸에서 발견되지 않는 물질에 들러붙는 항체만 만들어야 하기 때문이다. 제1장에서 처음 언급했던 이 과정은 세포들이 우리 몸의 요소인 '자기'와 우리 몸의 요소가 아닌 '비자기'를 구분할 수 있는 메커니즘이다.

더 상세히 말해 모든 B세포는 표면에 자체 버전의 항체를 갖고 있다(이것이 제1장에서 논했던 B세포 수용체다). 이런 이유로 세포는 항체가 붙잡을 수 있는 무언가가 몸속에 있을 때 그것을 인식할 수 있다. 문제를 일으킬 소지가 있는 낯선 것에 들러붙을 적절한 항체를 갖고 있는 B세포는 유용한 항체를 대량으로 생산해 몸속에 침입한 낯선 분자나 세균을 무력화할 수 있도록 증식하기 시작한다. 보통사람의 면역계에는 약 100억 개의 B세포가 있기 때문에 우리는 약 100억 개의 다른 모양 항체를 만들 수 있는 능력을 갖고 있는 셈이며, 이 각각의 항체는 몸속에 없던 것들을 인식함으로써 우리 몸이 알지 못하는 거의 모든 구조물에 대항할 수 있도록 항체를 생산해낼 수 있다. 면역 방어가 우리 몸에 낯선 세균, 심지어 전에 한 번도 존재한 적 없는 세균과 싸우려면 항체 생산은 꼭 필요하다. 이러한 항체 생산 메커니즘이 펠드만과 마이니의 연구 목적에 중요한 함의를 갖는 것은, 이것이 모든 동물이 자신과 다른 동물에게서 발견되는 단백질에 대항해 항체를 만들 수 있다는 것을 의미하기 때문이다. 따라서 TNF라는 사이토카인으로 면역력을 갖게 만든 생쥐는 인간의 사이토카인에 들러붙어 작용을 중지시키는 항체, 즉 항사이토카인(사이토카인 억제항체)을 만들 수 있을 터였다.

바로 이러한 항체를 만든 사람은 뉴욕대학교 의대의 과학자 얀 빌첵Jan Vilček이다. 빌첵은 1933년 체코슬로바키아에서 태어났다. 유대인인 그의 부모는 가족의 혈통을 자랑스러워했지만 독실한 유대교 신자는 아니었다. 1942년, 그의 가족은 유대인들이 당했던 모욕적 규제의 면죄부를 받았다. 이들은 노란색 다윗의 별(삼각형을 두 개 짜맞춘 형태의 별 모양 표식으로 유대교와 이스라엘의 상징, 박해 대상 유대인을 식별하는 뜻으로 착용을 강요했던 식별 표식-옮긴이)을 달고 다니지 않아도 되었고 하던 일도 계속할 수 있었다.[41] 이러한 면책 특권을 위해 그의 가족은 뇌물을 비롯해 기독교 개종에 쓰인 두둑한 행정비용을 치러야 했을 것이다. 그러나 공식적으로 이들이 이러한 면책 특권을 받은 것은 체코슬로바키아의 사정상 특정 직종의 사람들이 일을 그만두면 곤란했기 때문이었다. 빌첵의 어머니는 안과 의사였고 아버지는 광업에 종사했다. 두 가지 일 모두 당시의 체코슬로바키아에서는 중요한 직종이었던 모양이다.[42] 빌첵은 여덟 살 때 가톨릭 수녀들이 운영하는 고아원으로 보내졌다. 보호를 위해서였다.[43] 1944년, 독일 군대가 슬로바키아 레지스탕스의 반란을 진압하자 빌첵의 부모는 새로 세워진 강경노선의 정부가 자신들의 면책 특권을 인정해주지 않을까 봐 노심초사했다. 빌첵은 수개월 동안 어머니와 함께 도시에서 멀리 떨어진 소작 농가와 고립된 마을의 은신처를 전전하며 나치를 피해 다녔다.[44]

전쟁이 끝나자 가족이 다시 모이게 되었고, 빌첵은 공산주의 치하가 된 체코슬로바키아에서 의대생이 됐다. 학교는 "생활 곳곳에 공포와 의심이 스며들어 있는 곳"이었다.[45] 이 무렵 '유전자'라는 용어는 실제로 금지어였다. 스탈린은 한 세대만큼 짧은 생명주기 동안 획득된 형질만 물려받는다는 희한한 개념을 선호했기 때문에 이에 반대하는 과학자들은 교도소 신세를 면치 못했다.[46] 빌첵이 사이토카인을 연구하고자 마음먹은 것은 1957년 의대생 시절 인터페론의 공동 발견자인 아이작스의 강연을 들은 뒤였다. 당시 아이작스는 체코슬로바키아를 방문 중이었다.[47] 영어에 능숙했던 빌첵은 아이작스의 가이드로 발탁되어 그와 안면을 트게 되었고[48]

훗날 이러한 인연은 빌첵에게 중요한 인맥이 되어주었다.

의대를 졸업한 뒤 빌첵은 바이러스 연구센터에 들어갔고, 1960년 《네이처》에 논문 한 편을 발표했다. 인터페론의 존재를 입증하는 증거를 제시한 논문이었다.[49] 연구소 대표는 빌첵이 지역 저널인 《악타 비롤로지카Acta Virologica》에 논문을 발표하기를 바랐지만 빌첵은 그 말을 듣지 않았다. 이는 곧 그의 경력에 아주 중대한 선택이었음이 밝혀진다.

1964년, 빌첵과 미술사가였던 아내 마리카는 체코슬로바키아를 떠나 미국으로 망명했다.[50] 《악타 비롤로지카》 대신 《네이처》에 논문을 게재한 덕에 그는 새 정착지인 미국에 미처 도착하기도 전에 벌써 일자리 제안을 세 개나 받게 된다.[51] 그는 그중 뉴욕대학교 의대를 골랐고 이후 그곳에서 평생 동안 연구에 매진한다. 빌첵은 면접도 없이 교수직을 제안 받은 또 하나의 이유가 7년 전 자신이 가이드 노릇을 해준 아이작스의 추천서 덕이었다는 것을 나중에서야 알게 됐다.

빌첵의 인생역정은 고난과 역경을 딛고 놀라운 업적을 이룩해낸 영웅서사다. 빌첵은 TNF 억제 항체를 만들어 받은 수익금으로 빌첵 재단을 설립했다. 빌첵 재단은 미국으로 이주온 이민자들의 사회 기여를 장려하고 뒷받침한다. 2005년 그는 이 항체를 만든 덕에 큰돈을 벌었고, 뉴욕의 한 의료 연구소가 받은 것보다 많은 기부금을 뉴욕대학교 의대에 기부할 수 있었다. 자그마치 1억 500만 달러라는 거액의 기부금이었다.[52] 이 돈으로 교수를 새로 채용하고 연구소 장비를 바꾸고 학생 기숙사를 짓고 연구비와 장학금을 조성하는 등 많은 일을 할 수 있었다. 아주 가끔씩 학계에서의 경력은 금전상의 이득으로 이어지기도 한다. 물론 빌첵은 이런 생각 자체를 비웃으며 "부자가 되는 걸 인생의 목표로 삼은 적은 단 한 번도 없어요. 솔직히 난 아직도 그게 좀 쑥스러워요"라고 말한다.[53]

빌첵은 TNF 억제 항체를 만들기 위해 먼저 생쥐에게 주사할 인간 사이토카인인 TNF를 구해야 했다. 1985년 말, 제넨테크 기업은 TNF 유전자를 분리해냈고, 박테리아에 유전자를 발현시킴으로써 상당량의 단백질을 얻어냈다. 빌첵은 1988년 이 단백질 샘플을 얻었다. 다른 프로젝트에서 제넨테크와 협업 중이었기에 가능한 일이었다. 그는 그다음 생쥐를 이용한 항체를 만들기 위해 1975년, 케임브리지에서 세자르 밀스테인César Milstein과 게오르게스 쾰러Georges J. F. Köhler가 밝혀낸 방법을 따랐다(두 사람은 이 중요한 방법을 발견한 공로로 1984년 노벨상을 받게 된다).[54] 먼저 빌첵은 제넨테크의 TNF 단백질로 생쥐를 면역접종한 뒤 며칠 후 생쥐의 비장에서 B세포를 분리했다. 이 B세포 중 많은 것들이 TNF에 대한 항체를 생산할 것이라고 계산한 작업이었다. 생쥐의 몸 밖으로 나온 B세포는 오래 살아남지 못한다. 세포배양액에 배양해도 잘해야 몇 주간 버티는 정도다. 그러나 빌첵은 묘책을 통해 B세포가 계속 살아남도록 하는 데 성공했다. 이때 사용한 방법이 밀스테인과 쾰러가 고안해낸 노벨상 수상에 빛나는 묘책이었다.[55] 그 비밀은 B세포를 골수종 종양세포와 융합해 혼성세포hybridoma라는 새로운 세포를 만드는 것이었다. 혼성세포는 죽지 않고 계속 자라는 종양의 성장 특징을 보유하고 있는 동시에 B세포의 항체 생성 능력도 갖고 있다. 따라서 생쥐 B세포의 영속적 버전이 만들어진 것이다. 빌첵은 혼성세포를 만든 다음 단일 혼성세포를 각각 분리했다. 혼성세포를 함유하고 있는 극미량의 현탁액을 피펫으로 뽑아내 작은 플라스틱 접시 안의 움푹 들어간 많은 홈 속으로 집어넣어 분리시킨 것이다. 그리고 각각의 혼성세포가 생산한 항체에 TNF의 활동을 막는 능력이 있는지의 여부를 테스트했다. 적절한 항체를 만들어내는 것으로 밝혀진 세포는 TNF 억제 항체를 거의 무한히 공급하도록 배양됐다.

단일한 B세포에서 나오는 이러한 유형의 항체를 '단일클론monoclonal' 항체라고 한다. 우리가 선택한 어떤 분자든 추적할 수 있는 단백질을 만들 때 단일클론 항체를 만드는 과정을 이용할 수 있다. 단일클론 항체는 약으로 사용될 뿐 아니라, 특정 세포를 표시하거나 무언가의 활동을 막거나 촉발시킬 때, 또는 무언가의 분비량을 살피는 등의 갖가지 실험에도 활용된다. 어느 전문 연구자는 "단일클론 항체만큼 흥미진진하게 과학자의 창의력을 자극하고 목표를 설정하여 성공을 꿈꾸게 하는 시약은 없다"라고 말한다.[56]

빌첵은 신생업체였던 센토코와 한참 전부터 자신의 연구소에서 만든 항체로 시판용 응용 물질을 개발하기로 합의해둔 상태였다.[57] 센토코는 이에 대한 보답으로 박사 후 과정 연구자로서 빌첵의 연구소 비용 중 일부를 지급했고,[58] 일명 '지미Jimmy'라 불리는 준밍 레Junming Le[59]의 봉급도 지급했다. 지미는 TNF 억제 항체를 만드는 일을 도왔다.[60] 그러나 TNF를 억제하는 항체에 의학적 중요성이 있다는 데 주목한 곳은 뉴욕의 다른 곳이었다. 제1장에서 살펴본 노벨상 수상자 보이틀러는 톨유사수용체가 박테리아를 추적한다는 발견에 공헌한 인물로서, 경력 초창기 시절 록펠러대학교병원에서 앤서니 세라미[Anthony Cerami]와 함께 연구하면서 TNF의 생쥐버전을 발견했다. 1985년, 그는 TNF가 패혈증을 겪는 생쥐 안에서 생성된 사이토카인 중 하나라는 것을 발견했다.[61] 패혈증은 박테리아 감염으로 면역반응이 지나치게 심해져서 생기는 질환이다. 여기서 중요한 점은, 보이틀러와 세라미가 TNF를 차단하면 생쥐의 패혈증 증상을 막을 수 있다는 것을 발견했다는 사실이다.

패혈증(증상에 혈압 하강이 포함될 경우 패혈성 쇼크라고 한다)에 걸린 환자는 단 몇 시간 만에 사망할 수 있다. 패혈증 환자는 항생제 치료가 잘 듣지 않는다. 패혈증이 미국의 병원 치료에서 차지하는 비용은 최대 수백억 달러에 달한다.[62] 센토코는 이미 패혈증 치료제를 자사의 주안점으로 삼겠다고 공언해놓은 상태였다.[63] 이들은 보이틀러와 세라미의 연구를 시작점으로 삼아 TNF를 차단함으로써 패혈증 치료제를 만들어보고자 했다.

생쥐에게서 만든 빌첵의 TNF 억제 항체를 인간에게 바로 사용할 수는 없었다. 인간에게서 자연스레 만들어지는 항체와 잘 맞도록 변형이 필요했다. 그렇지 않으면 항체 자체가 인간의 몸에 이질적인 물질로 인식되어 오히려 면역반응을 초래할 수 있기 때문이다. 이러한 부작용을 피하기 위해 생쥐 항체의 유전자 일부를 인간의 유전자와 결합시켜 절반은 생쥐, 절반은 인간의 성질을 지닌 항체를 만들었다.[64] 엄밀히 말해 약 34퍼센트는 생쥐, 66퍼센트는 인간의 성질을 지닌 이 항체의 앞쪽 끝부분은 생쥐의 형태를 유지해 TNF 사이토카인을 잡고, 뒤쪽 끝은 인간 형태를 띤 것으로 만들었다. 머리는 염소, 몸통은 사자인 괴물, 즉 키메라가 아주 작은 분자 층위에서 실제로 만들어진 것이다.

1991년, 센토코는 공상 속에나 나올 법한 기괴한 항체를 패혈증 환자들에게 실험적으로 투여했다.[65] 주목할 만한 부작용은 전혀 없었지만 치료 효과 또한 전무했다. 생쥐에게서는 효력을 발휘했지만 인간에게서는 효력을 발휘하지 못한 것이다. 의학 연구에서 이러한 일은 흔하다. 마치 TNF 억제 항체가 과학적 도구―혈중 사이토카인 수치를 측정하기 위한 진단 테스트―로 그칠 뿐 약물이 되지는 못할 상황이었다.[66] 그 후 1991년 초, 펠드만은 류머티즘관절염 환자에게 TNF 억제 항체를 실험한 사례를 직접 발표하기 위해 센토코를 방문했다.

그 무렵 펠드만은 TNF가 류머티즘관절염에서 중요한 역할을 수행하며, TNF의 활동을 막는 것이 이 질환에 도움이 될 수도 있다는 생각을 뒷받침할 증거를 일부 갖고 있었다. 마이니의 연구팀은 사이토카인이 이 질환의 증상과 연관되어 있다고 생각할 수 있을 만큼 적시에 적당한 장소에 존재한다는 것을 발견해둔 터였다. 펠드만 팀의 연구원이던 피오뉼라 브레넌[Fionula Brennan](애석하게도 그는 2012년 유방암으로 요절했다)은 환자의 관절 부위에서 채취한 세포에 TNF 억제 항체를 추가했을 때 무슨 일이 일어나는지에 관한 자료를 모아두었다. 이 자료의 해석은 그야말로 새로운 발견의 순간이었다. 브레넌은 TNF가 차단될 때 세포가 다른 사이토카인 생산을 중단한다는 것을 발견했다.[67] 그는 결과에 대한 확신을 얻기 위해 같은 실험을 일곱 차례나 되풀이했다.[68] 실험 결과는 TNF가 물밀듯 이루어지는 이 단계적 반응의 정점에 있거나 최소한 이 반응의 중추라는 것, 그래서 TNF가 다른 염증성 사이토카인의 생성을 초래한다는 것을 시사했다. 이러한 결과는 특정 단일 분자가 류머티즘관절염 염증처럼 복잡한 질환의 원인일 리 없다는 당시 과학계의 통념과 정면으로 배치되는 것이었다. 게다가 대부분의 과학자들은 사이토카인 체계에 불필요한 중복이 많아서 하나의 요소를 차단하더라도 다른 사이토카인들이 작용을 지속할 것이므로 염증 전체에 큰 영향을 끼치지 못하리라 추정했다. 펠드만은 이들의 통념이 틀렸다고 주장했다. TNF라는 단 하나의 사이토카인만 차단하면 류머티즘관절염이라는 자가면역질환을 막을 수도 있을 터였다.

펠드만의 연구팀에서 일한 또 한 명의 과학자인 리처드 윌리엄스Richard Williams는 이러한 가설을 생쥐 실험에 적용했다. 생쥐에게 인간의 관절염 증상을 일으켰으나 관절염의 원인까지 인간과 똑같이 제공할 수는 없었다. 증상을 일으키는 방법은 생쥐를 연골의 주요 성분인 콜라겐으로 면역시켜 면역반응을 유도하는 것이었다. 그러면 생쥐의 관절은 면역반응 때문에 통통 부어오른다. 관절염 증상이 나타나는 것이다. 그런 다음 관절염에 걸린 생쥐에게 TNF

억제 항체를 주사했다. 용량이 많을 때는 염증이 줄어들어 관절의 연골 손상이 일어나지 않았다.[69] 생쥐에게 TNF 억제 항체를 주입하면 관절염 증상을 완화시킬 수 있다는 것을 입증한 셈이었다.[70] 그런데도 센토코 내 많은 연구자들은 인간에게서 동일한 효과가 있을지에 대한 의구심을 버리지 못했다. 그 이유 중 하나는 이 기업에서 일하던 유일한 류머티즘 연구자 제임스 우디^{James Woody}에게 있었다. 그는 류머티즘관절염에 효과를 낼 수 있는 치료 방안에 대해 나름 강구해둔 바가 있었다.[71]

우디가 준비한 계획은 센토코가 펠드만의 생각을 받아들이도록 채비를 해두자는 것이었다. 일명 '짐'이라 불리는 우디는 런던에서 펠드만의 지도 아래 박사학위 과정 연구를 했던 인물이고, 이제 센토코의 과학 분과 최고 책임자로 일하고 있었다. 그는 펠드만의 생각이 마음에 들었다. 사실 그는 이러한 기회가 오리라는 것을 이미 알고 센토코의 책임연구원 자리를 수락했던 것이어서 펠드만을 센토코의 다른 프로젝트에 참여시킴으로써 회사에서 펠드만이라는 인물을 낯설어하지 않도록 준비해두었다. 따라서 펠드만이 류머티즘관절염 치료법에 대한 생각을 알렸을 때 그는 이미 회사 내에서 주요 연구자로 인정받고 있었다. 빌첵은 우디가 센토코에서 자신의 옛 스승인 펠드만을 지지하는 역할을 자처하지 않았더라면 센토코가 TNF 억제 항체를 류머티즘관절염 환자들에게 실험하는 일은 일어나지 않았을 것이라고 생각한다. 그 실험은 "거의 승산 없는 일"이라는 것이 센토코 내 연구자들의 중론이었기 때문이다.[72]

하지만 우디는 마침 센토코에 있었고 센토코는 소규모 실험에 쓸 수 있을 만큼의 항체를 제공하기로 합의했다. 때로는 일을 성사시키는 데 인맥이 중요한 역할을 하는 법이다.

센토코는 펠드만과 마이니가 런던에 있는 채링크로스병원에서 소규모 실험을 수행하는 데 동의해주었다. 처음에는 열 명의 환자, 그다음에는 또 열 명의 환자를 더 보탤 예정이었다. 위약을 제공하는 대조군은 쓰지 않기로 했다. 위약 대조군을 사용하지 않은 이유는 당시에는 이 실험을 임상실험이라기보다 그 전 단계인 과학실험이라고 생각했기 때문이다. 그저 TNF를 차단하는 것이 환자들에게 어떤 도움이라도 되는지를 살펴보자는 게 이 실험의 목적이었다. 지금 생각해보면 이해가 가지 않을 수도 있지만 당시 이들은 이 TNF 억제 항체가 그 자체로 약물이 되리라고는 상상하지 못했다.[73] 마이니는 당시 구할 수 있는 어떤 다른 약물에도 차도를 보이지 않던 환자들을 실험군으로 모집했다. 모집에 응한 환자들은 실험에 따를 수 있는 위험을 듣고도 아무런 불만 없이 실험에 참여했다.[74]

1991년 센토코의 패혈증 환자 실험은 TNF 억제 항체가 광범위한 의미에서 안전하다는 것을 입증했다. 그러나 펠드만과 마이니는 신중에 신중을 기하자는 입장이었기 때문에 환자들에게 항체를 주입하는 일은 아주 천천히 시작됐다. 1992년 4월 28일, 첫 환자가 항체 치료를 받았다. 간호사에게 밤새 환자를 지키게 했다. 걱정은 기우에 불과했다. 많은 환자가 항체를 주사하자마자 상태가 즉시 호전된 느낌이 든다고 말했던 것이다. 펠드만은 그때를 "정말 황홀한 순간이었다. 항체를 주사한 모든 환자들의 증상이 확연히 호전됐다"라고 회고한다.[75] 그래프와 막대도표, 통계분석을 동원해 결과를 기록했다. 기록에 의하면 환자들 관절 부위의 부기와 유연성이 2주 후 크게 호전됐다.[76] 하지만 뭐니 뭐니 해도 이 실험의 본질을 극명하게 드러낸 것은 8번 환자를 촬영한 비디오 영상이었다.

8번 환자는 치료를 받기 전에는 난간을 붙잡고 힘들게 계단을 하나씩 오르내렸다. 하지만 치료를 받고 4주가 지난 뒤 이 환자는 같은 계단을 보통사람들처럼 빠르게 뛰어서 내려왔다. 계단 맨 아래쪽에 도달한 그 여성은 양팔을 공중으로 쳐든 다음 "짜잔!" 하고 외쳤다. 그의 얼굴에 피어난 만족감은 이 실험이 향하는 바가 결국 무엇인지를 선명히 드러냈다.

빌첵은 비디오를 촬영한 직후 센토코 회사의 사무실에서 영상을 보았던 때를 회고한다.[77] 이 소규모 실험에 대조군 환자는 없었지만 실험군 환자들의 상태가 상당히 호전을 보인 것은 분명 뇌에서 긍정의 반응을 예상하는 위약 효과 때문인 것 같지는 않았다. 하지만 대답해야 할 엄청난 질문이 남아 있었다. 도대체 이 효과가 얼마나 오래 지속될 수 있을 것인가? 실험에 관련된 모든 사람들─환자와 임상의들과 과학자들─은 향후 몇 개월이 매우 중요하다는 것을 알고 있었다. 실험에 참여했던 환자들은 모조리 정상 생활을 영위할 수 있게 되었고 건강상태도 호전됐다. 3번 환자였던 한 치과 의사는 치료를 받고 2주 만에 골프를 칠 수 있게 되었고 나중에는 다시 일을 하게 됐다.[78] 하지만 불행히도 효과의 수명은 짧았다.

환자들의 증상이 모조리 재발했다.

분명 TNF 억제 항체는 치료제가 아니었다. 하지만 증상은 완화시킬 수 있었다. 결국 다음에 해야 할 일은 사이토카인을 되풀이해 차단해도 될지, 그 이점이 무엇인지를 검증하는 것이었다. 펠드만과 마이니는 환자 중 일부를 다시 치료할 수 있도록 윤리 허가를 얻었고, 이번에도 실험 대상 모두의 증상이 호전됐다. 그러나 이러한 결과는 완전히 입증되지 못한 일회성이었고 대조군도 없었다. 첫 치료를 받은 사람은 스무 명의 환자뿐이었고, 재발 후에 치료를 받은 환자는 여덟 명뿐이었다. 이는 과학 실험으로서는 유용한 정보를 주었지만 의학적 진보라는 점을 입증하려면 본격적인 무작위 피실험자 배열과 이중맹검 등의 임상실험이 필요했다. 임상실험에서는 임상의나 환자들이 새로운 실험치료를 누가 받을지 알아서는 안 된다.

공식적 첫 실험의 결과는 분명했다. TNF 억제 항체는 류머티즘관절염 환자들의 상태를 호전시킨 것이다. 펠드만과 마이니가 예상한 대로 환자들의 혈액에서 일어난 작용의 상세한 분석을 통해 항체가 효력을 발휘했다는 사실이 드러났다. 사이토카인 하나를 차단함으로써 다른 염증성 사이토카인의 생성이 감소했고, 생체검사 결과 또한 병든 세포로 들어가는 면역세포의 수가 줄어들고 있다는 것을 명확히 보여주었다. 펠드만은 생체검사를 실시하고 모든 환자의 혈액 400밀리리터를 분석하는 등 환자들의 변화를 상세히 분석한 이유가 실험의 주체가 기업이 아니라 학자들이었기 때문이라고 생각했다. 펠드만의 주장에 따르면 대부분의 임상 프로그램은 환자들의 변화를 분석하는 데 이 정도의 시간과 돈을 투자하지 않으며, 이는 의학 발전에 심각한 해를 끼친다.[79]

물론 학자들이 일을 해야 모든 게 순조롭게 돌아간다는 말은 아니다. 학자들의 실험 또한 오류투성이다. 한번은 냉장고가 멈춰 중요한 실험 샘플이 죄다 녹아 쓸 수 없게 되어버렸다. 펠드만은 "그런 사고로 중요한 과학적 기회가 사라진다는 생각은 그 자체만으로도 뼈저린 고통이었다"라고 회고한다.[80] TNF 억제 항체와 기존 치료법을 전면적으로 비교하는 이른바 3단계 실험은 센토코가 가능한 한 신속히 항체를 신약으로 승인받고 싶어 하는 바람에 더 적은 샘플을 채취해 이루어졌다. 결국 펠드만의 말대로 상세한 분석의 중요성 따위는 증발해버렸다.

3단계 실험에서는 TNF 억제 항체가 효과적인 치료법이며, 당시 구할 수 있는 다른 치료제보다 효과가 좋다는 것을 입증했다. 생쥐 실험을 통해 TNF 억제 항체의 장점은 면역반응을 약화시키는 데 도움을 주는 다른 약물과 혼용했을 때 더욱 향상된다는 사실이 밝혀졌다. 이것은 오늘날 환자들에게 흔히 처방되는 TNF 억제 항체인 메토트렉사트^methotrexate의 탄생을 낳았다. 이 항체 제제는 통상 다른 약물과 함께 처방한다. 메토트렉사트는 T세포 면역반응의 기세를 꺾는 작용을 비롯해 몸의 많은 효과를 발휘한다. 이것은 질병 치료를 위해 약물을 혼용한 초창기 사례다. 오늘날에는 이러한 요법이 훨씬 더 흔하다. 펠드만은 이를 다중약물요법^poly-pharmacy이라

고 부른다.[81]

　패혈증을 치료하려는 센토코의 야심은 실현되지 못했다. 패혈증은 여전히 퇴치하기 어려운 것으로 악명이 높다. 폭발적인 염증 반응이 몸속에서 너무나 빠르게 진행되어 통제가 어렵기 때문이다. 패혈증 치료 시도 실패가 분명해지자 1992년, 센토코의 주가는 단 몇 개월 만에 주당 50달러에서 6달러로 폭락했고, 직원을 1600명에서 400명으로 줄여야 하는 상황에 빠졌다.[82] 이때 TNF 억제 치료제가 구원자로 등장했다. 센토코의 인간-생쥐 키메라 TNF 억제 항체는 '레미케이드Remicade'라는 약으로 시판됐다.[83] 그 결과 1999년, 센토코는 존슨앤드존슨 기업에 49억 달러에 매각됐다.[84] 빌첵의 회고에 의하면 처음에는 매각가가 상당히 높아보였다. 레미케이드는 너무도 혁신적인 신약이라 의사들의 기피로 초창기 판매가 부진했다. 하지만 훗날 49억 달러라는 돈은 헐값에 불과한 것으로 드러났다.[85]

　펠드만은 TNF 차단제가 영국에서 발명되었는데도 미국에서 상용화된 또 하나의 사례라는 사실을 크게 아쉬워한다. 그는 영국 기업을 찾아다니며 신약 개발을 설득했지만 정작 이들은 관심을 보이지 않았다. 결국 센토코의 진취적인 경영자들만이 기회를 잡은 셈이었다.[86] 애보트, 로셰, 이뮤넥스를 비롯해 미국 내 센토코의 경쟁사 중 많은 기업들이 앞다투어 TNF를 차단하는 다른 약물 개발에 나섰다. 보이틀러는 대체제 중 하나의 개발을 도운 인물이다. 대체제란 사이토카인의 천연 수용체natural receptor의 수용성 단백질 버전이다. 이것은 일종의 가짜 수용체인 유인 수용체decoy receptor로 작용해 사이토카인이 면역세포의 진짜 수용체와 작용하는 것을 막는다. 보이틀러의 대체제에 대한 임상실험과 개발은 이뮤넥스가 주도했다. 이 연구는 센토코보다 2년 늦게 시작되었지만 1998년에 미국에서 류머티즘관절염 치료제로 승인받은 최초의 TNF 억제 항체 제제가 될 정도로 선두를 달렸다. 이 약물은 '엔브렐Enbrel'이라는 상표명으로 판매됐다.[87] 다른 미국 기업들도 TNF 억제 항체의 대체제를 개발했다. 2002년부터 사용하게 된 완전한 인간 버전의 항체 제제도 여기에 포함된다.[88] 이들 약물은 모두 큰 성공을 거두었다. 제약업계의 관례상 특정 약물의 판매액이 10억 달러에 달할 경우 큰 성공으로 간주한다. 이는 유럽연합집행위원회European Commission의 지침을 기준으로 보아도 무리 없는 판단이다. 이 기준으로 볼 때 센토코의 TNF 억제 항체는 엄청난 블록버스터인 셈이다. 영국에 본사를 둔 제약회사들은 2012년에만 93억 달러를 벌어들인 어마어마한 치료제를 놓친 셈이었다. 물론 어느 기업이 돈을 벌었느냐는 중요할 수도 또 사소할 수도 있는 문제다. 하지만 이 TNF 억제 항체 제제 덕분에 류머티즘관절염으로 휠체어 신세를 지는 이들이 급감했다는 사실 하나만큼은 분명 중요한 변화다.

TNF를 차단해 치료할 수 있는 질환이 류머티즘관절염뿐이었다고 해도 TNF 억제 항체 제제는 여전히 블록버스터일 뻔했지만, 이 치료법은 훨씬 더 광범위한 쓰임새가 있는 것으로 판명됐다. 이 사이토카인을 억제하는 것은 염증이 문제를 일으키는 많은 질환에서 염증을 중단시키는 데 중요한 기능을 수행한다. 가령 소화기관에서는 크론병과 대장염, 피부에서는 건선 그리고 척추관절에서는 강직성 척추염 등의 증상을 TNF 억제 항체 제제로 완화시킬 수 있다. 전 세계적으로 센토코의 TNF 억제 항체는 최소한 180만 명의 사람들을 치료하는 데 사용됐다.[89]

이 성공은 간단하고 단선적인 방식으로 이루어진 것이 아니다. 센토코가 생쥐와 인간의 항체를 섞은 키메라 항체를 만들기까지는 무수한 실험이 필요했다. 빌첵이 처음에 만들었던 항체가 필요했고, 이를 펠드만과 마이니가 다시 검증하는 단계 등을 거친 것이다. 찬란한 승리는 상상력과 근면한 연구를 통해 이루어졌지만 이리저리 얽힌 우연의 일치, 뜻밖의 사건들과 발견이 함께하지 않았다면 불가능했을 것이다. 빌첵은 회고록에서 이 일을 기억하며 『스튜어트 리틀』과 『샬롯의 거미줄』을 쓴 동화작가 E. B. 화이트의 말을 인용한다. "행운을 잡을 의지가 없는 인간은 애초에 뉴욕으로 살러 오지 마라."[90]

TNF 억제 항체 제제의 발견에 직접 기여했던 모든 사람들은 칭송받아 마땅하다. 당연히 이 발견에 관련된 여러 연구자들이 명망 높은 과학상을 수상했다. 2013년, 빌첵은 오바마 대통령으로부터 국가기술혁신훈장National Medal of Technology and Innovation을 받았다. 당시 오바마 대통령은 감명 깊은 표현으로 빌첵의 인생을 요약했고, 빌첵은 자신의 부모님이 살아생전에 그 말을 듣지 못한 것을 아쉬워했다.[91] 2003년 펠드만과 마이니는 래스커임상의학연구상Albert Lasker Award for Clinical Medical Research을, 2014년에는 캐나다 가드너국제상Gairdner

International Award을 수상했다. 그러나 다른 질병에서 다른 사이토카인을 연구했던 연구자들 역시 중요한 연구에 매진하고 있었다. 결국 또 다른 사이토카인을 억제하는 것 역시 류머티즘관절염 환자에게 도움이 된다는 점이 밝혀질 것이다. 사실 현재 IL-6을 차단해도 질환에 도움이 된다는 것은 알려져 있다. 그리고 TNF를 차단하면 패혈증 같은 다른 질환의 치료에도 도움이 되리라는 점 또한 밝혀질 게 분명하다. 이 모든 가능성을 탐색하려면 사회 공동체 전체의 노력이 필요하다.

아닌 게 아니라 작동 원리에 대한 상세한 지식이 널리 밝혀지기 이미 오래전부터 발견되어 있던 백신접종과 달리 TNF 억제 항체 치료법은 인간의 면역계를 구성하는 분자와 세포에 대한 지식, 즉 수천 명의 과학자들이 산출한 지식에서 직접 나온 것이다. 우리가 전하는 것은 개별 과학자들의 이야기다. 과학자 개개인의 자아는 행동의 중요한 동력이다. 하지만 섬처럼 동떨어져 연구하는 과학자는 없다. 어떤 의미에서 이 치료법은 면역을 이해하려는 과학자 전체의 소명의식에서 나온 산물이기도 하다. 자신의 연구 덕에 면역학의 상세한 분자 과학이 의료에 활용될 수 있는 방식의 큰 그림이 가능해졌다는 것, 이것이야말로 마이니가 이 연구에 큰 자부심을 갖는 이유다.[92]

어설픈 시도가 낳은 최악의 참사

과학에 결말이란 없다. 발견이 이루어지고 새로운 치료법이 개발되지만 그 모든 것은 또 다른 발견과 치료법의 개발로 이어진다. TNF 억제 항체 치료법의 발견은 하나의 분수령이 될 만한 사건이었다. 이것으로 질병과 싸우는 새로운 방법이 도입되었기 때문이다. 그 방법이란, 항생제로 직접 세균과 싸우는 것이 아니라 백신접종과 완전히 다른 방식으로 면역계를 조종하는 것이다.

펠드만의 다음 빅 아이디어는 사이토카인을 막는 약물로 얼마나 많은 다른 질환을 퇴치할 수 있는가를 가늠하는 일이었다. 아직은 천식, 당뇨, 기침, 감기와 뇌졸중이 사이토카인을 조종함으로써 퇴치가 가능한지, 가능하다면 어느 정도인지 모르지만 이 증상들과 다른 모든 질환들은 모두 잠재적 표적이다. 오늘날 제약회사와 학계의 수많은 연구소들은 이를 탐색 중이며, TNF를 차단하는 일의 성공이 단 한 번에 그치는 요행이 아니라 훨씬 더 큰 발견의 여명이라는 것을 확신한다.

TNF를 막는 것이 완벽한 약이라는 뜻은 아니다. 오히려 그 반대다. TNF를 억제하는 치료법에는 최소한 세 가지 중대한 문제가 있다. 첫째, 면역계에서 TNF를 차단하면 감염에 대한 신체의 방어가 약화될 수밖에 없다.[93] 중요한 문제는 아직 많이 드러나지 않았지만 잠복결핵 감염이 있는 사람들―이들은 면역계가 감염을 정상적으로 통제하므로 질병의 징후를 드러내지는 않는다―에게 TNF

억제 항체 제제로 면역계가 약화될 경우 병이 활개를 칠 위험이 증가한다.[94]

　TNF 억제 항체 치료의 두 번째 문제는 상당수의 환자가 혜택을 보지 못한다는 점이다. 류머티즘관절염 환자 열 명 중 네 명은 거의 호전되지 않는다.[95] 약물을 혼용하면 반응 비율이 올라가지만, 불행하게도 현재로서는 반응하는 환자와 반응하지 않는 환자를 미리 가늠할 방법이 없다. 표준적인 임상 관행은 그저 시행착오를 겪어가며 치료를 진행하는 것이다. 환자들은 TNF를 차단하는 약물 중 하나를 주입받은 뒤 3개월가량 기다렸다가 유의미한 호전이 이루어지지 않을 경우 다른 종류의 TNF 억제 요법이나 전혀 다른 치료제로 치료법을 바꾸어야 한다.

　마이니는 환자가 TNF 억제 치료에 반응을 보이는지 여부를 결정할 때 중요한 요인이 질환이 얼마나 오래전에 시작되었는가 하는 문제라고 생각한다.[96] 만일 특정 환자의 관절 염증이 진행된 지 아주 오래된 것이라면, 문제는 더 복잡해지고 통제도 어려워진다 (마이니는 그 이유를 알 수 없다고 말한다). 이것이 일부 환자들이 처음에는 TNF 억제 치료에 잘 반응하나 시간이 지날수록 반응 효과가 떨어지는 이유 중 하나다.[97] 세 번째 문제는 TNF 차단이 효과적인 대증요법이긴 하지만 완전한 치료제는 아니라는 것이다.[98] 치료를 향한 탐색은 아직 진행 중이다.

　펠드만과 마이니의 연구가 광범위하고 지대한 영향을 끼친 또 한 가지 이유는 이들이 사용했던 약물이 항체라는 사실 때문이다.

당시 항체가 약물로 쓰일 수 있는 잠재력은 잘 알려지지 않았다. 과거에도 항체를 생산하는 비용 자체가 매우 크기 때문이었다. 항체를 만드는 B세포 혼성세포는 50개의 상이한 성분을 담은 배양액에서 길러야 한다. 심지어 최적의 조건, 즉 생물반응기^{bioreactor}에서 배양액을 제대로 휘저어놓은 상태에서조차 각 세포들은 극미량의 항체만 만들어낸다. 그것이 끝이 아니다. 만든 항체들은 다시 약물로 사용할 수 있는 안전한 기준에 따라 정제를 거쳐야 한다. 센토코를 비롯한 일부 제약회사들은 항체로 돈을 벌 수 있다는 가정을 전제로 설립되었지만, 이 회사들조차도 이 항체의 치료 승인을 받는 일이 진단용 혈액 검사제로 승인받는 일보다 훨씬 더 어려울 것이라는 점을 알고 있었다. 센토코의 최초 항체 제품은 B형 간염 바이러스 테스트용 약물이었다.[99] 따라서 TNF 억제 항체 제제를 치료용 약물로 만들어 상용화하는데 성공한 업적은 항체가 약물로서 가진 잠재성이 얼마나 어마어마한지를 모든 이들에게 입증하는 계기가 됐다.

TNT 억제 항체는 사실 약으로 승인받은 최초의 항체가 아니었다. 최초의 항체는 1985년에 승인받아 '올소크론^{Orthoclone}'이라는 이름으로 판매된 항체였다. 이 항체는 T세포라는 백혈구에 들러붙어 제거하거나 비활성화하도록 설계된 것으로, 장기를 이식받은 환자들의 면역반응을 중지시키려는 의도로 개발한 것이었다. 남의 장기를 이식받은 환자들의 체내에서 그 장기에 대한 면역반응을 중지시키지 않으면 이식한 장기에 대한 거부반응이 나타났기 때문이다. 이 항체는 신장과 심장과 간 이식 환자들에게 사용할 용도로 승인을 받았지만 오늘날에는 더 이상 쓰이지 않는다. 효과도 별로 없던 데다 부작용도 심각했기 때문이다. 일부는 목숨까지 위태로운 지경에 처하기도 했다. 이런 부작용이 생기는 이유는 이 약물이 때로 T세포로 하여금 많은 양의 사이토카인을 방출하도록 만들었기 때문인 것 같았다. 밀스테인과 쾰러가 항체를 단품으로 만드는 방법을 알아낸 이후 약물에서 항체가 하는 역할이 분명 있는 것처럼 보였다.[100] 그러나 밀스테인과 쾰러가 항체 제조법을 알아낸 1975년 이후 실제로 TNF 억제 항체 제제가 개발되기까지는 거의 20년의 세월이 걸렸다. 허황된 무지개를 뒤쫓는 짓이나 매한가지인 꿈이었다.

이후에 개발된 가장 중요한 항체 중 하나는 리툭시맙[rituximab]이다. 이 항체는 사이토카인을 차단하는 대신 면역세포, 특히 B세포를 직접 표적으로 삼는다. 이 항체가 B세포 표면에서 단백질 분자를 붙잡을 때 B세포 분자는 총 세 가지 방법 중 하나로 파괴된다. 첫 번째 방법은, 항체 자체는 B세포가 자기를 파괴하도록 유도할수 있다. 본디 우리 몸의 수십억 개 세포들은 매일매일 이런 식으로 죽으며 이를 통해 건강한 세포들이 다시 자라는 세포의 전환이 일어난다. 리툭시맙은 세포사와 동일한 프로그램을 간단히 실행하는 셈이다.

두 번째 방법은, 항체의 앞쪽 끝이 B세포에 붙는 동안 항체의 뒤쪽 끝이 혈액 속 인자를 끌어당겨 B세포를 죽이는 것이다. 마지막 세 번째 방식은 항체의 뒤쪽 끝이 면역계의 자연살해세포에 들켜 이 자연살해세포가 B세포를 부수어 죽이는 방법이다. 두 번째와 세 번째 방법은 신체의 정상적 면역 방어의 일환으로 발생한다. 항체는 대개 세균이나 감염된 세포에 들러붙어 공격한다. 리툭시맙의 기본 기전은 면역계가 신체의 B세포를 파괴해야 할 것으로 인식하게 만드는 것이다.

리툭시맙이 몸속 B세포를 제거하도록 만들면 환자의 관절 염증이 약화된다. 따라서 리툭시맙은 TNF 억제 항체 제제로 효과를 보지 못하는 류머티즘관절염 환자를 위한 대체 약물로 처방된다.[101] 그러나 1997년 리툭시맙의 첫 승인은 류머티즘관절염이 아니라 암 치료제로 이루어졌다. 그 이후 리툭시맙은 75만 명이 넘는 암환자들에게 처방됐다. 얼핏 보면 암 치료제가 류머티즘관절염에 효과를 낸다는 게 의외의 일처럼 보인다. 두 질환은 공통점이 거의 없기 때문이다. 그러나 사실 B세포를 죽이는 항체는 특정 유형의 암-만성림프구성백혈병과 비호지킨림프종-에 유용하다. 이들 암의 경우 통제력을 잃고 악성을 띠는 것이 바로 B세포이기 때문이다. 사실 리툭시맙은 세계보건기구가 만든 가장 중요한 필수의약품 목록에 단골로 등장할 정도로 중요하다. 선정 이유는 "건강에 끼치는 잠재적 영향이 놀라울 정도로 크다"라는 것이다.[102]

항체가 세포를 죽이는 방식에 대한 상세한 지식은 항체 설계의 진보로 이어졌다. 가령 항체를 생산할 때 그 구조를 미묘하게 바꿔 자연살해세포가 세포를 더 효과적으로 죽이도록 유도하는 식이다. 이 지식은 또 다른 중요한 발견을 낳았다. 일부 사람들이 항체로 덮인 세포를 죽이는 자연살해세포의 기능을 약화시키는 유전변이를 갖고 있다는 사실이 밝혀진 것이다. 림프종 환자에게서는 이 유전변이 때문에 리툭시맙의 효력이 감소할 수 있다는 증거가 있다(그러나 이러한 결과는 논란의 여지가 있다. 관련된 모든 연구에서 동일한 결과가 나온 것은 아니기 때문이다).[103]

B세포를 붙잡는 모든 항체가 B세포를 죽이는 데 동일한 효력을 발휘하지는 않기 때문에, 이와 관련된 연구의 최전선은 리툭시맙이 그토록 효과가 있는지 이유를 밝히는 것이다. 우리 연구소에서는 최신 레이저 현미경−한 대에 50만 파운드나 나가는 현미경이다−을 이용해 리툭시맙이 암세포에 붙어 면역세포의 공격을 유도하는 과정을 동영상으로 촬영했다.[104] 그 결과 리툭시맙이 획일적으로 암세포를 감싸는 것이 아니라 암세포의 한쪽에 모이는 경향이 있어서 일부 단백질을 리툭시맙이 모인 곳으로 끌어당기는 반면, 다른 단백질은 암세포의 반대쪽으로 보내버린다는 것이 밝혀졌다. 결국 리툭시맙이라는 항체는 암세포의 앞쪽과 뒤쪽을 다르게 둘러싸 암세포를 모자 비슷한 모양으로 만든다. 전문용어로 말하면 암세포의 극성화[polarise]를 초래하는 것이다. 우리는 이 극성을 얻은 암세포들이 뭔가 알 수 없는 이유로 더 쉽게 제거된다는 것을 발견했다.

현미경을 사용해 세포 내에서 벌어지는 일을 살펴보기만 했는데도 우리는 리툭시맙의 약효가 암세포의 구조를 바꾸는 능력, 다시 말해 암세포가 면역세포에 의해 죽기 쉽도록 만드는 능력 때문이라고 추론할 수 있었다. 이는 특정 유형의 세포를 제거하기 위해 항체를 기반으로 한 신약을 만들 때 적절한 유형의 세포에 들러붙는 정도가 아니라, 그 세포의 구조를 바꿈으로써 제거 작용을 실행하는 항체를 찾아내는 것이 유용하다는 것을 시사한다. 그러나 이것은 아직 완전한 지식이 아니다. 이는 일종의 가설로 중요성을 확실히 가늠하기 어렵다. 이러한 활동을 관찰할 수 있는 곳은 실험실 배양접시뿐이기 때문이다. 애석하게도 환자의 몸속에서 항체가 이러한 작용을 하는지를 관찰하는 일은 아직 불가능하다. 애초부터 펠드만의 비판에 담긴 요지도 결국 이것이었다. 우리가 알아내야 하는 것은 실험실 배양접시 속에 분리해놓은 세포만이 아니라 면역계 전체가 작동하는 몸속에서 벌어지는 일이라는 뜻이다. 이런 의미에서 현미경이나 망원경에 쓰이는 렌즈는 우주, 연못 그리고 우리의 몸 내부에서 벌어지는 온갖 종류의 신세계를 들여다보게 해준 혁신적 성과다. 관찰 방식을 개선하는 신기술, 특히 인간 몸의 '내부'를 들여다보는 방식을 개선하는 신기술은 앞으로도 한참 동안 의학 연구에서 큰 역할을 차지할 것이다.

TNF 억제 항체와 리툭시맙의 성공으로 항체 기반의 약물을 찾으려는 연구가 과학계에 유행이 됐다. 그러나 2006년, 그 동력이 약화되는 사건이 벌어졌다. TGN1412라는 이름의 다른 항체 약물을 시험하는 임상실험이 크게 잘못되면서 논란이 생긴 것이다. 이 실험─곧 파산을 맞은 한 중소기업이 실행했던 실험─이 사용한 항체는 스타인먼이 발견했던 경종을 울리는 수지상세포를 필요로 하지 않고 T세포가 위험을 먼저 감지하도록 활성화시킨 항체였다. 이러한 설계의 기반이 된 추론은 그래야 T세포가 암세포를 더 쉽게 공격할 수 있다는 것이었다.

동물에서 아무런 문제가 생기지 않은 덕에 환자를 대상으로 한 실험이 시행됐다. 그나마 다행인 것은 저용량을 사용했다는 것이다. 이 약물을 쓴 여섯 명의 환자 전원이 심부전, 간부전 그리고 신장질환을 앓았다. 나중에 BBC 인터뷰에 출연한 한 피해자의 말대로 "수개월간의 지옥"이 펼쳐졌다.[105] 앞에서 언급한 대로 동물과 인간에게서 약물이 작용하는 방식은 매우 다르다. 환자 몸속으로 들어간 약물은 T세포를 과도하게 활성화시켜 건강한 세포와 조직까지 공격하기 시작했다. 과도하게 활성화된 면역세포는 또한 사이토카인을 대량으로 방출해 이것이 몸에 독소로 작용했다. 임상실험에서 환자들이 겪었던 일은 패혈증, 즉 급성 박테리아 감염이 초래하는 면역계의 과민반응에서 일어나는 일과 다소 비슷하다. 환자들은 모두 열이 났고 그중 한 사람은 폐렴에 걸렸다. 게다가 다들 혈액순환이 악화되어 손가락과 발가락이 검게 변했다. 다행히 사망자는 없었지만 실험은 대참사로 끝났다.

많은 과학자는 면역반응을 과도하게 활성화시키는 일이 신체의 정상적인 견제와 균형을 깰 수밖에 없는 결과를 초래하는 좋지 않은 생각이라는 것을 알고 있다고 공언한다. 물론 이는 사후약방문 같은 것이다. 정작 공식적 조사 결과는 "신체 내부에서 벌어진 약물의 예측 불가능한 생체 작용 때문"이라는 결론을 내렸다.[106] 이 참사가 예측 가능한 일이었든 아니든 상관없이 이 일의 여파는 상당했다. 인간을 대상으로 한 실험을 승인하는 방식이 크게 변한 것도 그중 하나였다. 가령 이제 환자들 전체에게 신약을 동시에 투약하는 것은 금지다. 환자들 간에 시간차를 두고 약물을 투입해야 부작용을 명확히 알 수 있기 때문이다. 앞에 소개한 실험의 경우 환자들이 보인 염증반응은 90분 이내에 알 수 있을 정도의 것이었다.[107] 따라서 이 정도 짧은 사이를 두기만 했어도 다음 실험 대상이 될 환자들이 같은 위험에 노출되는 일은 면했을 것이다. 이 실험의 중요한 교훈은 면역계를 어설프게 만지작거리는 짓이 핵의 힘을 활용하려는 어설픈 시도나 다름없다는 것이다. 물론 이 쓰디쓴 교훈의 대가는 지나치게 컸다. 아무리 잠재력이 큰 발견도 약간의 실수로 최악의 참사가 될 수 있는 법이다.

궁극적으로 TNF 억제 항체 제제의 발견은 면역에 관한 상세한 지식이 도움이 된다는 것, 그것이 인간의 신체가 작용하는 방식의 숨겨진 아름다움을 밝혀주는 것만이 아니라 신약의 개발로 이어지는 분야이기 때문이라는 것을 보여주었다. 그런데도 신약 개발이라는 목적지로 향하는 길은 탁 트인 고속도로가 아니다. 이 길은 좁디좁은 오솔길과 위성지도에도 표시되어 있지 않은 사잇길, 게다가 보이지 않는 위험과 사각지대로 그득한 길이다. 성급한 운전은 위험하다.

면역계의 활동이 어떻게 그리고 왜 다른지를 알기 위해, 또한 면역계가 안전하게 작용하는 한계가 어디까지인지를 알기 위해, 그리고 무엇보다 면역계가 몸의 다른 시스템과 어떻게 연결되어 있는지를 알기 위해서는 면역계에 대한 지도를 더 많이, 그리고 더 상세히 그려야만 한다. 다음 장에서는 면역계의 지도를 그리는 일에 관해 소개하고자 한다.

2부

몸속에 펼쳐진 은하계

5_____ 스트레스와 호르몬, 면역계 간의 상호작용

어느 날 나는 정말 우연히 면역세포가 암과 싸우도록 도움을 주는 방법을 발견했다. 나는 25세 때 글래스고에 있는 대학에서 박사학위를 받은 뒤 면역계를 연구하기 위해 하버드대학교 연구실에 들어갔다. 연구실장인 잭 스트로밍거[Jack Strominger]는 1950년대 페니실린의 작용 기전을 발견하는 데 기여한 인물로서, 그 이후 T세포가 몸속에서 질병의 징후를 발견하는 방식 쪽으로 관심을 돌린 참이었다. 이 연구로 그는 노벨상 수상 후보가 됐다.[1] 그의 연구팀에는 투지와 재능이 넘치는 과학자들이 그득했다. 내가 연구하던 하버드대학교 주요 캠퍼스 내에서만도 약 스무 명의 과학자가 일하고 있었고, 또 다른 스무 명은 2마일쯤 떨어진 하버드 의대 캠퍼스의 그가 운영하는 두 번째 연구실에서 연구 중이었다. 이들 모두 내가 물리학을 전공하면서 여기저기서 힘들게 얻은 면역계 관련 지식과는 비교도 할 수 없을 만큼 풍부한 지식으로 무장한 전문가들이었다. 내가 이곳으로 오게 된 것이 행정 오류 때문이 아닌가 하는 생각이 들만큼 쟁쟁한 학자들이 그곳에 포진해 있었다.

내가 도착했을 당시 스트로밍거의 연구실이 주력하던 주제는 자연살해세포라고 불리는 백혈구가 어떻게, 그리고 어느 정도로 암세포를 공격하는가를 파악하는 일이었다. 이 연구를 위해 복도에 늘어선 연구실 과학자들에게서 채취한 혈액에서 자연살해세포를 분리한 뒤 여러 종류의 암세포와 섞었다. 암세포에는 방사성 동위원소를 투입해 암세포가 살해되면 그 부서진 암세포에서 방사능이 흘러나와 세포가 들어 있는 배양액으로 들어가도록 했다. 그런 다음 배양액의 방사능을 측정해 암세포가 어느 정도 자연살해세포에 의해 살해되었는지 추정할 수 있었다. 어느 날 나는 궁금증이 생겼다. 세포에 약간의 열을 가할 경우 어떤 일이 일어날까 하는 것이었다. 이러한 질문은 내가 생물학이 아니라 물리학을 전공한 덕에 나올 수 있었던 것이리라. 내게는 가능한 결과를 추정할 근거가 될 만한 가설도 전혀 없었고, 따라서 예측도 불가능했다. 나는 그저 호기심에 휩싸였을 뿐이었다. 결국 나는 암세포를 섭씨 약 41도까지 잠시 가열했다. 암세포는 훨씬 더 효과적으로 파괴됐다.

나는 이 발견을 끝까지 밀고 나가지 못했지만, 몇 년 후 다른 과학자들은 왜 열이 암세포를 더 효과적으로 파괴하는지를 알아냄으로써 연구의 혁신적인 돌파구를 열었다. 열은 일부 유형의 암세포로 하여금 표면에 '스트레스 유발성 단백질stress-inducible proteins'을 드러내도록 유도했던 것이다. 스트레스 유발성 단백질이라는 이름은 세포가 이러한 유형의 단백질을 표면에 드러내는 것이 스트레스 상태에 있을 때라는 이유에서 붙인 것이다. 여기서 스트레스 상태라는 말은 우리가 흔히 쓰는 일상적 의미가 아니라, 세포가 고온이나 독성물질이나 자외선 같은 것들에 노출되어 손상될 때 스트레스 반응(세포가 외부 환경의 각종 변동에 의한 손상을 방어하고 회복하는 기능을 갖는 반응-옮긴이)이라는 것을 겪는 상태가 된다는 뜻이다. 열은 단백질 분자를 흉한 꼴로 만들고 자외선은 세포의 유전물질을 파괴한다. 이러한 문제를 겪는 세포는 건강한 세포에서 보이지 않는 단백질 분자-이것이 스트레스 유발성 단백질이다-를 표면에 내보인다. 이러한 단백질은 세포가 손상되었음을 보여주는 표지자로 기능하며, 세포에서 이러한 단백질을 감지한 자연살해세포는 공격을 시작한다.[2] 나의 궁금증과 실험은 여기서 전혀 중요하지 않았다. 커다란 발견은 이 과정의 의미를 파악한 이들이 이룬 것이다. 하지만 이 사례는 과학의 발전이 때로는 변방에서 온 누군가의 질문으로부터 가능해질 수도 있다는 것을 보여준다. 수많은 연구실의 대표가 대다수의 구성원과 배경이 다른 사람을 즐겨 고용하는 이유가 바로 그것이다. 연구소의 대표가 된 지금 나는 내가 물리학 박사학위를 들고 최고의 생물학 연구소로 들어간 것이 행정착오가 아니었다는 것을 잘 알고 있다. 하버드대학의 교수진은 진보가 어떻게 이루어지는가를 제대로 알고 있는 셈이다.

열을 이용해 암을 치료한다는 발상은 옛날에도 있었다. 인류가 보유하고 있는 가장 오래된 암 치료법에서도 열 치료를 찾아볼 수 있다. 약 3000년 전 『에드윈 스미스 파피루스Edwin Smith papyrus』가 그 주인공이다.[3] 고대 이집트의 의학 교과서였을 확률이 높은 『에드윈 스미스 파피루스』는 불로 지진 칼날과 쇠꼬챙이를 써서 유방암을 치료한 내용을 상세히 기록해놓았다. 이것은 필시 복잡 미묘한 치료가 아니라 그저 암세포를 지지려고 했던 시도에 가깝다. 그러나 현대의 실험들은 열이 병든 세포를 지져 없애는 일 이외에 특정 유형의 암 치료에 실제로 도움이 될 수 있다는 것을 보여준다. 가령 어떤 유형의 폐암에 걸린 생쥐의 열은 암의 확산 가능성을 낮춰주었다.[4] 그리고 섭씨 30도까지 온도를 올린 우리에 생쥐를 두면 종양에 침투해 공격하는 T세포의 숫자가 증가한다.[5] 물론 이 실험은 열의 직접적인 효과를 입증하지는 못한다. 더운 환경에 처한 생쥐들은 활동성이 떨어지고 물을 더 많이 먹는 반응을 보이는 등 다양한 변화를 보이기 때문에 이들 중 어떤 것도 면역반응의 증가 원인이 될 수 있기 때문이다.

오늘날 의학에서 섭씨 50도가 넘는 열은 때로 암세포를 직접 죽이는 데 활용된다. 가령 고주파 치료가 이러한 열을 사용한 암 치료법이다. 또한 몸의 일부나 전체에서 동시에 제공된 화학 작용제의 효과를 증강시킬 때도 열을 유도하기도 한다. 이러한 치료는 고열요법hyperthermia therapy이라고 알려져 있다.[6] 그러나 열은 암을 치료하는 통상적인 치료법이 아니다. 열과 스트레스 유발성 단백질과 염증과 암 사이의 관계가 내가 열 실험한 당시 연구자들이 알고 있던 것보다 훨씬 더 복잡한 것으로 드러났기 때문이다.

우선 면역계는 종종 암을 억제하거나 파괴할 수 있지만 동일한 면역계가 오히려 암을 활성화할 수도 있다. 암세포가 면역반응으로 이득을 봄으로써 오히려 활성화되는 방법은 최소한 두 가지인데 열은 이 과정을 더 심화시킬 수 있다. 첫째, 암세포는 면역세포의 특징을 자기 것으로 끌어들여 이용한다. 즉 면역세포가 사용하는 단백질 분자를 드러냄으로써 염증이 일어나는 동안 생산되는 사이토카인과 다른 분비물에 면역세포처럼 반응한다. 이로써 암세포들은 면역세포가 증식하기 위해 사용하는 신호들을 중간에서 납치해 면역세포인 양 몸속을 여기저기 돌아다니며 면역세포와 똑같이 성장하고 퍼진다.

둘째, 때로 고형 종양은 국소 부위의 염증에서 혜택을 입는다. 염증으로 종양의 영양분과 산소 공급이 증가되기 때문이다. 실제로 면역세포는 암세포에 아주 이로운 역할을 할 수 있기 때문에 일부 종양은 면역 공격을 피하기는커녕 단백질 분자를 분비해 면역세포를 끌어들이고, 아예 그 안에서 살려고 한다.[7] 이러한 종양들은 대개 종양이 있는 부위의 면역반응의 성격을 바꾸기 위해 호르몬을 분비함으로써 면역세포의 공격 능력을 제거하는 동시에 종양을 증진하는 국부의 염증은 유지한다.[8] 국부 염증을 유지하는 종양은 때때로 결코 낫지 않는 상처로 간주된다.

상황을 더 복잡하게 만드는 문제는 표면에 스트레스 유발성 단백질-질병의 특징으로 자연살해세포가 감지하는 단백질-을 드러내는 암세포가 종종 이 단백질의 수용성 버전을 분비한다는 점이다. 이렇게 분비된 수용성 단백질은 일종의 미끼로 작용해 면역세포 표면의 수용체 단백질에 들러붙어 면역세포가 진정한 암세포를 감지하지 못하게 만든다.[9] 아예 정반대의 작용도 일어날 수 있다. 일부 실험에서 밝혀진 바에 의하면, 종양에서 나오는 스트레스 유발성 단백질의 수용성 분비물은 자연살해세포로 하여금 종양을 훨씬 더 기민하게 찾아내 공격을 강화하도록 대비시킬 수도 있다.[10] 요컨대 암세포에서 나오는 분비물은 어떨 때는 면역 공격의 스위치를 꺼버리고, 또 어떨 때는 공격을 증폭시키기도 한다. 현 시점의 면역학 첨단 지식은 이 정도까지다. 바로 암세포에 대한 면역반응의 이러한 모순적 이중성 때문에 열이나 다른 방법을 통해 스트레스 유발성 단백질 생산을 늘리거나 줄이는 것이 왜, 언제 그리고 어떤 유형과 관련해서 유용한지 알기가 지극히 어렵다.

그러나 현재로서는 특정 암을 제외하면 어떤 온혈 동물이건 감염이 일어날 때 심부체온을 올릴 수 있다는 사실-이것을 열^{fever}이라고 한다-은 열을 내는 능력이 틀림없이 엄청나게 중요한 생존상의 이점을 제공한다는 것을 보여준다. 열을 내려면 많은 에너지가 필요하다는 점을 고려하면 특히 그렇다. 체온이 섭씨 1도씩 올라가려면 몸의 기초대사량이 약 10~12퍼센트 정도 높아져야 한다.[11] 훨씬 더 놀라운 점은 냉혈동물-파충류와 어류와 곤충-도 감염 동안 체온을 올린다는 것이다. 이들은 내부로부터 체온을 올릴 수 없기 때문에 더 따뜻한 환경으로 옮겨감으로써 체온을 올린다. 놀랍게도 감염된 이구아나나 참치가 열원을 찾는 행동은 아스피린처럼 열을 내리는 약물로 감소시킬 수 있다.[12] 이는 파충류나 어류가 감염 동안 더운 서식처를 찾도록 만드는 화학 및 생체 과정 중의 일부가 열이 나는 동안 온혈동물 내부에서 벌어지는 과정과 유사하다는 것을 의미한다. 심지어 식물들조차도 열과 비슷한 무언가를 내는 능력을 갖고 있다. 가령 콩과 식물 잎은 균류 감염 동안 온도가 올라갈 수 있다.[13]

인류 역사의 대부분 동안 열은 악령으로 인한 것이거나 초자연현상으로서 치유해야 할 문제로 취급됐다. 18세기와 19세기 내내 사람들은 사망의 원인이 황열병, 성홍열, 뎅기열, 장티푸스 등 대개 열로 인한 병 때문이라고 생각했다.[14] 의사들은 열을 내리기 위해 땀이나 피를 억지로 내거나 구토를 유발하는 등 끔찍한 방법을 사용했다. 오늘날 우리는 열이 질병 자체가 아니라 질병에 대한 신체 반응의 일부라는 것을 알고 있다. 간간이 일상생활에 침입하는 열은 우리가 느끼는 많은 것들이 신체의 기본 생리작용 때문에 생긴다는 사실을 정기적으로 일깨워주는 기능을 맡아한다.

체온 상승은 직접적으로 세균에 영향을 미치고 면역계의 활동을 증가시키는 등 몸이 온갖 종류의 방법으로 감염과 싸우도록 돕는다. 인간의 몸을 괴롭히는 대부분의 세균들은 정상 체온에서 번성하도록 진화해왔다. 그 결과 가령 바이러스의 복제 속도는 체온이 섭씨 40~41도까지 높아지면 200배 감소한다.[15] 열은 또한 면역세포를 생성하는 골수에서 혈류로 들어가는 면역세포의 숫자를 증가시킴으로써 면역계를 돕는다. 그뿐만 아니라 열은 면역세포로 하여금 자신들을 감염 부위로 안내하는 수용체 단백질을 만들도록 유도하기도 한다. 그러므로 열은 면역세포가 필요한 곳으로 이동하는 흐름을 증가시킨다.[16] 일단 면역세포가 있어야 할 곳으로 가면 갖가지 종류의 면역세포 활동이 체온 상승을 통해 증가한다. 대식세포는 박테리아를 잡아먹는 데 더 능숙해지고, B세포는 더 많은 항체를 생산하며, 스타인먼이 발견한 수지상세포는 더 효과적으로 T세포의 스위치를 켠다. 그러나 면역계와 관련된 모든 과정이 그렇듯이 이 과정 또한 지나치게 활성화될 수 있다. 열은 대개 크게 위험하지 않지만 때로는 발작으로 이어지기도 한다. 심한 열로 인해 훨씬 더 흔하게 나타나는 증상은 몸과 마음이 더 이상 자신의 것이 아니라는 느낌이다.[17]

열이 초래하는 두통은 우리의 면역계와 정신이 연결되어 있다는 것을 명확히 보여준다. 이것은 말로 형언하기 힘든 느낌이다. 심지어 버지니아 울프 같은 뛰어난 작가도 두통을 형언할 말을 찾기 힘들다고 불평할 정도였다. "언어는 햄릿의 생각과 리어왕의 비극을 표현할 낱말은 갖고 있으나, 오한과 두통을 표현할 낱말은 전혀 갖고 있지 못하다. 언어는 오직 한 방향으로만 발전해온 것이다. 하다못해 한낱 여학생조차도 사랑에 빠지면 셰익스피어, 존 던, 키츠를 통해 마음을 표현한다. 그러나 두통에 시달리는 이에게 그 고통을 의사한테 표현해보게 해보라. 언어는 단번에 말라붙는다."[18]

몸으로 하여금 체온을 올리도록 하는 기폭장치-이 장치는 인간뿐 아니라 모든 동물에게도 있다-는 면역계의 형태인지수용체가 세균의 징후를 감지하는 것이다. 형태인지수용체는 제1장에서 논했던 수용체로서, 제인웨이가 존재를 예측했고 훗날 초파리와 인간에게서 발견됐다. 이 수용체가 박테리아나 바이러스의 외피에 들러붙을 때 사이토카인이 분비되면서 면역반응이 시작된다. 제3장에서 설명한 대로, 사이토카인은 여러 상이한 유형의 면역세포들의 작용을 유발한다. 그러나 사이토카인은 또한 면역세포뿐 아니라 신경세포 등 몸속 다른 세포의 행동에도 영향을 끼친다. 사실 사이토카인을 차단하는 것이 일부 류머티즘관절염 환자들에게 효과가 좋았던 이유 중 하나는 사이토카인을 차단하는 것이 염증을 중단시켜 환자 관절의 이동성을 증가시킬 뿐 아니라 염증이 신경계에 끼치는 영향 또한 막아줌으로써 환자가 금방 증상이 완화되었다는 느낌을 받을 수 있도록 만들었기 때문이다.[19]

사이토카인뿐 아니라 형태인지수용체의 세균 감지는 프로스타글란딘E2prostaglandin E2의 생산 또한 유발한다. 프로스타글란딘E2는 몸속의 거의 모든 유형의 세포에 의해 생산될 수 있지만 면역반응 동안에는 주로 면역세포, 그리고 면역세포가 생산하는 사이토카인에 반응하는 다른 세포에 의해 생산된다.[20] 사이토카인과 프로스타글란딘E2라는 호르몬의 생산 본질은 면역계가 뇌에 위험을 경고하고 열을 내게 하는 것이다.[21] 아스피린은 프로스타글란딘E2의 생성을 중단시킴으로써 열을 내린다.[22] 분만유도를 위해 임산부들에게 제공하는 젤이나 정제의 유효성분에서 프로스타글란딘E2를 본 적이 있을 것이다. 이 물질의 분만유도 능력은 그것이 열에서 하는 역할과 직접적인 관련성은 없다. 이는 그저 모든 호르몬과 모든 사이토카인이 몸속에서 내는 효과가 여러 가지라는 것을 보여주는 사례다. 가령 프로스타글란딘E2의 근육 이완 능력은 출산을 위해 자궁이 수축을 시작하도록 하는 데 도움을 줄 수 있다.

열이 날 때 사이토카인과 호르몬은 시상하부라는 뇌 부위에 영향을 끼친다. 시상하부는 이에 대한 반응으로 몸에 다른 호르몬인 노르아드레날린^{noradrenaline}을 만들라는 신호를 보낸다. 노르아드레날린은 사지의 혈관을 수축시켜 갈색지방세포가 에너지를 태워 열을 내도록 한다(갈색지방세포가 전문으로 하는 일이 지방 연소다). 시상하부는 또한 아세틸콜린^{acetylcholine}을 만들라는 신호도 보낸다. 아세틸콜린은 근육에 작용해 오한 같은 증상을 초래한다. 이 모든 작용이 체온 상승에 기여한다. 그 외에 시상하부는 배고픔과 갈증과 잠 그리고 타인들과의 친밀함 추구와 성욕 따위의 더 복잡한 감정 또한 제어한다. 면역세포가 분비하는 물질은 수면 욕구나 식욕부진뿐 아니라 모든 종류의 행동과 감정에 영향을 끼치는 것이다. 상세한 기전을 알 수는 없지만 면역계는 분명 우리의 기분과 감정을 형성한다. 이 작용 중 일부는 그저 호르몬과 사이토카인이 상호 관련을 맺는 방식에서 낳은 우연한 결과일 수도 있으나, 일부는 특정한 이유로 진화를 거쳐온 것일 수 있다. 가령 몸이 아플 때 돌봐줄 수 있는 사람에게서 위안을 찾는 일에는 분명 진화상의 이점이 있을 것이다. 사랑을 불러일으키는 양식은 음악만이 아니다. 세균을 찾아내는 면역세포의 화학반응 또한 애정을 불러일으킬 수 있다.

광범위한 의미에서 면역계와 신경계는 지속적으로 대화를 나누고 있고, 각자는 몸의 사이토카인과 호르몬의 흐름을 통해 서로에게 영향을 미친다. 성호르몬인 에스트로겐과 테스토스테론을 비롯해 면역계에 영향을 미치는 호르몬은 많지만 가장 큰 영향력을 발휘하는 것은 스트레스 호르몬이다. 스트레스가 무엇인지 모르는 사람은 없지만 실상 스트레스는 정의하기 어려운 개념이다. 스트레스는 열처럼 모든 것을 아우를 수도 있고, 아니면 두근거림처럼 순식간에 지나가는 것일 수도 있다. 분명한 것은 스트레스가 우리 건강에 중요한 영향을 끼칠 수 있다는 점, 그 이유는 그것이 면역계와 관련이 있기 때문이라는 점이다. 가령 스트레스를 줄이면 면역력이 증강된다. 그리고 스트레스와 호르몬과 면역계 간의 연관성을 탐구한 성과로 나온 지식은 인류의 가장 찬란한 의학적 승리 중 하나를 이끌어냈다. 이제 그 승리를 살펴볼 차례다.

코르티손은 정말 기적의 신약일까

1929년 4월 1일, 미국인 의사 필립 헨치Philip Hench는 미네소타 주 로체스터의 메이오클리닉에서 평상시처럼 예약 환자를 보고 있었다. 65세의 이 환자는 황달(간 문제로 인한 피부의 황변 현상) 덕분에 류머티즘관절염 통증이 줄어들었다고 말했다. 환자는 헨치에게 황달이 나타나고 하루가 지나자 1마일 정도를 걸어도 통증이 없었다며, 전에 없던 일이라고 이야기했다. 아서 코난 도일이 창조한 셜록 홈스의 열혈 팬이었던[23] 헨치는 환자의 이 이야기를 실마리로 삼았다. 그는 황달이 나타날 때 유도된 몸속의 무언가가 류머티즘관절염 증상을 완화시킨 게 아닌지 의심했고, 그 무언가에 '물질X'라는 이름을 붙였다.

그 후 몇 년에 걸쳐 헨치는 비슷한 경험을 한 환자들을 더 보게 되었고, 황달이 있는 환자들이 대개 류머티즘관절염뿐 아니라 꽃가루 알레르기와 극심한 천식 등 모든 종류의 증상에 호전을 보였다는 데 주목했다.[24] 그는 또한 임신 기간 동안 관절염 통증이 완화되었다고 말한 류머티즘관절염 임산부들의 사례도 기록하기 시작했다. 헨치는 시행착오를 거쳐 물질X의 정체를 확인하는 일에 착수했다. 그는 간 추출액, 희석한 쓸개즙, 심지어 혈액을 주사로 제공하거나 경구용으로 제공함으로써 관절염 환자의 증상을 완화시키려 했다. 모든 시도는 실패로 돌아갔다.

한편 메이오클리닉의 한 부서에서는 에드워드 켄들Edward Kendall 이라는 생화학자가 다른 일에 매진하고 있었다. 그는 부신adrenal gland 에서 생성되는 호르몬을 분리하는 일을 하고 있었다. '호르몬'이라는 용어가 사용된 것은 비교적 최근의 일이다. 1905년 런던에서 연구 중이던 생리학자 어니스트 스탈링Ernest Starling이 "혈류를 따라 세포에서 세포로 빠르게 이동하면서 다양한 신체 부분의 작용과 활동과 성장을 조율하는 메신저 역할을 담당하는 화학물질"[25]을 기술하기 위해 호르몬이라는 단어를 사용한 것이 시초다. 스위스의 바젤 대학교에서는 폴란드 출신의 화학자 타데우시 라이히슈타인Tadeusz Reichstein이 독자적으로 같은 연구를 하고 있었다.[26] 호르몬 분리가 얼마나 힘든 일인지 가늠하기 위해 조금 설명하자면, 약 25그램의 활성 호르몬을 얻으려면 도살장에서 받아오는 소의 부신 조직이 무려 1톤이나 필요하다.[27] 켄들은 부신에서 여러 가지 호르몬을 분리해낸 뒤 A에서 F까지 기호를 붙여두었다. 켄들이 '화합물E', 그리고 라이히슈타인이 'Fa물질'이라고 이름 붙였던 그중 한 물질은 동물 실험을 기반으로 했을 때 특히 생체활성이 강했다. 연구의 약진이 이루어진 것은 1941년 1월 헨치와 켄들이 서로 다른 자신들의 연구에 관해 함께 의논한 뒤였다.[28]

헨치는 화합물E에 대해 아는 바가 전혀 없었고, 켄들은 류머티즘관절염에 대해 아무것도 몰랐지만 두 사람은 커피를 마시며 대화를 나누었고 서로 다른 경험을 이야기하던 과정에서 아이디어 하나가 부화했다.[29] 헨치와 켄들 둘 다 이 부신 화합물E가 물질X일 가능성을 시험해볼 만한 가치가 있다고 생각한 것이다. 설사 그것이 물질X가 아니라 해도 결과는 분명 흥미로울 것 같았다. 헨치는 이 계획을 노트에 적어두었지만, 그것을 시험할 만큼 충분한 화합물E를 구하는 데만 8년의 세월이 걸렸다.[30] 1948년 9월 21일, 인디애나 주에서 퇴행성 류머티즘관절염을 앓고 있는 29세의 한 여성에게 화합물E를 투약했다. 이 화합물E는 켄들이 머크라는 제약회사에서 얻은 것이었다. 이틀 후 그녀는 다시 걸을 수 있게 됐다. 그

녀는 이 경사를 축하하기 위해 병원을 나가 쇼핑을 즐겼다.[31]

행운 또한 제 역할을 해주었다. 헨치는 우연히 효력이 좋은 호르몬 투여량을 추측─사실 그 투여량은 대부분의 의사들이 투여해도 괜찮다고 생각했던 것보다 고용량이었다─해냈을 뿐 아니라 몸속에서 적정 속도로 용해될 만한 적정 크기의 결정crystal을 사용했다.[32] 과학과 상관이 없는 천운도 따랐다. 화합물E의 귀한 샘플이 처음 병원에 도착했을 당시 그것을 담고 있던 유리병이 대리석 바닥에 떨어졌으나 천만다행으로 깨지지 않았던 것이다.[33]

켄들이 환자를 보러 갔을 때 환자는 침대에서 일어나 "악수해주실래요?"라고 말했다.[34] 화학자였던 켄들은 환자를 만날 기회가 극히 적었기 때문에 18년 연구의 결정판이었던 이 순간이 큰 의미로 다가왔다. 헨치 또한 자신이 켄들과 이룬 성공의 크기가 얼마나 큰 것인지 잘 알고 있었다. 그는 이 성공에 적절한 의미를 부여하기 위해 화합물의 이름을 H화합물로 바꾸어야 한다고 주장했고, 혹여 누군가 다른 사람이 이들의 발견을 가로채 먼저 발표할 수도 있다는 위험 때문에 전화로는 이와 관련한 어떤 말도 나누지 않아야 한다고 고집을 부렸다.[35]

그 후 몇 달에 걸쳐 헨치는 다른 환자들도 치료했다. 휠체어에 앉아 있던 많은 환자들이 곧 걷게 됐다. 헨치는 1949년 4월 20일, 메이오클리닉의 동료회의에서 최초로 이 결과를 발표했다.[36] 엄청난 소식이 발표될 것이라는 소문이 이미 파다하게 퍼졌던 터라 회의실은 사람들로 붐볐다. 헨치는 남들 앞에서 발표하는 것을 불편

해했고, 아마 그 때문이었는지 메이오클리닉 최초로 슬라이드를 비롯한 여러 시각 보조 장치를 사용해 발표를 실행한 연구자 중 한 명이 됐다.[37] 회의 때 그는 호르몬 치료 전후의 환자들의 상태를 보여주는 컬러 영상을 제시했다. 대부분의 사진과 화면이 흑백이었고 TV가 아직 대중화되지 않았던 시절이었다. 환자의 변화는 충격적이었다. 특히 관객석에 앉아 있던 많은 이들이 화면에 나온 환자들을 잘 알고 있었기 때문에 치유의 순간은 더욱 큰 감동을 안겨주었다. 영상이 다 끝나기도 전에 우레와 같은 박수갈채가 터져 나왔다. 상영 후 헨치는 연단으로 나가 기립박수를 받았다.[38] 켄들은 그 다음 차례로 연단에 나가 기초 화학이 신약의 기반이라는 점을 역설했다.[39] 그 직후인 1950년, 헨치와 켄들과 라이히슈타인은 노벨상을 받았다. 그 이전이나 이후에도 노벨상이 이토록 신속히 수여된 적은 없었다.[40]

오늘날에는 부신에서 스트레스에 반응해 생성되는 호르몬 중 면역계에 특히 중요한 호르몬이 코르티솔cortisol이라는 점이 널리 알려져 있다.[41] 가령 코르티솔은 몸의 투쟁-도주 반응 확립을 도움으로써 몸이 스트레스 상황에 대비하도록 해준다. 혈당 수치를 높이고 혈관을 확장시켜 근육이 즉각적인 행동을 취하도록 준비시키는 것이다. 중요한 점은, 코르티솔이 면역계를 진정시키는 기능도 한다는 것이다. 몸이 스트레스 상태에 있을 때, 그리고 투쟁-도주 상황에서는 면역반응이 즉각적으로 중요하지는 않아서 에너지를 다른 곳에 써야 하기 때문에 염증반응의 스위치가 켜지거나 과도해지는 것을 막는다는 뜻이다. 결국 코르티솔은 우리 몸에 믿을 수 없을 만큼 큰 영향을 끼친다. 인간의 유전자 2만 3000개 중 약 5분의 1의 활동을 조율하는 것이 코르티솔이다.[42]

X물질, E화합물, Fa물질, H화합물 혹은 더 정확히 제약회사 머크가 합성해내려고 애썼던 화합물에는 코르티손cortisone이라는 이름이 붙었다(이는 코르티솔과 매우 밀접한 연관이 있다. 몸속 효소는 코르티솔을 코르티손으로, 또는 코르티손을 코르티솔로 바꿀 수 있다).[43] 그리고 코르티손은 즉시 역사상 가장 수요가 많은 약이 됐다. 3년에 걸쳐 제약회사들이 코르티손을 대량생산하는 길을 찾는 동안 코르티손 기근 현상이 벌어졌다.[44] 그렇다 해도 코르티손의 약리작용에 대한 상세한 지식은 전무했다. 무작위 임상실험이 막 사용되기 시작했던 시절이라[45] 면역계의 구성 성분에 대해 알려진 것도 거의 없었다. 이 호르몬에 대한 수요도, 용량과 환자의 유형 등 호르몬 사용법도 모두 임시적인 관찰과 소문과 개별적인 이야기를 통해 유통됐다. 이런 식으로 일이 이루어질 수 있었던 것은 그야말로 천운이었다. 오늘날 누군가 인간 유전자 전체 중 5분의 1의 활동에 영향을 끼치는 화합물이 유용한 약물이 될 수 있다고 한다면 그 말은 그저 농담으로 치부될 것이다. 그런 호르몬은 골치 아플 만큼 복잡해서 제대로 작용할 가능성이 거의 없기 때문이다.[46]

헨치는 일부 언론의 대대적인 보도가 있었는데도 코르티손이 류머티즘관절염을 치료하는 기적의 약이 아니라는 것을 알고 있었다. 코르티손은 비교적 단기간의 증상 완화만 제공했다. 그는 "코르티손은 불을 끄는 소방관에 불과하며, 무너진 집을 다시 짓는 목수가 아니다"라고 말했다.[47] 무엇보다 코르티손은 류머티즘관절염 환자들의 증상을 개선할 수 있을 만큼 고용량으로 투여할 경우 근력저하와 피로와 체중증가 등의 부작용이 따랐다.[48] 그러나 코르티손을 류머티즘관절염 환자들에게 투약했을 때의 부작용이 명확해졌던 바로 그 당시, 코르티손의 의학적 중요성이 지속될 수 있는 효과가 부상했다. 코르티손이 류머티즘관절염 치료에 필요한 양보다 훨씬 적은 양으로도 천식(그리고 일부 다른 질환들)에 효과가 있다고 밝혀진 것이다. 그 이후 코르티손과 그 파생 물질—대개 그냥 스테로이드제라 불린다. 비슷한 화학구조를 가진 이 군의 화합물에 붙이는 이름이다—은 해마다 세계에서 가장 널리 처방되는 약물 중 하나가 됐다.

코르티솔 자체도 약물로 사용된다. 이 경우에는 히드로코르티손hydrocortisone이라고 불린다. 가령 부기를 줄이거나 가벼운 염증을 치료하기 위해 피부에 바를 수 있는 크림에 코르티솔을 쓴다. 코르티솔과 매우 비슷한 합성 화학물질—덱사메타손dexamethasone—은 면역반응을 억제하는 기능이 약 40배 더 강력하며, 류머티즘성 염증, 피부병, 심각한 알레르기 등을 치료하는 데 쓰인다. 코르티솔과 유사한 다른 약물은 천식 환자들을 위한 예방용 천식 흡입기 재료로 쓰인다.

의학의 진보를 다루는 과학책에는 흔히 감동을 배가하기 위해 환자들의 일화가 소개된다. 나 또한 출판사의 독려로 당시 열두 살이던 아들에게 자기가 매일 쓰는 천식 흡입기에 대해 어떻게 생각하느냐고 물었다. 녀석은 내가 마치 "오늘 화성이나 갈까?"라는 질문이라도 던진 양 어이없다는 듯 나를 쳐다보더니 방을 나가버렸다. 사실 아이는 이미 행동으로 자신의 생각을 밝힌 셈이다. 경미한 천식을 앓는 수많은 사람들은 더 이상 자신을 환자라고 생각하지 않는다. 흡입기는 그저 일상의 일부이기 때문이다. 셜록 홈스의 탐정물을 방불케 하는 과학의 가장 위대한 성과에서 비롯된 결과다.

그러나 놀랍게도 헨치와 켄들의 과학 경력은 흔히 예상하듯 영광스러운 결말을 맞이하지 못했다. 공식적 진단을 받은 것은 아니지만 그의 아들인 존을 비롯해 많은 주변 사람들이 헨치가 노벨상을 받은 후 우울증에 걸렸거나 최소한 태도가 변했다고 생각했다. 과학자들과 임상의들이 코르티손의 부작용을 비판하자 헨치는 이를 자신에 대한 공격으로 받아들인 것이다. 헨치의 아들 존은 "연구와 인생을 구분하지 못하는 다른 사람들처럼…… 아버지는 자신의 연구와 업적에 대한 비판을 배신으로 받아들여 힘겨워하셨다"라고 회고했다.[49]

헨치는 황열병의 역사에 대한 책을 쓰려고 준비 중이었다. 황열병이라는 주제는 생각하는 것만큼 불가사의하지 않다. 미국의 군의관들은 황열병이 모기에 의해 전파된다는 한 쿠바 과학자의 생각을 입증했고, 이는 인도주의 의학과 윤리의 새로운 패러다임으로 이어졌다. 이 이야기를 파헤치기 위해 헨치는 그를 위대한 생물학자로 성장시킨 엄격하고 깊이 있는 태도를 적용했다. 무려 20년 동안 수천 건의 문서와 사진과 물건을 수집하고, 수많은 의사와 과학자를 인터뷰했다. 그가 모은 자료만 해도 상자 153개를 가득 채울 만한 것이었다.[50] 하지만 그는 결국 69세로 세상을 떠났고 집필은 이루어지지 못했다.

켄들도 마찬가지다. 그가 과거에 거둔 성공은 미래의 승리로 이어지지 못했다. 1971년에 출간된 그의 회고록 내용이 1950년의 노벨상 수상으로 끝났다는 사실은 이를 잘 보여준다.[51] 65세 은퇴 규정이 엄격하게 적용되었던 탓에 상을 탄 직후 그는 메이오클리닉을 떠나야 했다. 그는 뉴저지 주의 프린스턴으로 이주했고, 그곳에서 비타민C와 같다고 여겨지는 또 다른 부신호르몬을 연구하는 데 주력했다. 20년 동안 이 물질을 찾아내려 애썼지만 그런 물질은 존재하지 않았다. 성공—심지어 세계에서 가장 중요한 약물 중 하나를 발견하고 그 후 노벨상을 탔을 정도로 큰 성공조차도—이란 원래 덧없이 지나가는 바람 같은 것이다.

심신의 상호작용과 코르티솔 수치

코르티솔의 발견은 세계에서 가장 중요한 약을 만들어준 것 말고도 심신이 어떻게 연결되어 있는가를 분자적 층위에서 이해할 수 있는 길을 열어주었다. 데카르트가 심신의 분리를 이론화한 지 350년 후, 코르티솔은 둘을 다시 통합시켰고, 마음이 느끼는 바—스트레스—가 몸에 영향을 끼친다는 것을 입증했다. 마음 상태와 면역계 간의 연관성이 지닌 온전한 함의를 이해하는 작업은 지속적인 연구 대상으로 학자들을 매료시키는 동시에 논란을 낳았다.

스트레스에 대한 현대적 이해가 시작된 것은 1907년 비엔나에서 태어나 캐나다 몬트리올의 맥길대학교에서 연구하던 한스 셀리에Hans Selye가 상이한 유형의 해로운 상황—수술, 약물 혹은 찬 기온—에 노출된 쥐들이 상황의 성격에 상관없이 유사한 생리 반응을 보인다는 것을 발견한 1936년의 일이다.[52] 그의 연구는 처음에는 크게 주목받지 못했지만 곧 명망을 얻었고, 그는 여러 차례 노벨상 수상자 후보로도 지명됐다.[53] 1982년 75세로 사망할 무렵 그가 발표한 스트레스 관련 간행물은 논문이 1600편, 단행본만 해도 33권이나 된다.[54] 셀리에는 스트레스를 "모든 요구에 대한 신체의 비특이성 반응"으로 정의했다.[55] 그는 자신의 베스트셀러 중 하나에서 "전투에서 부상을 입은 군인, 군인이 된 아들의 생사에 노심초사하는 어머니, 경기를 지켜보는 투기꾼—이기고 지는 것은 중요하지 않다—과 투기꾼이 돈을 건 말과 기수, 이들은 모두 스트레스 상태에 있다"고 밝혔다.[56] 셀리에는 현대인의 삶에서 스트레스가 지나치게 늘었다고 생각하느냐는 질문을 받자 이렇게 대꾸했다. "사람들은 늘 내게 그 질문을 던집니다. 그때마다 현대인의 삶을 동굴에 살던 원시인의 삶과 비교하면서 말이지요. …… 그런 사람들은 원시인도 잠을 자다가 곰에게 잡아먹히거나 굶어죽거나 따위의 걱정에 시달렸다는 사실—물론 오늘날에는 그런 걱정을 하지는 않지만요—을 잊습니다. …… 현대인들이 스트레스를 더 받지는 않습니다. 사람들이 그저 그렇게 생각할 뿐이지요."[57] 게다가 셀리에는 스트레스가 그다지 나쁜 것이 아니라는 점을 역설했다. 스트레스는 생활의 양념 같은 역할을 하기 때문이라는 것이다.[58]

앞에서 본 대로 스트레스-코앞에 닥친 시험이건 연애사건 힘든 운동이건-는 신장 꼭대기에 위치한 부신으로 하여금 코르티솔을 비롯한 호르몬을 쏟아내게 만든다.[59] 코르티솔의 기능은 몸이 활동 변화에 대비하도록 하는 것이며, 혈중 코르티솔 수치에 영향을 끼치는 것은 스트레스만이 아니다. 코르티솔 수치는 하루의 시간대에 따라서도 변한다. 가령 이 수치는 아침 7시에서 8시 사이에 가장 높아지고 밤에 가장 낮아진다. 오전의 코르티솔 증가는 몸에 일어나는 활동 변화에 대비하도록 돕는다고 여겨진다.[60] 그런데도 코르티솔 수치는 스트레스에 따라 훨씬 더 확연한 변화를 일으킴으로써 면역계를 약화시킨다. 코르티솔은 면역세포가 세균을 집어삼키거나 사이토카인을 만들거나 병든 세포를 살해하는 효과를 감소시킴으로써 면역계를 약화시키는 것이다. 이러한 변화는 잠깐 동안은 별 문제를 일으키지 않지만 스트레스가 지속될 경우 면역계는 계속 약화된 상태로 남아 있는다.

오랜 기간 동안 스트레스를 받는 사람들이 바이러스 감염에 더 취약하고, 상처 치료에도 더 많은 시간이 걸리며, 백신접종 반응도 덜하다는 증거가 존재한다.[61] 과로로 인한 극도의 피로에서 실업에 이르기까지 모든 종류의 스트레스는 면역반응을 감소시키는 요인으로 간주됐다. 심지어 허리케인과 같은 자연재해조차 면역계의 상태를 변화시킬 수 있다.[62] 100건이 넘는 임상 연구들은 스트레스가 건강을 악화시키는 요인일 수 있다고 말한다. 따라서 많은 사람이 과도한 노동으로 이루어진 생활방식이 필시 자가면역질환부터 암에 이르는 온갖 종류의 질환의 위험을 증가시킨다고 생각하게 된다.[63] 그러나 이 문제는 여전히 논란이 많다. 질병과 싸우는 능력에 영향을 미치는 요인이 하도 많아서 특정한 영향을 평가하기가 어렵기 때문이다.

스트레스와 건강 간의 관계를 알아보되, 스트레스를 받는 사람들이 운동도 덜하고 잠도 제대로 못자고 술을 마시거나 흡연을 할 가능성이 높다는 식의 다른 복잡한 요인을 보태지 않기 위해 일부 연구자들은 변수를 쉽게 통제할 수 있는 생쥐를 주로 실험 대상으로 이용한다.[64] 생쥐에게 스트레스를 주는 일은 간단하다. 위 아래로 자유롭게 뛸 수 있으나 몸을 돌릴 수는 없는 좁은 공간에 가두면 된다. 이런 유형의 제약을 쥐가 가장 활동적인 밤사이에 가하면 쥐의 면역계는 확연히 변한다. 스트레스를 받은 쥐에게 독감을 일으키면 면역반응이 지연된다. 감염된 폐로 이동하는 면역세포의 수가 줄고, 사이토카인 수치도 더 낮아진다.[65] 스트레스를 받은 쥐들에게 미리 코르티솔의 효과를 차단하는 약물을 투여하면 이들의 면역계는 정상적으로 반응한다. 이것은 스트레스와 면역이 코르티솔을 통해 직접 연계되어 있다는 강력한 증거다. 마찬가지로 포식자의 냄새나 차가운 물에서 수영하는 일 때문에 스트레스를 받은 쥐들은 칸디다 균류의 감염을 통제하는 능력이 약화된다.[66]

인간의 경우 치매를 앓는 배우자를 돌보는 일로 스트레스를 받는 고령자들은 독감백신 주사에 대한 반응이 감소했다.[67] 스트레스가 인간면역결핍바이러스에 대한 반응에 영향을 미칠 수 있다는 증거도 있다. 인간의 면역계는 결국 에이즈가 발병하기 전에 바이러스를 억제할 수 있지만 억제 기간은 사람마다 다르다. 5년 반 동안의 연구 결과, 인간면역결핍바이러스에 감염된 사람들 중 평균 이상의 스트레스를 받거나 사회적 지지를 받지 못하는 사람들에게서 에이즈가 발병할 가능성이 두 배에서 세 배 늘어난다는 것이 발견됐다.[68] 동성애자들에 대한 별도의 연구는 에이즈가 자신의 성 정체성을 숨기는 사람들에게서 더 빠르게 진행된다는 결론을 내렸다. 이유는 아직 확실히 밝혀지지 않았다.[69] 다른 많은 연구들은 스트레스를 받는 이들이 대상포진에 더 취약하다는 점을 밝혀냈다.[70] 전반적으로 볼 때 스트레스가 건강에 미치는 악영향은 생활방식과 면역계 간의 연계성을 가장 확실하게 보여준다.

스트레스뿐 아니라 다른 마음 상태 또한 면역계에 영향을 미칠 수 있다. 물론 증거는 스트레스보다 강력하지 않다.[71] 가령 경기 전에 화가 나 있거나 공격적이 되는 럭비 선수들은 혈중 사이토카인 수치의 증가를 보인다.[72] 이것은 공격성 뒤에는 대개 폭력이 벌어지기 때문에 면역계가 강화되어 있어야 상처로 들어오는 세균을 처치하는 데 도움이 된다는 관념에 잘 들어맞는다. 웃음 또한 면역계 증강에 이롭다. 병원 직원들과 함께 코미디영화를 본 당뇨 환자들은 면역계 세포 활동이 증가했다.[73] 웃음 자체가 원인일 수도 있고 아니면 웃음이 주는 친교의 감정 때문일 수도 있다.[74] 웃음이 신체에 주는 영향은 거의 파악되어 있지 않다.

많은 감정이 면역계에 영향을 '줄 수' 있지만, 스트레스의 영향은 널리 받아들여져 있는 상태이고, 이는 성인용 색칠공부 책부터 정신분석까지 스트레스를 감소시키는 실천이 면역 방어를 직접 증가시킬 수 있는가 하는 문제를 다시 제기한다. 긴장을 완화하는 방법은 많지만 면역계에 미치는 영향 때문에 주로 연구된 두 가지 사례는 태극권과 마음 챙김이다.

중국에서 무술로 발전한 태극권이나 기공 같은 운동을 하는 사람들은 느린 명상 동작을 실행한다. 태극권이 고령의 관절염 환자들의 통증과 움직임에 도움이 된다는 확실한 증거가 있다.[75] 그러나 태극권이 면역계에 영향을 미치느냐 아니냐에는 논란의 여지가 있다. 한 연구 결과에 따르면 일주일에 3회 한 시간씩 태극권 수업을 받은 고령자들은 독감 바이러스 백신에 더 효과적인 반응을 보였다.[76] 이는 흥미로운 결과지만 이러한 유형의 연구는 대개 보기보다 불안정하다. 한 가지 문제는 이와 같은 연구에 참여하는 피험자의 숫자가 극히 적다는 것이다. 앞의 고령자 연구에 참여한 사람은 고작 50명에 불과했다. 태극권 수업을 받은 27명과 받지 않은 23명을 비교한 것이다. 태극권과 건강 사이의 연계를 검증하는 다른 연구의 참여자 수도 마찬가지로 적다.[77] 이것은 신약을 대상으로 한 첫 임상실험에 등록하는 피험자의 숫자와 비슷하다. 첫 임상실험의 목적은 약물의 안전성 검증이지 효력 자체는 아니다. 약물이 신약으로 승인받기 위해서는 수천 명의 사람들을 대상으로 시험을 해야 하고 다른 처치들과의 비교 또한 필요하다.

두 번째 문제는 편향이다. 태극권이 면역반응에 미치는 효과를 테스트하는 실험 중 약 절반의 실험에서 태극권 수업을 들은 사람들이 듣지 않은 사람들에 비해 무작위로 선택되었는지의 문제가 분명치 않은 것이다.[78] 만일 수업을 들었던 사람들이 연구가 시작되기 전에도 이미 수업을 듣고 있다가 태극권을 하는 사람들의 집단으로 선정된 것에 불과하다면 관찰된 효과가 태극권 수업 자체 때문인지, 아니면 사람들로 하여금 태극권 수업을 듣게 만든 다른 공통점 때문인지 확정할 방법이 없다. 더 미묘한 문제는 대조군—수업을 듣지 않는 피험자들—이 태극권 수업이 줄 수 있는 장점들, 그러나 태극권 자체와는 실제로 상관이 없는 장점들을 드러내기 위해 수행할 수 있는 다른 활동을 경험해야 한다는 것이다. 가령 대조군에게 다른 이들과의 친교 등 태극권과 무관하되 장점이 있는 활동을 경험시켜야만 관찰된 결과가 태극권 자체 때문인지 아니면 그와 다른 친교에서 경험할 수 있는 다른 특징 때문인지를 구분할 수 있다.[79]

세 번째 문제—아마 가장 다루기 힘든 문제—는 결과를 측정하는 방법이다. 앞에서 언급했던 실험, 즉 태극권이 고령자들에게 미치는 영향을 보는 연구에서 실제로 측정한 것은 독감백신을 맞은 후 피험자의 혈중에 있던 항체 수치였다. 이것은 태극권이 면역계에 영향을 미쳤다는 점을 보여줄 수 있을지 모르지만, 항체가 증가했다는 것을 보여주는 특정 수치가 독감에 감염되는 경우 피험자의 건강에 유의미할 만큼 영향을 끼쳤는지의 여부는 알 수 없다. 이것이 다루기 까다로운 문제인 이유는 실험에 일부러 질병을 일으키는 과정이 포함되어 있어서 실제 질환에 대한 반응을 검증할 수 있는, 윤리적으로 타당한 실험을 설계하기가 쉽지 않기 때문이다.

결국 16건의 임상실험을 검토한 결론은 다음과 같다. "기존 연구들의 방법론적 결함 때문에 더 적극적으로 설계를 거친 실험, 즉 위약효과를 통제한 무작위 대규모 실험이 필요하다."[80] 태극권과 기공과 명상과 요가의 효과를 살펴보는 34건의 실험에 대한 또 다른 분석 역시 유사한 결론을 내렸다. 즉 이러한 활동들은 면역계의 일부 표지자에 긍정적인 영향을 미칠 수 있으나, 실제 감염이 일어날 경우 면역이 개선되는지의 여부를 결정할 만큼 충분한 정보가 없다는 것이다.[81] 미국 국립보건원과 국민건강보험은 태권도가 다양한 건강상의 장점이 '있을 수 있다'고 권고하는 정도에 그친다.[82]

태극권에 장점이 있을 수 있다는 것, 그것이 우리가 실제로 알고 있는 전부다. 내 아이들이 나와 아내에게 가정용 트램펄린을 사달라고 졸랐을 때 이들이 내건 근거는 트램펄린 위에서 폴짝거리고 뛰는 것이 건강상의 이점이 크다는 증거가 있다는 것이었다. 아이들은 미국 항공우주국[NASA]이 이를 입증했다고 우겼다. 나사가 한 연구라는 말에 놀란 나는 실험 결과를 찾아보았다. 하지만 그 연구는 인간을 달에 보내기 위해 설계했던 실험만큼 엄정한 노력을 쏟아 부은 실험이 전혀 아니었고, 고작 여덟 명의 학생을 피험자로 삼은 실험에 불과했다.[83] 피험자 수가 일단 너무 적었고 여성 피험자도 전혀 없을 뿐 아니라, 여덟 명의 학생 모두 똑같은 나이키 신발을 지급받았다. 만일 이들이 다른 신발을 신었거나 아예 신지 않았더라면 결과가 달라졌을까? 그 어떤 단일 연구도 확정적이지 않다. 특정한 실험에서 사용한 특정 사항들이 결과에 영향을 미쳤을 가능성을 배제한 상태에서 믿을 수 있는 실험 결과를 얻으려면 다른 과학자들이 같은 연구를 되풀이해야 하고, 똑같은 결과를 성공적으로 산출해야 한다. 아내와 나는 아이들에게 가정용 트램펄린에 장점이 있을 수는 있지만 안전상의 위험 역시 똑같이 존재한다는 점을 지적해주었다.[84]

결국 트램펄린을 사고 안 사고의 문제는 여러분이 혹은 여러분의 부모가 결정할 문제다. 그리고 건강상의 이점을 제공한다고 여겨지는 일부의 것들―가령 트램펄린 같은 것―의 경우 결정은 사용자 각자가 내리는 게 적절해 보인다. 그러나 약물은 다르다. 약물에 대한 결정을 환자가 내릴 수는 없는 노릇이다. 우리는 약물에 효력이 있는지, 그리고 언제 효력이 있는지에 관해 알려줄 엄정한 임상실험을 원한다. 태극권 같은 활동들은 트램펄린과 약물 사이 어딘가에 위치할 것이다.

태극권과 트램펄린의 차이는 태극권이 운동 방법뿐 아니라 건강에 대한 이야기를 제공해준다는 점이다. 태극권 운동에 대한 이야기가 하나 있다. 태극권을 하는 사람들은 기의 균형을 맞추기 위해 몸 주변의 에너지를 움직이는 일에 관해 이야기한다. 이야기의 힘 또한 치료의 일부다. 병명을 짓는 작업이 중요한 이유는 바로 이 때문이고, 의사들의 병상 매너, 환자에게 병을 설명하는 일 그리고 병을 다루는 태도 등이 환자들의 반응 방식에 그토록 중요한 영향을 끼칠 수 있는 것 또한 이 때문이다. 태극권의 이 힘─태극권에 담긴 이야기의 힘─은 수량화하기 어렵다.

다른 예를 들어보자. 최근 건강 증진과 관련해 비종교적 형태의 명상인 마음 챙김에 대한 관심이 크게 증가했다. 1979년 매사추세츠 의과대학교의 존 카밧진Jon Kabat-Zinn─그의 아버지는 면역학자였다[85]─이 개발한 마음 챙김 명상은 순간순간의 깨달음을 주기 위해 주의를 한곳으로 모으는 기술을 사용한다. 코미디언이자 작가이자 마음 챙김 전문가인 루비 왁스Ruby Wax는 이렇게 말한다. "마음 챙김은 주의를 기울이는 능력을 연마하는 것이다. 무언가에 주의를 기울일 때 부정적인 생각은 잠잠해진다."[86]

총 3515명의 참가자들을 검사한 47건의 실험을 검토한 결론은 마음 챙김이 스트레스와 불안과 우울증과 통증의 부정적 효과를 실제로 퇴치할 수 있다는 것이다. 그 효과는 크진 않지만 항우울증제로 볼 수 있는 효과와 대체로 유사하다.[87] 마음 챙김과 항우울증제를 직접 비교한 한 임상실험 결과, 둘 다 만성 우울증을 겪는 환자의 상태가 비슷한 정도로 호전됐다.[88]

마음 챙김은 사람들이 우울증이나 불안에 대처할 수 있도록 돕지만, 일상의 스트레스에 대처하는 방법으로 더 널리 실행된다. 열혈 지지자들에게 마음 챙김은 현대의 특징적 문제인 주의력 산만에 대한 이상적인 해결책이다.[89] 태극권과 마찬가지로 마음 챙김을 실행함으로써 스트레스를 줄이는 것은 코르티솔 수치를 떨어뜨려 결국 면역계를 증강시킨다고 가정할 수도 있을 것이다. 그리고 2016년 총 1602명의 참가자들이 참여한 20건의 실험 분석은 바로 이러한 가설을 테스트했다.[90]

마음 챙김은 실제로 인간면역결핍바이러스 진단을 받는 사람들이 보이는 염증의 일부 표지자를 약화시키고 특정 T세포의 숫자를 늘린다고 밝혀졌다. 하지만 다른 기준들—가령 혈중 사이토카인이나 항체 수치—은 영향을 받았다고 보고한 연구도 있었고, 그렇지 않다고 보고한 연구도 있었다. 실험자들은 다음과 같은 결론을 내렸다. "마음 챙김 명상이 면역계의 역학에 긍정적인 영향을 미친다는 점을 과장해서는 안 된다. 동일한 결과가 더 축적되고 추가 연구가 실행될 때까지는 신중해야 한다."[91] 사실 마음 챙김이 코르티솔 수치에 영향을 끼치는지의 여부는 명확하지 않다. 실험들마다 상이한 결론을 내렸기 때문이다.[92] 만족할 만한 정도는 아니지만 우리가 지금까지 알고 있는 것은 마음 챙김이 도움이 '될 수도 있다'는 것 정도다.

태극권이나 마음 챙김이 면역계를 증강시킬 수 있다는 것을 아직 확실히 알 수 없는 이유 중 하나는 이를 찾아내는 비용이 어마어마하기 때문이다. 결과가 긍정적일 경우 미국 식품의약국의 승인을 끌어낼 만큼 대규모의 임상실험을 해보려면 대략 4000만 달러가 필요하다. 제약회사들은 잠재력이 보이는 약물에 대해서는 거액의 돈이라도 검증 실험에 선뜻 투자하려 한다. 하지만 누가 특허도 없는 태극권 같은 활동을 검증하겠다고 그 많은 돈을 낸단 말인가. 그럴 수도 없고, 그럴 필요도 없다.

코르티솔 그리고 그 파생 물질의 의학적 중요성은 분명하지만, 우리의 몸과 뇌와 행동이 각각 서로 어떻게 영향을 주고받는가 하는 문제에서는 아직 파악해야 할 게 훨씬 더 많다. 분명 면역계는 몸과 다른 유기체 간의 상호관계의 영역일 뿐 아니라, 몸과 정신 그리고 신체적 안녕과 정신적 안녕 간의 상호작용의 영역이기도 하다. 게다가 면역계는 우리를 태양계와도 이어주고 있다. 다음 장에서는 시간 및 공간과 면역계와의 관계를 살펴볼 것이다.

6_____ 한 사람의 고유 역사를 담은 면역계

우리의 삶은 낮의 빛과 밤의 어둠을 통해 시간과 엮인다. 지구의 반복되는 자전으로 우리는 작열하는 태양과 텅 빈 어둠을 번갈아 가며 만난다. 따라서 우리가 살고 있는 환경의 거의 모든 것들은 24시간의 주기를 따르며, 우리는 환경의 예측 가능한 진동에 맞춰 생활의 리듬을 조율한다. 사실 동물과 식물, 박테리아와 균류를 비롯한 지구상의 모든 생명체는 이 동일한 리듬, 지구의 자전을 통해 25억여 년 전에 생명계에 확립된 리듬에 따라 살아간다.[1]

그러나 우리의 유전자와 단백질과 세포, 조직의 활동 고저에 영향을 끼치는 것은 밤과 낮의 주기뿐만이 아니다. 신체 각각의 활동은 자체의 특징적 주기를 갖고 있고, 이 때문에 인간의 몸은 마치 파도가 출렁이듯이 오르락내리락하는 온갖 종류의 부침을 겪는다. 인간의 몸이 가장 깊은 수면 상태에 빠지는 시각은 새벽 2시다. 체온이 가장 낮아지는 때는 4시 30분, 테스토스테론의 분비가 최고점에 이르는 것은 아침 8시 30분이다. 반응시간이 가장 빠른 시각은 오후 3시 30분이며, 혈압이 가장 높을 때는 오후 6시 30분이다.[2] 성관계를 맺기 가장 좋은 시각은 명백히 밤 10시다.[3]

우리 몸이 지닌 일상의 리듬은 다양한 방식으로 건강과 안녕에 영향을 끼친다. 근로 중의 사고는 밤 시간대에 더 자주 일어난다.[4] 차량 충돌사고가 가장 자주 일어나는 시각은 새벽 3시경이다.[5] 체르노빌 핵 참사와 엑손발데즈 유조선 기름 누출과 같은 심각한 재난도 밤에 일어나는 경향이 크다.[6] 수술 결과 또한 하루 중의 시간대에 따라 달라질 수 있다. 환자들은 치료(가령 마취제 투여)가 시작되면 오후에 문제가 더 많이 생긴다. 물론 이러한 문제는 심각한 것이라기보다는 수술 후의 구토나 통증이 약간 증가하는 정도에 그친다.[7] 그러나 이러한 증상 이면에 숨겨진 근본 원인을 확실히 알기란 쉽지 않다. 가령 수술의 성공이나 실패 여부는 수술을 집도하는 의사의 스트레스나 피로도, 특정 시간대의 고난이도 수술 스케줄, 환자의 치료 수용 능력의 변화, 혹은 수술하는 의사의 생체리듬이 초래하는 각성 상태에 영향을 받을 수 있다.

하루 중의 특정 시간이 직접적으로 면역계에 영향을 끼치는지의 여부와 그 방식을 검증하려면 이러한 많은 변수를 제거해야 한다. 결국 그 번거로움 때문에 과학자들은 대부분 동물을 대상으로 연구를 한다. 감염에 대한 생쥐의 면역반응이 하루 중의 감염 시간대에 따라 달라진다는 증거는 많다. 생쥐는 야행성 동물이다. 생쥐가 강력한 면역반응을 일으킨 것은 아침 10시에 살모넬라 박테리아를 주입받았을 때다. 이 시간대는 생쥐가 비교적 일찍 일어날 때다. 이들의 활동 시간대인 밤 10시에 박테리아 감염을 시킬 경우 면역반응은 아침에 비해 감소한다.[8] 또 다른 실험에서도 폐렴 박테리아에 감염된 생쥐는 아침에 가장 강력한 면역반응을 보였다.[9] 생쥐의 면역계 전반, 아니면 최소한 특정 유형의 박테리아에 반응하는 힘은 이들이 자고 난 다음인 낮 동안에 더 강력하다. 넓은 범위에서 인간도 크게 다르지 않다. 인간의 면역계 또한 휴식 시간대인 밤에 더 강력해진다.

인간의 면역계가 밤 시간대에 가장 강력해지는 이유 중 하나는 앞장에서 살펴본 대로, 면역억제 호르몬인 코르티솔이 밤 동안 낮게 유지되기 때문이다. 또 하나의 이유는 많은 유형의 면역세포가 밤 시간대에 혈액 속에 더 많이 흘러 다니기 때문이다. 그러나 소수 면역세포의 경우 완전히 반대인 경우도 있다. 가령 일부 유형의 T세포의 혈중 수치는 낮 동안이 더 높다.[10] 따라서 면역계의 활동이 밤에 더 많다거나 낮에 더 많다는 식의 이분법은 정교함이 떨어지는 섣부른 일반화다. 별로 효과적인 설명은 아니지만 그래도 정확성을 기해 말하자면 인간의 면역계는 밤과 낮에 '각각 다른 상태'에 있다.

우리의 면역계가 이런 식으로 진화한 것은 서로 다른 시간에 우리 몸을 공격하는 세균에 대처하기 위해서일 수도 있다. 가령 질병을 유발하는 수많은 모기는 주로 밤에 활동하므로 모기에 물리는 인간의 면역계 또한 모기가 옮기는 말라리아 기생충과 그 외에 다른 세균을 밤에 활발히 처리해야 이득을 볼 수 있다. 하지만 문제는 그리 간단치 않다. 일부 모기는 낮에 주로 활동하기 때문이다. 가령 뎅기열과 지카 바이러스를 옮기는 모기, 그리고 아시아에서 말라리아를 옮기는 모기 중 일부는 낮이나 황혼녘에 사람을 문다. 인간의 면역계가 낮과 밤에 상태를 바꿔가며 상이한 유형의 세균과 싸운다는 생각은 직접 검증하기 쉽지 않다.[11] 심지어 생체시계가 몸에 도움을 주기는커녕 불리하게 작용할 수도 있다. 다른 생명체의 몸을 여기저기 옮겨 다녀야 하는 기생충은 모기가 그 생명체를 물어 자신을 수송해주어야 원하는 생명체 속으로 들어가 기생할 수 있다. 이 경우 기생충은 밤 시간대 몸의 변화를, 피부에 모여 모기의 도착에 대비하기 위한 신호로 이용할 수 있다.[12] 칠면조에서 발견되는 조류 기생충은 곤충에게 발견되기 위해 칠면조 몸속에서 자리를 바꿔 다닌다고 알려져 있다.[13]

우리의 면역계가 낮과 밤에 다르게 행동하는 현상을 설명해줄 또 하나의 가설은 한 과학자의 말대로 그저 달리 "선택의 여지가 없기"때문이라는 것이다.[14] 틸 뢰네베르크^Till Roenneberg라는 연구자의 말대로 "수면의 기능은 우리로 하여금 잘 깨어 있게 해주는 것"이다.[15] 이러한 관점에서 보면 우리의 면역계는 어떤 특별한 이점 때문에 낮과 밤에 다르게 반응하도록 진화한 것이 아니라, 몸이 에너지 사용을 최적화하도록 24시간 주기로 진화한 부작용의 산물일 수도 있다. 오늘날의 대체적 합의는 우리의 유전자 전체 중 10~15퍼센트는 낮과 밤에 따라 활동을 달리한다는 것이며, 이는 주로 몸의 신진대사를 조율하기 위한 것이고, 그 결과 면역계를 비롯한 신체 과정 전체가 그 영향을 받고 있다는 것 정도다.

이러한 변화가 면역계 자체를 이롭게 하는 쪽으로 진화해왔는지 아닌지는 알 수 없지만 어쨌건 이러한 변화는 많은 결과를 초래한다. 가령 폐 기도에 돌연 염증이 생겨 나타나는 천식 증상은 밤에 더 흔하며, 천식으로 인한 돌연사는 대개 새벽 4시경에 발생한다.[16] 요산 결정이 관절이나 힘줄에 쌓일 때 원치 않는 면역반응이 나타나 생기는 관절 부위 염증인 통풍 또한 밤 시간대에 악화된다.[17] 반면 류머티즘관절염 환자들은 관절이 경직되는 증상이 아침에 더 심해진다. 밤 동안에 면역을 자극하는 사이토카인이 쌓이는 반면, 억제하는 호르몬인 코르티솔이 감소하는 작용 때문이다.[18]

면역계와 직접적인 연관성이 적은 질환들도 영향을 받는다. 이유는 분명치 않지만 편두통은 대개 낮의 특정 시간대에 주로 발생하며 흔히 아침에 가장 심하고, 치통이 가장 심한 시간대는 밤 9시경이다.[19] 돌연한 심장사는 아침 9시에서 11시 사이에 더 많이 일어나며, 측두엽 간질로 인한 발작은 오후 3시에서 저녁 7시 사이에 빈번하다.[20] 요컨대 많은 질환의 증상들은 밤이나 낮의 시간대에 따라 다르게 나타나지만 각각의 현상이 어떻게 이러한 영향을 받는지 알려주는 단순한 규칙은 전혀 없다. 그저 다르게 영향을 받는다고 말할 수밖에 없다.

인간의 생체시계를 조절하는 각각의 메커니즘

우리 몸의 24시간 주기는 생리작용을 이루는 매우 중요하고 영향력이 큰 측면이라 여기에 교란이 생기면 해로울 수 있다. 누구나 아는 것처럼 시차증후군은 피로감 이상이다. 시차증후군은 몸이 빛과 어둠, 활동과 휴식의 새로운 스케줄에 적응해야 하는 데서 생긴다. 한 실험에서 반복되는 시차증후군을 생쥐에게 유도했다. 방법은 이들의 '낮' 시간을 인위적으로 조절해 열흘 동안 이틀에 한 번 8시간씩 앞당기는 것이었다. 그 결과 쥐들의 건강에 이상이 생겼다. 시차증후군을 겪는 생쥐의 몸에서는 종양의 성장 속도도 빨랐고 따라서 암에 대한 생존율도 감소했다.[21] 인간의 경우 장기적인 야근은 유방암 위험을 증가시킨다고 여겨졌다.[22] 하지만 이러한 연관성이 밝혀져도 구체적인 규제나 지침은 나오지 않았다. 그 이유는 이 결과가 아직 논란의 여지가 있기 때문이다. 야근을 한 사람들에게서 유방암 위험이 증가한 것은 30년 이상 야간에 일을 한 사람들에게서만 명백하게 나타나는 현상이었고, 운동부족 같은 다른 요인 또한 병의 증가에 유의미한 원인일 수 있기 때문이다.[23]

야간 근무가 사람들에게 끼치는 영향을 보다 통제된 상황에서 알아보기 위해 피험자들을 수면 습관이 10시간씩 지연되는 환경에서 6일 동안 지내게 했다.[24] 이러한 조치로 지원자들의 면역계는 어떤 부분은 변화했고 다른 부분은 변화하지 않았다. 가령 면역세포가 사이토카인을 최대로 분비하는 시간은 바뀌었지만, 또 다른 유형의 면역세포는 여전히 밤 시간대에 혈액 속에 더 많았다. 이렇듯 복잡한 결과가 나오는 이유 중 하나는 인간의 몸에 존재하는 시간 체계가 한 가지만이 아니기 때문이다. 우리 몸속에서는 여러 개의 시계가 동시에 돌아간다. 대부분 이 시계들은 서로 동일하게 맞춰져 있으나 각각의 시계마다 자체의 메커니즘이 있어서 독립적인 리듬으로 돌아간다.

생체시계 중 오케스트라의 지휘자 역할을 하는 중추시계는 뇌 아래쪽의 시상하부 속 약 2만 개의 신경세포다. 이곳은 눈에서 직접 신호를 받는다. 눈 뒤쪽에 위치한 수백만 개의 빛 감지 세포를 간상체와 추상체라고 하는데, 이들이 외부 세계에서 모자이크 조각처럼 들어온 상을 포착해 모아들여 시각을 제공한다. 그런데 시상하부 속 중추시계는 어떤 다른 것에 맞춰져 있다. 1991년에 진행한 실험은 두 눈이 외부 세상과 관련된 정보를 전달받을 때 보이는 것만 전달받는 게 아니라는 것을 시사했다. 간상체와 추상체가 고장 나 장님이 된 생쥐도 빛과 어둠의 주기에 따라 생체시계를 조율할 수 있다는 사실이 밝혀진 것이다.[25] 당시 영국의 공립대학인 임페리얼칼리지런던에서 이를 발견한 러셀 포스터Russell Foster는 이것으로 간상체와 추상체와 다른 유형의 세포가 눈 속에 있는 게 틀림없다고 주장했다. 그는 이 세포의 목적은 세계 속 대상의 상을 형성하는 눈의 작용을 돕는 게 아니라, 단지 얼마나 많은 빛이 존재하는지—다시 말해 광도—만 감지하는 일을 전문으로 하는 수용체를 통해 생체시계를 조절하는 것이라는 의견을 내놓았다.

기성 과학계는 포스터의 가설에 다음과 같은 반응을 내놓았다. "이봐요. 우리가 눈을 연구해온 세월이 자그마치 150년이요. 그런데 당신은 우리가 정말 그렇게 엄청난 걸 놓쳤다고 말하는 거요? 제정신이요?"[26] 이 가설을 검증하기 위해 제출한 포스터의 지원금 신청서는 거절당했다. 언젠가 한번은 그의 발표 중 하나를 듣고 있던 관객 중 하나가 "실없는 소리!"라고 고함치며 발표장을 나가버린 적도 있다. 그러나 포스터는 친구인 찰스 다윈의 가설을 옹호하기 위해 19세기 내내 기성 과학계와 싸운 토머스 헨리 헉슬리[Thomas Henry Huxley]의 이야기에서 위안을 얻었다. 결국 헉슬리가 살았던 시절에도 그랬듯이 포스터의 가설에 유리한 쪽으로 증거가 쌓여갔다. 과학계는 눈 뒤쪽에 있는 소수의 세포들이 시각 대상의 상을 형성하기 위해서가 아니라 주변 환경의 밝기—뇌가 24시간 메트로놈으로 사용하는 정보—에 반응하기 위해 존재한다는 그의 생각—한때 이단시되었던 생각—을 받아들이기에 이르렀다.[27]

나는 포스터의 생각이 옳다고 입증된 직후인 1999년에 그를 만났다. 당시 나는 임페리얼칼리지런던에 있는 그의 연구실 두 층 위에 새 연구실을 꾸리고 있었다. 그의 조언은 가능하면 연구 자금 지원을 많이 해야 한다는 것, 그중 일부는 아주 긴급한 연구로 신청해야 한다는 것이었다. 어떤 신청서로 지원을 받을 수 있을지 알 수 없는 노릇이기 때문이라고 했다. 포스터는 자신의 가설을 결국 입증해낸 경험 덕분에 "안에서 너를 들여놓아줄 때까지 그 망할 놈의 문짝을 끊임없이 두드려야 한다는 생각이 더 강해졌다"라고 말

하곤 했다.[28]

포스터가 발견한 대로 시상하부 속 시계는 눈 속의 특별한 세포에서 신호를 받지만 이 작용이 몸의 리듬을 모두 책임지고 추진하는 것은 아니다. 시상하부 시계는 지휘자로서 관현악단 단원들의 조화로운 연주를 책임지지만 연주자들—우리 몸의 세포와 조직 나머지 전부—은 우리 몸의 유전자와 단백질이 증감을 되풀이함에 따라 각자 자신의 시간을 지키고 있다. 심지어 핵이나 유전자를 전혀 갖고 있지 않은 적혈구조차도 외부 신호 하나 없이 수일 동안 활동을 변화시킨다.[29] 야근자들의 문제는 이들의 활동과 소화와 수면 시간이 바뀌면서 다양한 조직과 장기에서 돌아가는 시계가 영향을 받는데, 뇌 속의 중추시계는 과거와 마찬가지로 계속해서 낮과 밤의 빛과 어둠에 맞춰 돌아간다는 것이다. 지휘자와 관현악단의 조화가 깨져버리는 것이다. 가령 우리 몸의 시계 전체가 바뀌어 새로운 24시간 주기에 적응하면 시차증후군은 사라진다. 그러나 야간 근무에 몸이 적응하는 간단한 방법은 없다. 왜냐하면 일부 조직과 장기에서 돌아가는 시계가 늘 시상하부의 시계와 맞지 않아 버리기 때문이다.

우주 공간이라는 극단적 환경에 처한 신체의 반응을 살펴보면 몸의 시계를 붕괴시키는 것이 어떤 결과를 초래하는지가 확연히 드러난다. 국제우주정거장은 지구 주위를 시속 약 1만 7000마일의 속도로 돈다. 따라서 우주비행사들은 45분 동안은 태양빛에 노출된 뒤 45분 동안은 어둠에 노출된다. 빛과 어둠을 기준으로 볼 때 우리가 지구에서 하루를 보내는 동안 우주정거장에서는 16일이 쌩하고 지나가는 것이다(우주왕복선은 초속 7.9킬로미터의 속도로 지구를 돈다. 지구궤도의 길이가 약 4만 3000킬로미터이므로, 90분마다 한 번씩 지구를 도는 셈이다. 이것이 우주왕복선에서의 하루다. 우주왕복선에서는 45분마다 낮과 밤이 바뀌고, 24시간 동안 16번이나 해가 뜨고 지는 것을 볼 수 있다-옮긴이). 우주왕복선 미션을 수행하는 64명의 우주비행사들과 국제우주정거장에 있는 21명의 우주비행사들을 조사한 결과 대부분이 수면 보조제를 복용한다는 사실이 밝혀졌다.[30] 우주정거장의 우주비행사들에게서 6개월 동안 여러 차례 채취한 혈액을 검사한 결과에 따르면, 이들의 면역계는 어떻게 측정해도 교란 상태에 있었다.[31] 몸속 많은 유형의 면역세포들이 재분포되었고, 활성최저한계 activation threshold 도 바뀌었으며, T세포의 반응성 또한 감소했다.[32]

지금까지 알려진 바로는 우주에서 암이나 자가면역질환에 걸린 사람은 아무도 없다.[33] 나사는 업무로 인한 암 위험률이 3퍼센트 이상이 되어서는 안 된다는 자체 규정을 갖고 있다.[34] 하지만 통념과 달리 우주비행사는 우주 환경에서 건강상의 문제를 겪는다.[35] 이러한 문제들이 우주에 오기 전의 감염에서 비롯된 것일 확률은 극히 적다. 초창기 미션 이후 감염 상태로 우주에 가는 일을 예방하는 조치를 취해왔기 때문이다. 1970년 4월 11일 아폴로 13호가 발사되기 3일 전, 사령선 조종사가 켄 매팅리Ken Mattingly에서 대체 인력이었던 조종사 존 스위거트John Swigert로 바뀌었다. 다른 아폴로 우주선 조종사 찰리 듀크Charlie Duke가 감염되었던 동일한 홍역 바이러스에 매팅리 또한 노출되었다는 사실이 발견되었기 때문이다. 산소 탱크 폭발로 달 착륙에 실패한 이 미션에 참여하지 못한 것은 결과만 보면 매팅리에게는 행운이었다. 훗날 그는 아폴로 16호를 타고 달로 갔다.

우주비행사의 경우 새로운 감염으로 인해 병에 걸리지는 않지만 이미 몸속에 잠복해 있던 바이러스가 다시 활성화되는 경우가 많다. 이는 수두 바이러스가 몸속에 잠복해 있다가 나중에 대상포진을 일으키는 것과 같은 원리다. 잠복해 있던 바이러스가 다시 활동을 시작하는 이유는 우주비행사의 면역계가 더 이상 제어되지 않는 상태일 수 있기 때문이다. 장기 및 단기 미션을 수행했던 우주비행사들은 대개 온갖 종류의 바이러스(시토메갈로바이러스, 엡스타인바바이러스, 그리고 헤르페스바이러스)의 재활성화를 보였다.[36] 지금껏 알려진 바로는 바이러스의 활성화 문제로 우주에서 임상 문제를 일으킨 우주비행사는 없다. 다시 말해 바이러스가 재활성화되고 증식해도 우주비행사는 그 어떤 증상도 보이지 않았다는 뜻이다. 그게 아니라면 우주비행과 관련된 개인 의료기록 보호 규정이나 그 밖의 다른 규정 때문에 실제로 문제가 발생했더라도 그것을 밝히는 일이 불가능할 수 있다.

우주정거장에서 근무하는 다수의 승무원에게서는 잠복해 있던 바이러스의 재활성화뿐 아니라 피부발진도 일어났다. 어느 혈액 샘플 분석 사례의 경우 발진은 T세포 감소와 혈중 사이토카인 수치 변화를 비롯한 면역계의 변화로 일어난다.[37] 해당 우주비행사의 경우 발진은 알레르기 반응을 나타내는 눈의 가려움증과 눈물 그리고 재채기 증상과 동시에 나타났다. 이는 우주비행으로 인한 면역계 붕괴가 원인이라는 게 분명했다. 이 우주비행사는 지구에서는 이 같은 문제를 한 번도 겪은 적이 없었고 지구로 귀환한 지 며칠 내로 증상은 말끔히 사라졌다. 증상이 가장 악화된 것은 우주 유영 직후처럼 스트레스가 많은 임무를 수행할 때였다. 이는 스트레스가 알레르기 반응을 악화시키는 경향이 있다는 이론에 잘 들어맞는다.[38]

우주에서 알레르기는 드물지 않다. 알레르기 효과를 억제하는 데 쓰는 항히스타민제는 수면제 다음으로 우주인들이 가장 많이 복용하는 약물이다.[39] 적어도 한 번은 항히스타민제가 다 떨어지는 바람에 다음 번 우주왕복선 도킹 때 이 약물을 전보다 더 많이 실어 보낸 사례가 있다. 따라서 장기 우주 미션의 심각한 걱정거리는 알레르기, 잠복 바이러스의 부활 그리고 필시 자가면역질환이나 암 발병인 듯하다. 나사의 면역 관련 제반 사항을 책임지는 '꿈의 직업'을 갖고 있는 브라이언 크루션[Brian Crucian]은 화성 탐사에서 비슷한 문제가 대두될 수 있다고 생각한다. 그러나 그의 말에 의하면 이것이 우주비행이 신체에 미치는 많은 다른 영향보다 더 큰 문제인지는 확실하지 않다. 우주 환경에 놓인 신체는 면역 관련 변화뿐 아니라 골 소실, 근육 소실, 심혈관 문제, 시각 손상과 심리적 스트레스도 겪는다.[40] 요컨대 우리는 우주에 살기 적합한 존재가 아닌 것이다. 인간의 신체는 지구 환경에 적응해 살도록 진화해왔다.

우리 몸은 지구 표면에서 느끼는 중력과 24시간 밤낮의 주기, 사회 내에서 상호작용하는 방식 등에 맞춰 살도록 조율되어 있는 것이다. 우리가 만일 태양계 내 지구 이외의 다른 곳에 정착할 계획을 현실로 만들고자 한다면 아마 면역계와 많은 다른 신체 시스템이 우리가 지구를 떠나지 않았다고 생각할 수 있도록 이들을 잘 속여야만 할 것이다.

우주 환경이 인간의 신체에 미치는 많은 악영향이 있는데도 자신의 연구에 관해 말하는 크루션의 목소리에는 짜릿한 흥분감이 서려 있다. 장기적 우주비행의 어려움이 크다 해도 그 과정에서 인간의 건강에 관해 배울 수 있는 것이 많기 때문이다.[41] 스트레스와 고립과 감금에 가까울 만큼 제약이 많은 환경, 영양이나 운동이나 수면의 변화, 빛과 어둠의 특이한 주기 때문에 초래되는 건강상의 문제를 연구하는 것—우주뿐 아니라 지구에도 이러한 극한의 환경은 존재한다. 한해에 4개월은 완전한 암흑 상태인데다 가장 가까운 인간 접촉 지점이 600킬로미터나 되는 남극의 콩코르디아 연구기지Concordia research station 같은 장소가 그렇다—은 당연히 인류 전체에 의학적 혜택을 주는 결과로 이어진다. 새로운 치료책은 대개 연구소와 제약회사와 의과대학에서 나오지만, 나사의 우주탐사 프로젝트처럼 전혀 예상치 못한 곳에서 나타날 수도 있다.

생체리듬에 대한 지식은 이미 약물 투약 시간과 관련된 정보의 가능성을 키워놓았다. 질병 증상과 면역계의 활동이 낮과 밤 동안 변화를 겪기 때문에 약물 투약 시간을 하루 중 특정 시간대로 정하는 것이 가장 이롭다. 천식 환자의 경우 흡입용 스테로이드제는 하루 한 차례 오후 3시에서 5시 30분 사이에 투여하는 것이 아침 8시에 투여하는 것보다 낫다고 밝혀졌다. 실제로 약을 오후에 투여했더니 약을 하루 네 번 복용하는 것과 같은 효과가 나타났다.[42] 콜레스테롤 수치를 낮춤으로써 심장병을 예방하는 처방약인 스타틴은 대개 대부분의 콜레스테롤이 생성되는 밤 시간대에 투약한다(물론 이 투약의 중요성은 처방하는 스타틴이 어떤 것인가에 따라 다르긴 하다).[43] 제시간대에 약물을 투약하는 것은 오늘날의 관행을 통해 우리가 알고 있는 것보다 광범위한 중요성을 띤다. 미국 내에서 가장 많이 판매되는 상위 약물 100가지 중 56개─여기에는 최고로 많이 팔리는 약물 일곱 개가 포함된다─가 하루 중 특정 시간대에 맞춰 활동이 변하는 유전자들의 산물을 표적으로 삼기 때문이다.[44] 최고로 많이 팔리는 이 약물들 중 절반가량은 복용 후 짧은 시간 동안만 몸에서 활발하게 작용하므로, 약물의 효과가 가장 클 때에 맞춰 약을 복용하는 것은 실제로 치료 효과를 높일 수 있다.

환자들에게 약물 복용 시간대를 특정해줄 경우 나타나는 한 가지 문제점은 장기 질환을 앓는 환자들의 약 절반이 이미 약물을 처방대로 복용하고 있지 않다는 것이다.[45] 약물 복용 시간이 복잡할 경우 제대로 복용이 이루어지지 않을 확률이 높다. 해결책 하나는 약물 전달을 아예 자동화하는 것이다. 머지않아 부드럽고 잘 늘어나는 젤 같은 반창고에 마이크로칩과 약물 전달 관을 장착해 사용하면 피부의 온도 같은 신체 정보에 대응해 약물을 프로그램화

해 투여할 수 있을 것이다.[46]

　　오늘날 시간에 맞춰 약물 투약을 실행하는 분야 중 하나는 백신접종이다.[47] 어느 연구에 따르면 A형 간염백신의 경우 오후보다는 아침에 투여할 때 더 강력한 면역반응이 나타났다.[48] 하지만 이 소규모 실험에서는 백신 투여 시간을 무작위로 배정하지 않았으므로 다른 요인이 작용했는지의 여부를 확실히 알 수 없다. 예컨대 특정한 사람들이 아침 시간대에 백신접종을 받기를 선호하는 성향이 있고, 그 요인이 백신접종에 대한 면역반응에 영향을 미칠 수도 있다는 말이다. 왜 그런지 알 수는 없지만 아침에 백신접종을 하는 경우 남성들에게만 이롭다는 점이 밝혀진 바 있다. 반면 여성들은 아침이나 오후 어느 때 접종을 해도 반응이 비슷했다. 이런 결과를 보면 신체의 리듬이 여성과 남성의 면역계에서 서로 다른 결과를 초래한다고 볼 수도 있다. 하지만 이 문제가 본격적으로 연구 대상이 된 적은 없다.[49] 대체로 하루의 특정 시간대에 백신을 접종할 경우의 유용성은 아직 전적으로 수용된 바 없다. 가령 또 다른 소규모 연구는 B형 간염백신의 경우 아침이나 오후 중 아무 때나 투여해도 효력이 같다는 것을 보여주었다.[50] 일반적으로 말해 소규모 연구들은 새로 나타난 가설이 비현실적인 것으로 보이게 할 수도, 아니면 희망 섞인 전망을 주는 것으로 보이게 할 수도 있다. 약물투여 방식의 간단한 변화가 의미심장한 이점을 갖고 있는지의 여부를 제대로 검증하려면 대규모 연구가 필요하다.

　　하루 중 상이한 시간대에 따른 기존 백신의 효력을 검증하는 과학자들도 있고, 설계 때부터 하루 신체 주기의 이점을 활용하는 백신을 만들려는 과학자들도 있다. 톨유사수용체 같은 특정 면역 세포 수용체를 표적으로 반응을 일으키는 애주번트를 이용하면 백신의 효과를 향상시킬 수 있다는 점은 앞에서 이미 살펴보았다. 이러한 백신은 톨유사수용체가 반응을 특히 잘하는 특정 시간대에 투여하면 더 큰 효과를 낼 수도 있다. 생쥐 실험에서는 그 효력이 이미 검증됐다.[51] 특정 톨유사수용체를 통해 작용하는 애주번트를 포함한 백신을 맞은 생쥐의 경우 백신을 톨유사수용체가 최적으로 반응하는 한밤중에 맞았을 때 가장 큰 반응을 보였다. 한밤중에 백신접종을 받은 쥐들은 수주일이 지나도 여전히 향상된 면역 상태를 유지했다. 인간 또한 비슷한 반응을 보일 가능성이 있다. 이런 식으로 비용을 거의 들이지 않고 약물의 효과를 조금만 개선해도 수백 명, 심지어 수천 명의 건강과 수명을 향상시킬 수 있을 것이다. 시간은 결국 생명체를 죽인다. 하지만 그때까지는 치료에 기여할 수도 있다.

노화란 고유한 개체가 되어간다는 것

20세기 인류는 역사상 가장 위대한 업적을 일구어냈고 이제 그것은 시간과 인간의 관계까지 바꾸어놓고 있다. 그 업적이란 수명연장이다. 동아시아는 수명연장이 가장 극적으로 이루어진 지역이다. 1950년에 동아시아 지역에서 태어난 사람들의 기대수명은 45세에 불과했지만 오늘날의 기대수명은 74세가 넘는다.[52] 수명 증가의 원인 중 하나는 아동 사망률의 감소지만, 일반적인 평균수명 또한 크게 증가했다. 영국과 미국의 경우 지난 30년 동안 90세를 넘긴 고령자 수가 세 배로 늘어났다.[53] 이러한 변화는 우리에게 새로운 문제를 던진다. 노년까지 오래 사는 것뿐 아니라 건강을 유지하면서 활동적으로 살 수 있도록 삶의 질을 개선하는 문제다.

미국의 경우 65세 넘는 인구가 전체 인구의 12퍼센트를 차지한다. 하지만 이들은 처방약물의 34퍼센트를 복용하고 있고, 입원환자의 50퍼센트를 차지한다.[54] 그 이유 중 하나는 인간의 신체란 나이가 들면서 감염과 싸우는 능력이 감퇴하기 때문이다. 가령 독감 바이러스로 사망하는 이들의 80~90퍼센트는 65세 이상의 고령자들이다.[55] 이러한 결과가 나오는 또 하나의 원인은 노인들의 백신 반응 능력이 젊은이들보다 떨어지기 때문이다.[56]

하지만 나이가 들면 면역계의 반응이 떨어진다고만 단정 지어 말할 수도 없다. 원치 않는 면역반응 과다로 자가면역질환을 앓을 확률이 훨씬 높은 연령대의 사람들 역시 고령자이기 때문이다. 오히려 나이가 들면서 면역계가 약화된다기보다 예측불허의 상태가 된다고 보아야 할 듯하다. 지구상에 살고 있는 60세 인구 거의 전부가 평균 20년을 더 살 것이라고 예측할 수 있다는 점을 고려하면, 노화가 진행되면서 면역계에서 벌어지는 일을 아는 것은 중요성이 어마어마한 과학계의 미개척지다. 그렇다면 노화란 정확히 무엇일까?

생명의 빛이 꺼져간다고 아무리 화를 내고 속상해해도 노화는 피할 수 없다. 하다못해 세포까지도 늙는다. 실험실 배양접시에 담은 성인의 피부세포는 약 50회 분열한 다음 멈추는 반면, 신생아의 피부세포는 80회나 90회 분열한다. 노인의 세포는 약 20회 정도만 분열한다. 노화는 유전자에서도 명백히 드러난다. 유전물질은 시간이 지나면서 변형된다. 화학물질이 유전물질에 부착될 수도 있고, DNA 가닥이 접히는 방식 또한 변할 수 있으며, 이는 어떤 유전자의 스위치가 쉽게 켜지거나 꺼지는가에 영향을 끼친다. 이러한 과정이 바로 후성유전학^{epigenetics}의 토대다. 후성유전은 환경에 의해 유전적으로 코딩된 형질이 변하는 것이다. 또 다른 종류의 변화는 염색체 끝에서 일어난다. 염색체의 끝에는 텔로미어^{telomere}라고 불리는 말단 소립이 있다. DNA 사슬의 기본단위인 뉴클레오티드가 수천 번 반복 배열된 염색체의 끝단, 즉 염색체 말단의 염기서열 부위다. 텔로미어는 신발 끈 끝에 감아놓은 플라스틱 부분과 같은 기능을 해서, 유전물질의 꼬인 고리들이 끝부분에서 닳아 없어지거나 서로 엉키는 것을 방지한다. 그러나 텔로미어는 세포가 분열할 때마다 짧아진다.[57] 아직은 짧은 텔로미어가 흰머리처럼 노화의 표식에 불과한 것인지, 아니면 세포 노화 과정의 일부인지 모른다. 텔로미어가 얼마나 많은 횟수의 세포분열을 통해 어느 시점에 중지해야 할지 알려주는 기록계로 기능할 가능성이 있다.

상황이 복잡해지는 것은 일부 세포들이 텔로머레이스^{telomerase}라는 효소를 이용해 텔로미어의 길이를 늘이기도 한다는 사실 때문이다. 실제로 면역세포들은 텔로머레이스를 이용해 자신들이 증식할 때 텔로미어가 짧아지는 것을 막는다. 면역세포가 마치 암세포처럼 행동하는 것이다. 암세포가 죽지 않는 것처럼 보이는 요인이 바로 이 때문이다.[58] 따라서 텔로머레이스의 작용을 억제하는 약물은 암 치료의 가능성을 열어줄 수 있다(물론 암세포는 이에 대한 저항력을 진화시킬 수 있다). 스트레스가 텔로머레이스의 활동에 영향을 끼칠 수 있다는 증거도 있다.[59] 스트레스가 신체에 미치는 수많은 영향을 고려하면 별로 놀랍지 않은 결과다. 최소한 하나의 연구는 스트레스를 줄이는 것이 건강을 향상시킬 수 있는 잠재력이 있다고 지적하면서 유방암 환자들의 마음 챙김이 텔로미어의 유지에 도움이 되었다는 것을 발견했다.[60]

노화가 세포와 유전자에 심대한 영향을 끼친다는 점—여기서 언급된 영향은 일부 사례에 불과하다—을 생각하면 훨씬 더 큰 질문이 떠오른다. 왜 이런 일이 일어나는 것일까? 도대체 노화라는 것은 왜 생기는 것일까? 과거에는 죽음으로 이어지는 노화가 종의 지속적 진화를 보장하기 위한 메커니즘으로 발전했다고 생각했다. 어떤 종이든 진화하기 위해서는, 다시 말해 특정 종의 형질이 시간이 흐르면서 변화하려면 개체의 전환이 필요하고 그러려면 노화와 죽음이 필수라는 것이다. 그러나 이런 가설의 문제점 중 하나는 지구에 사는 대부분의 생명체가 아예 노년까지 도달하지도 못하고 죽는다는 점이다. 대부분의 동물은 포식자나 질병이나 기후나 굶주림에 의해 죽음을 맞기 때문에, 동물의 수명에 정해진 한계는 진화에 그다지 큰 영향이 없을 수 있다. 노화가 일어나는 원인에 대한 또 하나의 가설은 노화가 시간이 지나면서 유전물질에 축적되는 손상, 무엇보다 신진대사나 태양의 자외선 노출 때 생성되는 활성산소가 초래하는 손상의 부작용에 불과하다는 것이다. 하지만 나이가 들면서 유전자의 손상 정도가 심해진다는 것은 분명하되 유전자의 손상이 노화의 직접적인 원인이라는 이론은 근거가 빈약하다. 그런데도 시간이 지나면서 유전자의 손상이 심해진다는 사실은 또 다른 가능성으로 이어진다. 노화가 암을 막는 방어책으로 진화했을지도 모른다는 가능성이다. 시간이 가면서 유전적 손상을 축적하는 세포가 그 손상으로 인해 암이 될 경우를 대비해 몸속에서 너무 오랫동안 살아남지 않는 과정으로 진화했을 수도 있다는 것이다.

결국 암은 세포의 과도한 증식으로 초래되는 반면, 노화는 세포가 감소하는 과정이다. 노화 과정은 세포의 죽음으로 이어지는 세포자멸apoptosis 프로그램으로 들어가거나[61] 아니면 세포가 살아 있으나 더 이상 증식하지 않는 노쇠senescence라는 상태로 들어감으로써 일어난다. 노쇠한 세포는 시간이 가면서 몸속—특히 피부와 간과 폐와 비장—에 쌓이고 그 과정에서 이익과 해악을 모두 초래한다.[62] 노쇠한 세포는 손상된 조직의 수리를 돕는 인자들을 분비하기 때문에 이롭지만, 시간이 더 많이 흐르면서 이 세포들이 늘어나면 장기와 조직의 정상 구조를 붕괴시킬 수도 있다. 노쇠한 세포는 노화와 관련한 문제들 중 많은 것들의 근본적 원인일 수 있다. 노쇠한 세포를 제거한 생쥐는 노화의 징후를 상당히 늦게 보였다.[63] 심지어 이미 노화의 징후를 보이는 쥐들도 노쇠한 세포를 제거하자 근육구조와 건강상태가 나아졌다.

노화의 원인으로 꼽을 만한 마지막 가설은 다음과 같다. 노화 유전자가 세대에서 세대로 전달되는 이유는, 개체가 젊을 때는 이것이 일부 이점이 있는 반면 부정적 해악은 번식이 끝난 이후에만 뚜렷이 드러나기 때문에 자연도태의 주요 대상이 되지 않았다는 것이다.[64] 결국 노화 과정을 유전자와 세포 기관에서 일어나는 작용의 층위에서 기술하는 것은 가능해졌지만, 노화의 근원적 원인이라는 문제에 대한 답은 아직 찾지 못했다고 봐야 한다. 십중팔구 정답은 한 가지만이 아닐 것이다(그러니 이 커다란 질문에 대한 답을 찾았다고 주장하는 사람의 말은 누구의 것이든 귀담아듣지 마라).

다시 면역계로 돌아가보자. 인간이 노년에 마주하는 문제 중 일부는 신체가 산출하는 면역세포의 양이 감소한다는 것이다. 이를 설명하는 개연성 있는 이유 하나는, 면역세포를 생산하는 골수 줄기세포가 시간이 지나면서 그 DNA에 손상이 축적되어 재생능력을 잃기 때문이라는 것이다. 이를 입증하는 증거는 암환자에게 이식할 골수를 노인의 것으로 쓸 경우 젊은 사람들의 골수보다 새 면역세포를 만드는 능력이 떨어진다는 점이다.[65] 골수 기증자를 찾는 자선단체가 주로 젊은이들의 골수를 찾느라 애쓰는 이유가 바로 여기에 있다.[66] 그뿐 아니라 노인의 면역세포는 질병의 징후를 찾는 능력도, 면역세포를 부상이나 감염 구역으로 인도하는 단백질 분자에 대한 반응 능력도 떨어진다. 노인의 면역세포 역시 젊은 사람에게서 분리한 세포만큼 빨리 움직이긴 하지만 정확히 도달할 수 있는 능력은 떨어진다.[67]

이는 노인의 면역계가 더 약하다는 단순한 이론과 잘 맞긴 하지만 그게 다는 아니다. 면역 활동이 활발하다는 징후—사이토카인, 혈액응고인자와 다른 염증 관련 분자들—는 대개 노인의 혈액에서 더 높은 수치로 나타나기 때문이다. 심지어 뚜렷한 감염 징후가 없을 때조차도 그렇다.[68] 이러한 현상을 때로 '염증성 노화 inflamm-ageing'라고 한다. 노인들에게서 배후 염증background inflammation 수치가 지속적으로 낮게 나타나는 이유는 여러 가지가 있다. 가령 손상된 세포나 노쇠한 세포들이 축적된다는 점이 그것이다. 그러나 어쨌건 이 모든 요인들이 초래하는 결과는 노인의 면역계가 세균과 신체 내의 세포 및 조직을 구별하는 능력이 떨어진다는 것, 전에 만난 적이 전혀 없는 세균을 감지하는 능력이 특히 약해진다는 것이다. 광범위하게 볼 때 노인들의 면역반응은 더 쉽게 유발되지만, 면역계의 적절하고 정밀한 반응 능력은 분명히 젊은이들에 비해 떨어진다.

건강상에 일어나는 일부 변화는 모든 세포의 노화처럼 면역세포의 노화로 인한 불가피한 결과다. 하지만 이것만으로 면역계 전체에 일어나는 복잡한 변화를 모두 설명할 수는 없다. 노화로 인해 면역계에 일어나는 복잡한 현상을 이해하려면 면역계를 구성하는 각 요소를 파악하는 것이 도움이 되긴 하지만 전체 그림을 제공해주지는 못한다. 면역계 내의 다양한 요소들이 상호작용하는 방식에 대한 이해도 필요하다. 건강상에 일어나는 변화는 면역세포의 노화뿐 아니라 수십 년 동안 세균과 전투를 치러온 면역계의 결과물인 전체 면역계의 노화에서 발생한다.

앞에서 살펴본 대로 감염과 싸울 때마다 우리의 몸은 전에 만났던 똑같은 세균을 만날 때를 대비해 감염과 가장 잘 싸울 준비가 되어 있는 면역세포 중 일부를 보유하고 있다. 오래 살아온 이 세포-기억면역세포memory immune cell-는 동일한 세균을 다시 만날 때 더 신속히 감염을 퇴치할 수 있는 능력이 있기 때문이다. 이것이 백신이 작동하는 이유, 즉 독감에 걸려도 바이러스와 싸울 준비가 잘 되어 있는 이유다(하지만 다음 시즌의 독감 때도 반드시 같은 효과를 기대할 수는 없다. 같은 독감 바이러스의 유전자 구조 중 일부가 변할 가능성이 있기 때문이다). 문제는 노인들이 전에 만났던 감염원과 싸우는 데 매진하는 면역세포를 더 많이 갖고 있음으로 인해, 새로운 감염원과 싸우기 위해 조달할 수 있는 면역세포는 더 적게 보유하게 된다는 점이다.

게다가 문제를 더 악화시키는 요인은 새로 만들어진 면역세포가 발달해야 하는 기관이 노인들에게서는 잘 작동하지 않는다는 점이다. 면역세포가 발달하는 기관은 흉선 혹은 가슴샘thymus으로 양쪽 폐 사이에 위치하며, T세포가 몸속을 순찰하며 질병의 징후를 찾기 전에 발달을 거치는 부위다. T세포의 수용체 끝부분이 무정형이라 온갖 종류의 분자에 반응할 수 있는 능력을 갖게 되었다는 점을 떠올려보라. T세포 중 어쩌다 몸속 건강한 세포에 해가 되는 것을 유발할 가능성이 있는 수용체는 흉선에서 제거된다. 따라서 몸속을 순찰해도 되는 T세포는 건강한 세포와 조직에 반응하지 않는 T세포뿐으로, 이들은 세균의 성분처럼 몸이 만난 적 없는 이질적인 분자를 감지할 태세를 갖추고 있다. 대부분의 기관과 마찬가지로 흉선이 제일 크게 발달하는 때는 아동기다. 우리의 면역계는 어릴 때 가장 확연히 발달하기 때문이다. 누구나 태어날 때 모체에서 빌린 일시적 방어체계만 갖고 태어나므로 태어난 개체는 자신이 직접 만든 면역계로, 빌린 면역계를 바꾸어야 한다. 새로 만들어진 T세포를 세심히 살피는 흉선의 능력은 사춘기 이후 계속 감퇴하며 흉선 자체의 크기도 점점 작아진다. 과거에는 노년이 되면 흉선의 크기가 너무 작아져 더 이상 새로운 T세포의 발달이 이루어지지 않는다고 생각했다. 그러나 오늘날에는 꼭 그렇지만은 않다고 알려져 있다. 흉선의 일부 활동은 유지된다.[69] 노인의 흉선 활동은 아동의 흉선 활동의 1~5퍼센트 정도다.[70] 몸이 사춘기 이후의 남은 생애 동안 쓸 T세포를 거의 만들어놓은 것과 같은 변화다.

T세포가 새로운 수용체와 함께 생성되지 않으면 우리가 평생 동안 노출된 특정 세균들이 일군의 T세포를 형성하고, 그럼으로써 그 특정 세균들과 싸울 수 있는 T세포의 숫자가 늘어난다. 늙어가면서 면역계를 형성하는 다른 요인에는 운동과 스트레스의 양도 있다. 우리의 면역계가 유전에 의해 확정되지 않고 나이가 들어감에 따라 적응한다는 강력한 증거는, 유전자가 동일한 일란성 쌍둥

이의 면역계에 확연한 차이가 있다는 사실, 특히 나이가 들었을 때 그렇다는 사실에서 찾아볼 수 있다. 스탠퍼드대학교의 마크 데이비스[Mark Davis][71](나와 성만 같을 뿐 인척 관계가 있는 인물은 아니다)가 이끄는 국제 과학자팀은 200가지가 넘는 방식으로 건강한 쌍둥이 105쌍의 면역계를 분석했다. 분석 방식에는 혈중의 다양한 면역세포와, 피험자들이 독감백신을 맞기 전후 면역세포의 사이토카인 분비 능력을 측정하는 작업이 포함되어 있었다.[72] 사람마다 면역계가 다르다는 것—가령 한 사람의 혈액에 있는 상이한 유형의 면역세포 수는 매우 다르다—은 오랫동안 알려진 사실이지만, 데이비스와 동료들은 이 변이 중 얼마나 많은 것이 유전이고 유전이 아닌지를 확실히 알아내는 일에 착수했다. 이들은 우리 면역계 대부분의 측면이 유전적 요인보다 비유전적 요인에 훨씬 더 많이 의존한다는 것을 발견했다. 선천과 후천 요인의 결합이 건강을 결정한다는 사실은 오랫동안 알려져 있었지만, 후천적 요인이 우리 몸의 면역 방어 배치에서 이토록 큰 역할을 차지한다는 사실은 새삼 놀랍다.

거대세포바이러스[cytomegalovirus]—흔한 감염이고 증상은 전혀 없지만 자궁 속 태아가 감염될 경우 문제를 유발하는 바이러스—와 같은 바이러스들은 면역계에 예기치 않게 장기적인 영향을 끼친다.[73] 가령 거대세포바이러스를 몸속에 갖고 있는 청년들은 독감백신에 대한 면역반응이 더 강력하다.[74] 데이비스의 쌍둥이 분석은 또한 나이가 어린 일란성 쌍둥이들 간의 면역계 유사성이 나이가 많은 일란성 쌍둥이의 유사성보다 훨씬 더 크다는 것을 밝혀냈다. 이러한 발견의 함의는 나이가 들면서 면역계의 개별성이 증가한다는 것이다. 결국 우리는 나이가 들면서 점점 더 고유한 개체, 자기 자신이 되어가는 것이다.

이러한 면역계의 복잡성—한 사람 한 사람의 고유한 역사—은 노인들의 면역계에서 효력을 내는 약물을 고안해내기 특히 어렵게 만드는 한 요인이다. 하지만 그런 약물을 고안해내기가 아예 불가능한 것은 아니다. 전진할 수 있는 한 가지 방법은 노인들에게 맞춤형 백신을 고안해 제공하는 것이다. 우리 몸의 선천면역계에서 톨유사수용체가 뚜렷한 징후를 보이는 세균—가령 박테리아의 외피에 있는 지질다당체 단백질—에 들러붙어 면역반응을 일으키는 데 기여한다는 것, 이러한 지식을 통해 그 뚜렷한 징후를 보이는 단백질 분자를 복제하는 애주번트를 개발하게 되었다는 사실을 생각해보라. 노인들의 면역계에 맞는 백신을 개발하기 위한 한 가지 접근법은 노인들이 반응을 잘하는 세균 분자의 유형을 복제하는 애주번트를 택하는 것이다. 가령 플라젤린[flagellin]이라 불리는 분자는 박테리아의 꾸불꾸불한 돌출부에서 분리한 것으로서, 모든 연령대 사람들의 면역계가 쉽게 감지하는 얼마 안 되는 세균 분자 중 하나다. 독감 바이러스에 대항하기 위해 고안되었으나 이 박테리아 분자도 포함하고 있는 백신은 일반 표준 백신보다 나이 든 생쥐[75]와 나이 든 인간[76] 둘 다에게서 훨씬 더 큰 효력을 발휘했다.

하루 중 특정 시간대에 백신을 투여하는 방법의 장점 역시 노인들에게 특히 이로울 수 있다. 아침이나 오후 중 어느 때 독감백신을 투여해야 노인들에게 효과가 더 큰지 검증하는 실험이 있었다. 노인들의 백신 반응 효과는 아침 9시에서 11시 사이에 백신을 투약했을 때가 더 높았다. 이는 백신접종 한 달 후 이들의 혈중 항체 수치가 더 높아졌다는 뜻이다[77](앞에서 언급했던 과거의 실험은 남성과 여성이 백신접종 시간대에 반응하는 방식에 차이가 있을 수 있다는 점을 시사했으나, 이 대규모의 실험에서 이러한 차이는 나타나지 않았다).

하지만 아침에 투약한 백신접종의 이점은 어떤 유형의 독감을 사용하는가에 따라 달랐다. 세 가지 유형의 독감백신 중 첫 번째 것은 오후보다 아침에 투여했을 때 특히 효력이 좋았고, 두 번째 것 역시 약하게 효력이 더 좋았지만, 세 번째 것은 큰 차이가 없었다. 문제는 감지된 차이들—혈중 항체 증가—을 반드시 실제 독감 감염과 싸우는 능력이 향상된 것으로 해석할 수 있는지의 여부가 분명하지 않다는 점이다. 앞에서 태극권이 면역에 끼치는 영향에서 보았듯이 이 또한 직접 검증하기 어려운 문제이기 때문이다. 아무리 가치 있는 과학적 목적을 위해서라도 특정한 집단의 사람들을 일부러 질병에 노출시키는 일은 부도덕하다.

앞의 실험을 진행했던 버밍햄대학교의 염증노화연구소Institute of Inflammation and Ageing의 수장 재닛 로드Janet Lord는 시간대 별 차등을 둔 백신접종에서 가장 많은 이득을 본 독감백신—사실 이 독감은 백신접종이 특히 어려운 유형이다—의 경우, 아침에 백신을 접종하는 것만으로도 절반 넘는 노령자들이 더 큰 효과를 볼 수 있다고 생각한다. 아침 백신접종이 실제 독감 시즌 동안 사람들을 보호하는 데 정말 최상인지의 여부를 검증하려면 수천 명의 지원자를 이용한 대규모 실험이 필요하지만 로드의 믿음은 차분하되 확고하다. 그는 최소한 일부 유형의 백신은 특히 노인들에게 하루 중 특정 시간대에 접종해야 한다는 사실이 조만간 명확히 밝혀지리라 확신한다.[78] 런던 크릭연구소Crick Institute의 또 다른 연구자인 아킬레시 레디Akhilesh Reddy 역시 같은 생각이다. 그는 바이러스에 감염된 세포의 선천면역반응이 오후보다 아침에 열 배나 더 강력하다는 것을 발견했고, 이것이 백신의 효력이 아침에 더 큰 이유와 관련이 있을 수 있다고 믿는다.[79]

설사 로드와 레디의 생각이 맞다 해도 노화와 관련된 많은 문제들은 여전히 풀리지 않는 숙제다. 불행히도 노화를 겪는 면역계의 시계를 되돌리는 약물의 발견을 축하하는 것으로 이 장을 마무리할 수는 없을 것 같다. 노화를 겪는 면역계의 과정에 대한 더 정교한 이해가 필요하다는 주장으로 마무리를 대신하고 싶다. 이 책의 많은 부분은 자유로운 생각과 타고난 직감을 따르기 위해 아낌없는 지원을 받은 과학계 영웅들을 칭송하는 이야기다. 우리는 제1장에서 논했던 선천면역계의 발견 등 오늘날 우리가 이해하고 있는 얼개 밖에 존재하는 새로운 과정이 밝혀질 때 큰 보람을 느낀다. 위험한 프로젝트, 과감한 아이디어 그리고 과학자 개인의 섬광 같은 직관에 자금을 지원하는 일은 결코 중단되어서는 안 된다. 물론 전략적 사고, 사회에 특히 중요한 문제를 연구하기 위한 사고의 여지 또한 많다. 이를 보여주는 한 가지 사례로, 로드가 노화하는 면역계를 연구하는 난제를 받아들인 것은 영국 정부의 생물학 연구기관이 이 문제에 제공하는 지원금을 받고자 한 것일 뿐 다른 이유는 없었다.[80] 로드와 같은 연구자들은 또 있다.[81]

　면역계의 노화뿐 아니라 노화 일반은 앞에서 본 대로 엄청나게 복잡하다. 이 미지의 분야와 씨름하기 위해서는 면역학자, 의사, 수학자, 컴퓨터과학자, 화학자, 물리학자, 신경학자 등 온갖 분야의 과학자뿐 아니라 하다못해 이 분야와 전혀 맞지 않는 경력을 가진 전문가들의 노력까지도 소중하다. 물론 우리에게는 복잡한 문제를 성공적으로 해결해온 이력이 있다. 1962년, 텍사스 주 휴스턴에서 '우리는 달에 가기로 했습니다'라는 유명한 연설을 했던 케네디 대통령은 수많은 이들이 성취 불가능하다고 생각했던 난제를 던졌다. 10년 안에 인간을 달에 착륙시킨다는 난제였다. 당시 나사는 연설 전 이미 대통령에게 그 목적을 이루려면 아무리 적어도 15년은 소요될 것이라는 말을 해둔 참이었다. 게다가 인간을 지구 궤도 밖으로 데려갈 수 있는 로켓은 당시에는 존재하지도 않았다.[82] 케네디는 다음과 같은 말로 비전 가득한 연설을 끝마쳤다. "오래전 영국의 위대한 탐험가이자 에베레스트산에서 생을 마칠 운명이었던 조지 맬러리는 왜 산을 오르고 싶어 하느냐는 질문을 받았습니다. 그는 이렇게 대답했죠. '거기 산이 있으니까요'라고. 자, 저기 우주가 있습니다. 우리는 그곳으로 갈 것입니다. 저기 달과 행성들이 있습니다. 지식과 평화를 향한 새 희망도 있습니다. 이제 담대한 여정을 시작하면서 인류가 시작한 모험 중 가장 위험하지만 또한 가장 위대한 모험에 신의 축복을 빌어 마지 않는 바입니다."

자, 여기 인간의 몸이라는 은하계가 있다. 우리는 그곳으로 향하는 우주선을 띄워야 한다. 우주선 대신 현미경으로 무장한 채 우리는 인간 신체의 상위 및 하위 체계를 탐험해야 하고, 인간이 달과 행성보다 더 복잡하다는 것을 발견할 것이다. 이 탐험 역시 지식과 평화를 위한 새 희망을 가져다줄 것이다. 우리는 인간의 성질, 사람들 간의 차이와 유사성을 알게 될 것이다. 우리는 자신이 무엇을 치유하고 싶어 하는지 이해하게 될 것이고, 그 치유법이 될 새로운 분자를 창조해낼 것이다. 우리는 이 길을 나서야 한다. 길이 거기 있기 때문만이 아니라 인간을 더 충만하고 아름다운 존재로 만들기 위해 노력해야 하기 때문이다. 내 생각에는 특히 우리가 점점 나이 들어가는 지금이야말로 그 어느 때보다 이러한 여정이 필요한 적기다.

7_____ 당신의 수호자가 되어줄 조절 세포

과학 전체에서 얻어갈 메시지를 딱 하나만 고르라고 한다면 그것은 '단순한 것이란 하나도 없다'이다. 모든 것에는 깊이가 있다. 면역계가 해로운 침입자를 공격함으로써 우리 몸을 보호해준다는 원리는 꽤 단순해보이지만 실제로 문제는 그렇게 간단치 않다. 복잡다단한 문제가 무수히 존재하기 때문이다. 우리 몸은 면역계의 공격을 받으면 안 되는데, 이 몸이란 것이 시간이 지나면서 변화를 겪는다. 그뿐만이 아니다. 일부 박테리아는 해롭지 않아 면역반응이 필요 없고, 위험한 세균은 발각되지 않으려 한다. 문제는 끝도 없다. 이 단순하게 들리는 사명―반응을 요하는 것과 요하지 않는 것을 구별하고 적절한 유형의 반응을 이행하는 것―을 이루기 위해 우리 몸은 은하계의 별들처럼 무수한 세포와 단백질과 그 밖의 다른 요소들에 큰 투자를 해가며 우리가 우주에서 알고 있는 다른 어떤 것들 못지않게 정교한 체계를 만들어왔다. 그런데도 때때로 몸은 실패한다.

앞에서 본 대로 우리 몸의 면역계가 건강한 세포를 공격하지 않도록 보장하기 위해 사용하는 한 가지 방법은, 줄기세포에서 만들어지는 면역세포가 건강한 세포나 조직을 공격하는지의 여부를 검증받는 것이다. 몸속 건강한 세포나 조직을 공격하는 모든 세포는 해악을 가하기 전에 미리 제거된다. 건강한 세포를 공격하지 않는 면역세포만이 몸속을 돌아다니면서 질병의 징후를 찾을 자격을 부여받는다. 그러나 이 과정은 완벽하지 않다. 실수가 일어나 건강한 세포와 조직이 별 이유 없이 파괴되기도 한다. 이것이 자가면역질환의 기전이다.

자가면역질환의 유형은 류머티즘관절염, 당뇨, 다발성경화증 등 50가지가 넘으며, 이것들은 약 5퍼센트의 인구에 영향을 끼친다. 그중 3분의 2는 여성이다.[1] 자가면역질환 치료의 큰 문제는 증상이 발현되는 데 대체로 시간이 많이 걸리기 때문에 환자가 의사를 찾을 때쯤이면 면역세포가 여러 해까지는 아니어도 여러 달 넘게 이미 건강한 세포를 공격해온 상태라는 것이다. 그래서 애초에 정확히 무엇 때문에 면역계가 건강한 세포를 공격하게 되었는지 알아내기 어렵다. 어떤 경우 면역세포는 가령 바이러스나 박테리아의 단백질 분자에 대응해 적절한 반응을 한 뒤에는 우연히 그 바이러스나 박테리아의 단백질과 유사한, 건강한 세포 속 정상 단백질에 잘못 반응한다. 그러나 이 같은 일이 늘 일어나는 것은 아니다. 결국 면역계의 작동방식에 대한 우리의 지식에는 중대한 공백이 존재한다. 이 공백이야말로 자가면역질환용 신약을 개발할 때 매우 중요하다.

자가면역을 파악하기가 그토록 어려운 이유 중 하나는 이 현상과 관련된 모든 것이 직관과 크게 상충되기 때문이다. 인간 역사에서 오랜 기간 동안 인간의 몸이 스스로를 공격할 수 있다는 관념 자체는 아예 불가능한 것으로 여겨졌다. 질병에 대한 현대적 관점이 시작된 것은 루이 파스퇴르가 아주 작은 미생물을 발견하고, 1876년 로베르트 코흐^{Robert Koch}가 미생물이 병의 원인일 수 있다는 것을 발견하면서부터다. 이들의 발견은 황담즙과 흑담즙, 점액, 혈액이라는 네 가지 '체액'의 불균형을 병의 원인으로 보았던 고대의 가설을 근원적으로 뒤바꿔놓았다. 세균이 질병을 일으킬 수 있는 원인이라는 발견은 병의 원인에 대한 사고 변화로 인해 셀 수 없이 많은 의학적 이점을 제공했을 뿐 아니라, 자기와 비자기를 구분하는 방어 수단으로 면역계를 파악하는 첫걸음이기도 했다. 이러한 개념은 1949년, 호주의 과학자 맥팔레인 버넷^{Macfarlane Burnet}에 의해 명시적으로 정교해졌다.[2] 그로부터 몇 년 후인 1957년 '자가면역'이라는 새로운 단어가 발명되어 질병이 세균과 완전히 다른 것, 즉 자신을 공격하는 몸에 의해서도 유발될 수 있다는 생각을 기술하기에 이르렀다.[3] 1964년, 뉴욕에서 열린 국제 학회의 결과물이 980쪽에 달하는 두 권의 책에 상세하게 담겨 광범위하게 수용됐다. 질병의 신개념이 인간에게 발생하는 많은 질병의 근원일 수도 있다는 생각이 받아들여진 것이다. 자가면역은 20세기 의학의 가장 놀라운 발견 중 하나였다.[4]

어떻게 그리고 왜 몸이 때로 자신을 공격하는지를 이해하는 한 가지 단서는, 한 사람이 때로 한 가지 유형 이상의 자가면역질환 증상을 보인다는 것이다. 제1형 당뇨병은 비교적 흔한 자가면역질환으로, 면역세포가 췌장에서 인슐린을 생산하는 세포를 공격해 결국 인슐린이 모자라 혈당 수치를 조절하지 못해 유발된다. 하지만 제1형 당뇨병을 가진 일부 사람들은 인슐린 생산 결핍과 무관해 보이는 문제들도 갖고 있다. 가령 몸의 신진대사를 조율하는 갑상선 호르몬을 충분히 생산하지 못하는 문제가 그것이다. 원인은 면역세포가 갑상선을 공격하는 것이다. 아니면 셀리악병^{coeliac disease}의 증상이 나타날 때도 있다. 이 병의 증상은 정기적인 복통과 설사이며 원인은 글루텐에 대한 면역반응이다. 물론 제1형 당뇨병을 가진 모든 사람에게 이와 같은 문제가 나타나지는 않지만 우연이라고 보기에는 꽤 많은 환자들이 같은 문제를 겪는다. 유사한 문제는 자가면역질환이 있는 동물들에게도 나타난다. 유전적으로 당뇨병 성향을 갖고 있는 생쥐는 다른 자가면역질환 증상 역시 흔하게 겪는다.[5] 이러한 문제의 함의는 자가면역질환의 근원이 반드시 특정 기관에서 일어나는 것이 아니라 면역계 일반에서 일어난다는 것, 면역계가 건강한 세포와 해로운 세균을 구분하는 능력이 약화되어 일어난다는 것이다.

일본 과학자 사카구치 시몬^{坂口志文}은 이 문제를 골똘히 생각했다. 그는 몸이 우발적인 계기로 스스로를 공격하도록 만드는 원인을 알아내면 면역계의 작동방식을 더 심층적으로 알게 되리라는 것을 깨달았다. 이러한 추정을 통해 사카구치는 자가면역 연구를 자가면역질환 치료법보다는 면역계를 이해하기 위한 경로로 생각하게 됐다.[6] 그러나 그는 문제에 접근하는 방법을 찾아야 했고, 얼핏 보기에도 이것은 예삿일이 아니었다. 과학자들은 어떤 경로를 통해 과학의 여정을 시작할까? 다른 과학자들이 열어놓은 경로를 따라가다 다른 길로 접어드는 작업을 통해서다.

사카구치는 우선 두 명의 일본 과학자 니시즈카 야스아키^{西塚泰章}와 사카구라 테루오^{坂倉照好}가 1969년에 처음 밟았던 길을 따라감으로써 연구를 시작했다. 나고야에서 연구 중이던 두 사람은 우연히 생쥐에게서 자가면역을 유발하는 방법을 발견했다. 이들은 원래 면역계를 연구하려던 것이 아니었다. 더욱이 이들은 면역학자가 아니라 호르몬과 호르몬 분비샘을 연구하는 내분비학자였고, 호르몬이 암의 발달에 영향을 끼치는지의 여부를 시험하려던 참이었다. 이 작업을 위해 이들은 수술로 쥐의 흉선을 제거했다. 그런 다음 흉선이 생산하는 호르몬이 전혀 없는 상태에서 쥐들이 암에 걸리는지를 테스트할 생각이었다. 그러나 정작 이들이 발견한 것은 호르몬이나 암과는 별 관련이 없는 것이었다.

이들은 쥐가 태어난 지 3일 만에 흉선을 제거할 경우 난소가 파괴된다는 것을 발견했다.[7] 처음에 이 두 사람은 호르몬 연구에 집중했기 때문에 이러한 결과를 흉선이 쥐의 난소 발달에 필요한 호르몬을 분비하는 것으로 받아들였다. 그러나 이러한 직관적 해석은 이들이 받은 내분비학 훈련에서 유래된 것일 뿐 정답이 아니었다. 후속 실험을 통해 실제로는 쥐의 난소뿐 아니라 다른 기관도 면역계의 공격을 받았다는 사실이 드러났다.[8] 현재는 건강한 세포와 조직을 공격할 수 있는 면역세포(T세포)가 대개 흉선에서 제거되기 때문에 이러한 문제가 생긴다는 점이 밝혀져 있다. 어릴 때 흉선이 제거되는 동물의 경우 자기반응성 T세포가 파괴되지 않기 때문에 자가면역질환에 걸린 것이다.

사카구치는 26세의 나이에 이 발견의 주인공인 니시즈카의 연구소로 들어갔다. 그는 박사학위 연구를 위해 정확히 똑같은 실험을 시행했다. 생쥐의 흉선을 제거한 것이다. 그러나 그 후 그는 전혀 다른 길로 들어섰고 이 길에서 사카구치는 중대한 발견을 하게 된다. 그는 그때를 이렇게 회고한다. "당시 내가 흥분했었는지 아닌지 잘 기억이 나지 않아요."[9] 그 이유는 이 실험을 시행하는 데 1979년부터 1982년까지 3년의 세월이 걸렸기 때문이다. 처음에 그는 필요한 시약 중 많은 것들—가령 특정한 유형의 T세포를 표시하는 항체—을 직접 만들어야 했다. 이 작업만도 1년 넘는 시간이 걸렸다. 그다음에는 각 실험마다 몇 주 이상이 필요했고, 그동안 그는 자신이 처치한 각 쥐들에서 일어나는 일을 보기 위해 기다리고 또 기다렸다. 수년 동안의 노력은 극적 결과를 내포한 단 몇 줄로 요약된다. 처음에 쥐들은 전과 마찬가지로 흉선을 제거해 자가면역질환에 걸리도록 했다. 그다음 이 쥐들에게 건강한 쥐에게서 온 면역세포를 접종했다(근친교배한 쥐의 세포였다). 놀랍게도 이 접종으로 자가면역질환이 중단됐다.[10] 쥐들에게 흉선을 제거하기 전이나후에 일정량의 면역세포를 주입했는데, 어떻게 하든 자가면역질환이 멈췄다. 다시 말해 사카구치는 자가면역질환의 치료법을 발견한 것이다. 물론 그가 발견하지 않았어도 치료법은 불가피하게 나왔을 테지만 말이다.

이것은 중대한 발견이었다. 특히 대개 획기적인 진보의 성과로각광받기보다는 연구 자격을 인정해주는 정도의 의미를 지닌 박사학위 논문의 결과로서는 더더욱 그랬다. 그러나 사카구치도 인식했다시피 이것은 의료행위에 즉시 영향을 미칠 수 있는 혁신적인발견은 아니었다. 면역세포는 한 사람에게서 다른 사람에게 쉽게주입할 수 있는 성질의 것이 아니기 때문이다(인간의 유전적 차이 때문에 그렇다. 반면 근친교배한 쥐들 사이에서는 이러한 주입이 비교적 용이하다). 게다가 그의 실험에서 쥐들은 인위적 수단−흉선 제거 수술−을 통해 자가면역질환에 걸렸다. 사카구치 실험의 중요성은 의학적 돌파구로서의 성격이 아니라 그것이 지닌 과학적 성격에 있었다. 다시 말해 그는 건강한 생쥐의 면역세포 중에 면역반응을 중지해 자가면역질환을 중단시킬 수 있는 무언가가 틀림없이 존재한다는 것을 입증한 것이다.

역사상 모든 위대한 순간은 자체의 역사를 갖고 있다. 일부 유형의 면역세포가 면역반응을 일으키기보다 중단시키기 위해 존재할 수도 있다는 생각은 과거에도 있었다. 1960년대 내내, 그리고 1970년대 초반 면역계 탐색을 가능하게 해준 추진력은 상이한 유형의 면역세포들을 서로 분리하도록 해준 방안들에서 나왔다. 이러한 방법들은 오늘날의 기준으로 보면 조잡하고 엉성하지만 당시에는 상이한 유형의 면역세포들을 분리했다 다시 섞는 방법을 통해 상이한 결합물이 세균이나 세균 분자에 어떻게 반응하는지 검증할 수 있었다. 이는 면역세포가 어떻게 서로를 돕는가를 규명하는 발견으로 이어졌고, 제2장에서 논의했던 대로 면역반응을 일으키는 데 중요한 수지상세포의 발견으로 이어졌다.

1970년대 초반, 전 세계 여러 연구소들은 일부 유형의 면역세포를 추가할 경우 면역반응이 증가되기는커녕 억제된다는 것을 발견했다.[11] 예일대학교에서 조수인 콘도 카즈나리와 함께 연구하던 리처드 거숀Richard Gershon은 이러한 결과를 관찰한 내용을 영국의 학술지 《면역학Immunology》에 발표했다. 한 동료에게서 이 학술지가 "정통이 아닌 특이한 데이터도 인정해주는 경향이 있는" 저널이라는 조언을 들은 후였다.[12]

일부 세포가 면역반응을 중단시킬 수 있다는 가설은 처음부터 논란거리였다. 특히 문제가 된 것은 거숀이 면역반응을 중단시킬 수 있는 세포를 T세포라고 했다는 점이다. T세포는 면역반응을 증가시킬 수 있는 것으로 이미 알려진 면역세포의 유형이었기 때문이다. 거숀은 정상 T세포와 다르게 행동하는 T세포가 있는 게 틀림없다고 주장했고, 면역반응을 돕지 않고 중단시킬 수 있는 T세포를 기술하기 위해 '억제T세포'라는 용어를 만들었다.[13] 10년 후 사카구치의 실험은 거숀의 생각이 옳다는 것을 입증하는 데 기여했고, 더 나아가 억제성 면역세포가 자가면역질환을 막는 데 중요하다는 것까지 밝혀냈다. 그러나 사카구치는 거숀이 만든 용어인 억제T세포를 쓰는 데까지는 나아가지 않았다. 대신 그는 이 세포를 자가면역방지세포autoimmune-preventing cell라고 불렀다. 자신이 사용한 세포가 거숀이 기술했던 세포와 동일한지 확신할 수 없어서였다.[14] 두 사람이 만나 이 문제를 논의하면 좋았겠지만 애석하게도 그럴 기회는 오지 않았다. 사카구치의 결과가 발표된 직후 거숀은 과학 경력의 정점을 찍어야 했지만 갑자기 폐암에 걸렸기 때문이다. 거숀은 딸 알렉산드라가 돌을 맞이하던 해에 50세의 나이로 사망했다.[15]

《뉴욕타임스》에 실린 거숀의 사망 기사는 면역계의 이면을 발견한 그의 업적을 달의 이면을 발견한 사건에 비유했다.[16] 거숀과 사카구치와 다른 과학자들은 얼마간 칭송 대상이 됐다. 면역계가 활동을 중지하기 위해 무언가가 필요하다는 생각은 그야말로 강력한 논리였기 때문이다.[17] 그러나 이들의 작업은 확실한 것으로 평가받지는 못했다. 그 이유는 이들의 발견을 설명할 수 있는 다른 논리가 있었기 때문이다. 가령 사카구치의 실험을 해석하는 다른 방법은 흉선을 수술로 제거했을 때 초래된 면역계의 변화 때문에 바이러스가 증식했을 수도 있다는 것이었다.[18] 만일 자가면역질환이 아니라 바이러스 때문에 증상이 나타난 것이라면 건강한 생쥐의 T세포 접종이 바이러스 퇴치를 통해 문제를 중단시켰다고 해도 논리적으로 아무런 하자가 없다. 사카구치는 그럴 리 없다고 확신했지만 공식적으로는 그 가능성을 배제할 수 없었다.[19]

이와 같은 문제제기를 쉽게 물리치지 못하게 만든 중요한 장애물은 억제T세포를 정상적인 T세포와 분리할 방법이 없다는 것이었다. 당시 사용할 수 있는 방법은 심하게 조악했다. 제2장에서 이야기했던 수지상세포의 발견이 널리 인정받은 이유는 이 세포들을 분리해 다른 유형의 면역세포와 다른 성질을 갖고 있음을 입증했기 때문이라는 사실을 생각해보라. 억제T세포를 확인하고 분리하는 방법이 없다면 이들의 작용 방식은 고사하고 존재조차 입증하기 어려운 상황이었다. 그러나 이러한 장애물도 과학자들의 추론을 막지 못했다.

억제T세포가 어떻게 작동할 수 있는가, 즉 상이한 유형의 T세포가 어떻게 상호작용하는가 혹은 어떻게 항체가 서로에게 들러붙는가에 대한 온갖 종류의 가설이 제시됐다. 나중에 생각해보면 1970년대 중반부터 1980년대 중반까지의 시절은 면역계 연구에 있어서 일종의 암흑기였다. 면역계의 작동방식에 대한 복잡다단한 가설들은 넘쳐났지만 이들을 검증하기 위해 필요한 유전자와 단백질을 확인하고 조종할 방안이 없었기 때문이다. 카드로 만든 허술한 집처럼 나날이 가설만 쌓여갔다. 이디오타입idiotype, 에피타입epitype, 파라토프paratope 등 오늘날에는 아무도 사용하지 않는 신조어도 마구 생겨났다. 이 암흑기 동안 쓰인 논문 중 많은 것들은 내용을 따라가기도 벅찰 정도다. 영국 작가 레슬리 하틀리L. P. Hartley가 했던 유명한 말대로였다. "과거는 낯선 외국과 같다. 그곳에서 돌아가는 일은 이곳과 다른 것이다."[20]

결국 새로운 방법이 나오면서 엄정성 또한 증가했다. 따라서 억제T세포는 뒤이어 나온 가설들을 거르는 가운데 덜미가 잡혔다. 억제T세포에 큰 타격을 입힌 일화 하나가 있다. 1983년, 억제T세포의 기능을 조율한다고 여겨진 유전체 부분에 그런 유전자가 전혀 없다는 사실이 밝혀졌다.[21] 억제T세포에 대한 믿음이 와르르 무너졌다. 이 세포를 연구하는 데 몰두한 연구소들은 더 이상 자금 지원을 받기 힘들어졌다.[22] 억제는 입에 담을 수 없는 말이 되었고, 억제와 관련된 주제는 과학을 빙자한 사기, 그리고 빈약한 데이터의 과도한 해석과 같은 말로 치부되기에 이르렀다.[23] 1992년, 과학자들의 합의는 이랬다. "면역학 분야 중 그 어떤 분야도 억제T세포보다 불신을 받은 적은 없다."[24]

이렇게 불리해진 상황을 보면, 그런 상황에서도 억제T세포 연구를 포기하지 않았던 소수의 과학자들이 일군 성취가 얼마나 큰 것이었는지 새삼 주목하게 된다. 언젠가 나는 사카구치에게 왜 연구를 포기하지 않았느냐고 물었다. 그의 내적 확신은 어디서 온 것이었을까? 그는 무미건조하게 대답했다. 자신이 연구한 세포가 다른 과학자들이 억제T세포라고 불렀던 것과 같은 유형의 세포인지 확신하지 못했을 뿐이라고 말이다. 억제T세포의 특징이라고 여겨지던 것들 중 많은 부분이 그가 연구하던 세포들의 특징과는 잘 맞지 않아보였고, 이는 그가 1983년에 벌어진 유전자 행방불명 사건으로 연구를 쉽사리 포기할 이유가 없었음을 의미했다. 사카구치의 확신은 오만이나 자존심, 마음을 가라앉혀주는 멘토에게서 나온 것이 아니었다. 그것은 그저 그가 연구실에서 갖고 있던 데이터에서 비롯됐다.

늘 그랬듯이 이번에도 돌파구는 신기술이 마련해주었다. T세포의 상이한 유형을 표시할 수 있는 훨씬 더 정밀한 도구들이 개발되면서 T세포들을 그 표면에 있는 상이한 분자에 따라 분류할 수 있게 됐다. 신기술이 일단 문을 열어젖히면, 여러 연구소가 대상의 숨겨진 이면을 동시다발적으로 발견하는 일이 흔해진다. T세포 실험의 경우 신기술은 1993년의 중요한 실험으로 이어졌다. 두 곳의 연구팀이 독자적으로 진행한 실험이다.

피오나 파우리[Fiona Powrie]는 회계사가 되어 "전 세계를 제트기로 누비고 다니겠다는 야심"을 좇던 중 의학 연구야말로 자신이 따라야 할 진정한 소명이라는 생각을 하게 됐다. 그녀의 심경 변화를 추동시킨 요인 가운데 하나는 자가면역질환인 루푸스를 앓고 있는 어머니였다.[25] 옥스퍼드대학교에서 박사학위를 따기 위해 영국의 면역학자 돈 메이슨[Don Mason]의 실험실에서 연구를 하던 중 파우리는 T세포 중 일부를 제거한 쥐들이 자가면역질환에 걸린다는 것을 발견했다.[26] 박사학위를 딴 뒤 캘리포니아의 팰로앨토로 이주한 그녀는 미국에 본사를 둔 제약회사 셰링플라우 소유의 연구소에서 일하게 되었고, 그곳에서 해야 하는 프로젝트가 박사학위 연구를 진전시키는 일보다 흥미가 떨어진다고 생각했다. 파우리는 자신의 계획에 따라 생쥐가 T세포 중 일부를 제거했을 때 자가면역질환에 걸리는지를 계속해서 시험해보기로 결심했다.[27] 당시 그녀는 몰랐지만 다른 기업인 이뮤넥스에서 일하던 연구자들 또한 똑같은 생각을 하고 있었다.

양 팀이 이룬 진보의 핵심은 생쥐의 T세포를 두 가지 유형 군으로 분리시키는 것이었다. 첫 번째 유형의 T세포군은 이들의 수용체가 새로운 위협과 잘 맞을 경우 방어를 시작할 수 있으나, 아직 이러한 세균을 만나 배치된 적이 없는 세포―과거에는 이를 숫T세포[naïve T cell]라고 불렀다―로 이루어져 있었다. 두 번째 유형의 T세포군은 이미 '스위치가 켜져' 몸속에서 사용된 적이 있던 세포로 이루어져 있었다. 이 두 번째 T세포군에는 기능이 서로 다른 T세포들이 뒤범벅되어 있었다. 가령 감염원을 제거한 뒤 똑같은 세균이 다시 공격할 경우를 대비해 더 강력한 면역을 제공하기 위해 남아 있던 T세포, 그리고 몸의 구성 성분에 의해 활성화된 억제T세포 등이 한데 섞여 있었던 것이다. 연구자들은 두 군의 면역세포 각각을 다른 실험용 쥐들에게 주입했다. 이 쥐들은 모두 몸속에 남은 유일한 T세포가 주입받은 것뿐일 수 있도록 자체 T세포를 없애는 유전자 변형을 거친 쥐들이었다.

첫 번째 유형의 T세포군에서, 전에 스위치가 켜진 적이 한 번도 없는 숫T세포가 억제T세포가 없는 환경에서 스위치가 켜져 생쥐의 건강한 세포를 공격했고, 생쥐의 소화관에 자가면역 염증이 생겼다. 이로써 정상적인 T세포가 건강한 조직을 공격해 자가면역질환을 일으킨다는 가설-비록 T세포를 인위적으로 없앤 상황에 서지만-이 사실로 확립됐다. 동일한 생쥐에게 두 번째 유형의 T세 포를 주입한 경우 자가면역질환은 중지됐다.[28] 세균과 싸우는 일을 담당하는 특정 T세포는 몸을 공격할 수 있어서 자가면역질환을 일 으키지만, 다른 T세포-억제T세포-는 이를 미리 막을 수도 있다는 가설과 정확히 일치하는 결과였다. 미국 두 곳의 연구팀이 몇 달 차이를 두고 동일한 결과를 발표했다는 사실만으로도 이들이 발견 한 결과의 정당성은 충분했다.[29]

그 사이 일본에서는 사카구치가 억제T세포를 확인하는 더 정 확한 방법을 발견했다. 1995년, 그는 스위치가 켜진 적이 있는지 의 여부에 따라 세포를 분류하지 않고 사이토카인 수용체 단백질 수치에 주목했다. 억제T세포 표면의 특정 사이토카인 수용체 단백 질 수치가 특히 높다는 것을 발견한 것이다.[30] 그는 이 정보를 이용 해 생쥐의 면역계에서 이 T세포를 제거했다.[31] 이 작업을 위해 한 쥐에서 T세포를 추출한 뒤 특정 수용체 단백질이 있는 세포를 제 거했다. 그런 다음 남은 T세포를 다른 생쥐에게 주사했다. 이 다른 쥐 역시 자체 T세포가 없도록 유전자를 변형시킨 쥐였다. 이 다른 쥐는 자가면역질환에 걸렸다. 이는 쥐의 면역계에서 억제T세포를 제거하기만 해도 질병을 유발할 수 있음을 의미하는 것이었다. 이 것은 억제T세포의 비정상성이 상이한 많은 자가면역질환의 기저 에 있다는 사카구치의 빅 아이디어를 뒷받침해주는 발견이었다.

미국 국립보건원의 이선 샤바크Ethan Shevach는 사카구치가 이 실험에 대해 쓴 논문을 읽었지만 이를 어떻게 해석해야 할지 확신이 서지 않았다. 그는 억제T세포라는 관념을 극렬히 반대했지만 일단 겉으로 보기에 이 실험 결과는 충격적일 만큼 혁신적이었다. 샤바크는 자신의 연구실에 신참으로 들어온 앤절라 손턴Angela Thornton에게 사카구치의 연구를 재현하는 일을 맡겼다. 사카구치의 연구가 샤바크의 연구실에서 인정을 받느냐의 여부는 그의 연구 결과를 칭송해야 할지 비난해야 할지를 주류 과학계에 알려줄 중요한 신호탄이 될 터였다.

손턴은 사카구치가 발견한 모든 것이 진실이라는 것을 알아냈다. 이제 샤바크는 억제T세포의 존재-그리고 생명과 관련된 이 세포의 중요성-에 대한 생각을 완전히 바꿨다.[32] 그는 자기 연구실의 과제 전체를 억제T세포 쪽으로 바꿀 정도로 이 세포의 중요성을 확신하기에 이르렀다.[33] 샤바크의 의견은 학계에서 크게 존중받고 있었고(게다가 그는 당시 《면역학저널》의 편집장이었다[34]) 억제T세포라는 아이디어를 공격하는 최전방에 서 있던 인물로 유명했기 때문에, 그가 이 세포에 대한 생각을 바꿨다는 사실은 모든 과학자들을 집중시켰다. 사카구치는 샤바크의 태도 변화 이후 훨씬 더 많은 과학자들, 특히 미국 내 많은 과학자들이 자신의 연구를 더 주목하게 되었다고 회고한다.[35]

샤바크와 사카구치 두 연구자 모두 1998년에 억제T세포가 실험실의 배양접시에서도 면역반응을 억제할 수 있다는 것을 입증했다.[36] 이 실험들은 살아 있는 동물을 이용한 실험보다 더 간단하고 해석하기도 쉬워서 더 많은 과학자들이 억제T세포가 존재한다는 것을 확신하도록 만드는 데 기여했다. 그러나 여전히 문제는 남아 있었다. 그때까지의 모든 연구는 동물이나 동물의 세포를 대상으로 행해졌고 그 어떤 것도 인간을 통해 밝혀지지는 못했다. 억제T세포를 연구하는 실험실이 극소수였다는 단순한 이유에서 빚어진 결과였다. 억제T세포의 존재에 대한 의구심이 컸던 세월이 꽤나 긴 탓이었다.[37] 결국 2001년, 억제T세포에 관한 개념이 최초로 제시된 지 30년 만에 여섯 개의 연구팀이 동시에 인간의 억제T세포를 확인했다.[38]

지금 생각해보면 억제T세포를 그토록 오랜 세월 동안 찾지 못했다는 게 이상할 지경이다. 억제T세포에 대한 예측 중 일부가 틀린 것으로 판명되었다는 이유만으로 과학계 전체가 목욕통의 물을 내다버리면서 아기까지 버렸던 게 아닌가 하는 생각이 들 정도다.[39] 다시 말해 중요한 장애물은 억제T세포를 상세히 연구할 수 있도록 이를 분리할 방법이 없었다는 것이다. 그러나 나는 또 다른 쟁점 하나가 이러한 오류의 원인이었다고 생각한다. 즉 당시 과학자들은 판단을 지나치게 빨리 내렸다는 것이다. 오늘날 우리는 면역계의 복잡다단함 때문에 어떤 실험에 대한 해석도 맞거나 틀린 것으로 재단할 수 없다는 것을 잘 알고 있다. 샤바크의 국립보건원 동료 중 한 사람인 론 제르맹[Ron Germain]이 말한 대로 우리는 이제 "모든 보고서와 논문에 나오는 내용을 올바르게 이해할 수 있는 과학자들의 역량이 완전하지 않다는 것"을 더 잘 알게 됐다.[40] 과학 지식의 성장은 과학계 사람들의 생각 또한 성장시킨다.

인간 억제T세포가 존재한다는 사실이 널리 수용될 무렵 '억제T세포'라는 이름을 다시 쓸 수 없다는 사실이 명백해졌다. 이 이름은 이미 10년 넘는 세월 동안 사이비 과학이라는 이미지와 동일시되어버렸기 때문이다. 이제 바꿔야 했다. 새로운 출발에는 새 이름이 필요했다. 이제부터 이 세포들은 '조절T세포$^{\text{regulatory T cell}}$'(혹은 Treg/T-reg)라는 이름으로 불릴 터였다.[41] 조절T세포의 그림자를 본 지 수십 년이 지나고서야 이 세포들은 마침내 면역계의 중요한 일부로 인정받게 됐다. 이제 조절T세포는 '가디언즈 오브 갤럭시', 은하계의 지킴이 세포로 각광받게 됐다.[42]

은하계의 수호자, 조절T세포

조절T세포와 자가면역질환에 대한 지식이 다시 한 번 도약했던 근원은 의외의 사건, 즉 맨해튼 계획(제2차 세계대전 중 미 육군의 원자폭탄 개발 계획-옮긴이)이었다. 맨해튼 계획이 세계 최초로 핵무기를 생산하면서 이에 대응해 1947년에 오크리지국립연구소$^{\text{Oak Ridge National Laboratory}}$ 내에 포유류유전학연구소$^{\text{Mammalian Genetics Laboratory}}$가 설립됐다. 방사능의 위험을 파악하려는 목적에서였다. 이 노력은 급기야 거대한 연구 프로젝트로 성장했다. 장장 6년 동안이나 지속된 연구였다. 그 정점에 있던 건물이 마우스하우스라고 알려진 '빌딩9210'이다. 빌딩9210은 총 3만 6000개의 우리를 집어넣은 방 66개짜리 대형 건물이다. 각 우리에는 한 마리에서 여섯 마리까지 성별이 같은 쥐를 넣어놓았다.[43] 이 연구소 소장 빌 러셀[Bill Russell]은 쥐가 담긴 우리를 잔뜩 실은 낡은 포드 자동차를 네바다 사막의 핵실험 구역까지 몰고 갔다. 핵폭탄 실험을 하는 동안 쥐들을 방에 넣고 핵 방사능에 피폭시킨 뒤 러셀은 방사능에 피폭된 쥐들을 오크리지로 데려와 이들의 유전자 돌연변이의 효과를 분석했다.[44] 이 쥐들의 후손들, 그뿐 아니라 다른 유형의 방사능이나 돌연변이 유발요인에 노출된 쥐들 또한 다수의 실험실에서 무수한 실험에 이용됐다. 이 실험에 대한 독자 여러분의 견해는 다양할 것이다. 비인간적이라고 볼 수도 있고, 반대로 필요한 일이었다고 볼 수도 있고, 아니면 비인간적이지만 어쩔 수 없는 일이라고 생각할 수도 있다. 그러나 어쨌건 실험은 이미 벌어졌고, 방사능의 위험에 대한 지식을 보태주었으며, 생쥐를 인간 유전질환의 모델로 연구할 수 있는 기회를 제공해주었다.

오크리지국립연구소에서 가장 유명한 생쥐 군락지 중 하나가 생겨난 것은 1949년이다. 이곳의 쥐들은 특정 방사능이나 돌연변이 유발요인에 노출시키지 않았지만 순전한 우연으로 분명 다른 쥐들과 달랐다. 이 쥐들은 면역세포가 모이는 기관이 다른 쥐에 비해 컸고, 예상보다 빨리 죽었다. 1991년, 이 쥐들이 겪는 문제가 격렬한 자가면역질환 때문이었음이 밝혀졌다.[45] 이 시절에는 유전자 분석이 쉽지 않기 때문에 이 쥐들에게서 돌연변이가 일어난 유전체 내 구역을 찾아내는 데 또 6년이 걸렸다. 이 유전체 구역에는 상이한 20개의 유전자가 있었고, 이들 중 마지막 것을 따로 테스트한 결과 쥐들에게 자가면역질환을 일으키도록 돌연변이가 발생한 단일 유전자로 판명됐다.[46] Foxp3, 즉 Forkhead box P3라는 이름의 유전자였다(Fox-P-3라고 한다. 이 길고 복잡한 이름은 초파리를 통해 처음 연구한 관련 유전자에서 유래한 것이다. 이 돌연변이 때문에 초파리는 포크 모양의 머리를 갖게 됐다). DNA의 작은 파편이 우연히 이 유전자에 끼어들어가 유전자가 제대로 작동하지 못하게 되었고, 이것이 자가면역질환을 유발했다.[47]

동물에서 발견된 이 놀라운 결과는 인간의 동일한 유전자 또한 질병을 일으킬 수 있다는 것을 의미했고, 이는 머지않아 사실로 밝혀졌다. 인간 Foxp3 유전자의 돌연변이는 IPEX증후군이라는 희귀한 질환(이는 면역조절장애immune dysregulation, 다발성내분비병증polyendocrinopathy, 장질환enteropahy, 연관증후군X-linke syndrome의 합성어다)을 가진 환자들에게서 확인됐다.[48] 이 증후군-하도 희귀해서 발병조차 잘 알려져 있지 않다-의 특징은 다양한 기관에 대한 자가면역의 강력한 공격이다.

중요한 질문은 '도대체 왜?'라는 것이었다. Foxp3 유전자의 기능이 무엇이기에 이 유전자의 기능 부진이 자가면역질환을 일으켰던 것일까? 단서는 IPEX증후군의 증상이 조절T세포를 제거한 생쥐에게서 나타난 자가면역질환과 비슷하다는 사실이었다.[49] 이러한 유사성은 Foxp3 유전자와 조절T세포가 연관되어 있을지도 모른다는 생각으로 이어졌다.

2003년, 세 곳의 연구팀―일본의 사카구치 연구팀과, 알렉산더 루덴스키[Alexander Rudensky]와 프레드 램스델[Fred Ramsdell]이 각각 이끄는 미국 내 두 곳의 연구팀[50]―은 Foxp3 유전자의 활동이 조절T세포와 관련이 있을 뿐 아니라 조절T세포의 발달과 기능에도 필수적이라는 것을 발견했다.[51] 사실 이 한 가지 유전자의 활동 하나가 정상 T세포를 조절T세포로 바꿔 세포의 목적을 면역반응 증가에서 약화로 바꿔놓는다. 이 발견은 그 자체만으로도 꽤 극적이었다. 단 한 가지 유전자의 스위치가 켜지거나 꺼지기만 해도 세포의 핵심 성질이 바뀌는 것이다. 하나의 유전자에 불과한 Foxp3가 이렇게 강력한 이유는 그것이 약 700개 다른 유전자의 활동을 직접 통제하는 단백질을 코딩하기 때문인 것으로 밝혀졌다.[52] 결국 Foxp3 유전자는 네트워크의 중추이자 주 조절유전자[master control gene]인 것이다.

이 발견으로 조절T세포 관련 연구가 폭발적으로 증가했다. Foxp3는 전에 사용되었던 그 어떤 표지자보다 더 믿을 만한 세포의 표지자였고, 이를 통해 조절T세포를 추적 및 분리해 체계적으로 연구할 수 있게 됐다. 후속 연구는 조절T세포가 한 가지 이상의 방식으로 원치 않는 면역반응에 맞서는 역할을 해준다는 것을 밝혀냈다. 조절T세포는 국부적 면역반응을 약화시키는 사이토카인을 분비하는 한편, 또 다른 면역세포를 건드려 활동의 스위치를 끌 수 있다. 조절T세포가 특히 풍부하다고 밝혀진 몸속 부위는 소화관이다. 특히 소화관에서 면역계는 무엇이 해로운지 아닌지를 능숙하게 알아내, 파우리의 말대로 "연어[salmon]와 살모넬라[salmonella] 균"을 구

분할 수 있어야 한다.[53]

그뿐만이 아니다. 소화관 속 조절T세포는 면역계에서 가장 어려운 일을 한다. 흔히 면역계는 몸속에서 발견되는 박테리아에 맞서 반응하지만, 소화관 내의 조절세포들은 우리 몸에 이로운 박테리아인 장내미생물에 해로운 반응이 하나라도 일어나지 않도록 미리 예방하는 일을 맡는다. 이 장내미생물은 장내에 살면서 이에 대한 보답으로 소화되지 않는 식물 분자들을 소화시키고, 음식에서 영양분을 뽑아내고, 비타민을 합성하는 일을 돕는다. 이들은 면역계가 퇴치하기는커녕 보존해야 하는 공생관계의 당사자들이다.

사실 면역계는 이러한 공생관계를 보존하는 역할 이상의 기능을 수행한다. 관계를 만들어내는 것이다. 소화관은 극도로 복잡한 체계다. 이곳에는 수조 개의 박테리아—몸 전체의 세포 수만큼 많다[54]—가 살면서 생존하고 죽고 경쟁하며 협조한다. 게다가 장내에는 말로 다할 수 없을 만큼 무수한 바이러스와 균류도 포진해 있다. 이들에 대해서 우리가 아는 바는 거의 없다고 해야 할 정도다. 소화관은 사람마다 다를 뿐 아니라 사춘기, 임신기 그리고 매번 달라지는 생리적 상태나 병증의 상태마다 변화를 거듭하는 우리 안의 우주다.[55] 장내미생물은 심지어 음식을 먹거나 배설할 때마다 변하기 때문에 면역계는 필요할 때 탄탄한 방어를 지속하는 동시에 이 끊임없는 변화와 흐름을 버텨낼 수 있어야 한다. 면역계가 위협을 놓치면 우리의 몸은 음식이나 음료 속 세균이 초래할 수 있는 질병에 고스란히 노출된다. 또 면역계가 소화기에 살고 있는 미생물에 과도하게 반응하면 거기서 비롯되는 염증은 소소한 불편부터 만성 장염까지 수많은 문제를 초래할 수 있다.

면역계는 행동을 적절히 조절하고 소화기 안의 상이한 박테리아를 필요대로 유지하기 위해 대사물질^{metabolite}이라는 작은 분자들에 반응해 스위치를 켜고 끈다. 대사물질은 장내 박테리아의 복제 및 성장의 부산물이다.[56] 몸이 원하는 박테리아로부터 나오는 대사물질들은 면역세포의 민감성을 약화시켜, 박테리아가 존재할 때 스위치가 켜지지 않게 막는다.[57] 만일 몸이 원하는 박테리아에서 나오는 대사물질 수치가 떨어지면 면역계는 이러한 변화를, 해로운 박테리아가 정상적인 박테리아의 자리를 차지했다는 신호로 받아들인다. 이 경우 면역계는 즉시 우리의 몸, 그리고 그 안에 살고 있는 장내 박테리아를 보호하는 행동에 돌입한다. 이러한 방식으로 면역계는 우리를 질병에서 보호해주는 일 이상의 역할을 한다. 다시 말해 우리 자신과 우리 안에 대량으로 서식하고 있는 박테리아 간의 긴요한 공생관계를 직접 유지하는 역할을 수행하는 것이다.

장내 면역계는 어떤 분자를 감지해냄으로써 더 직접적으로 문제를 찾아 나서기도 한다. 이 분자는 정상적인 상황에서는 세포 속에서 작용하다가 박테리아나 바이러스가 세포를 떠나는 일이 벌어질 때 세포가 열렸다는 사실을 면역계에 경고해주는 역할을 한다. 대개 이 분자는 세포 내에 있을 때는 면역계와 아무 상관이 없지만−이들은 세포가 복제를 하거나 움직이는 데 중요할 수 있다[58]−

일단 세포 밖으로 나오면 문제가 생겼다는 일종의 조난신호로 작동하기 때문에 알라르민^{alarmin}이라고 부른다.

이러한 발견은 미국 국립보건원의 'T세포 관용 및 기억 부서^{T Cell Tolerance and Memory Section}'의 책임자인 폴리 매칭거^{Polly Matzinger}가 Foxp3와 조절T세포 간의 연관성이 확립되기 거의 10년 전에 제시한 빅 아이디어와 잘 들어맞는다. 매칭거는 1989년에 제인웨이가 제시했던 가설, 즉 면역계가 몸에 이질적인 것들을 감지함으로써 작용하는 것이 아니라 구체적인 세균을 감지함에 틀림없다고 했던 아이디어를 숙고했다. 그러나 그는 아예 그럴 필요조차 없다는 것을 깨달았다. 신체는 모든 바이러스나 세균에 대응하는 면역반응을 유발할 필요 없이 그저 손상을 일으키는 세균에 대해서만 반응하면 되는 것이다. 매칭거의 결론에 따르면 효과적인 면역계는 위험한 것들에 대해서만 반응하면 된다.[59] 결국 그는 면역계가 몸에 대한 해악을 감지함으로써 작동한다는, 포괄적이면서도 가장 중요한 원리를 제시한 셈이다.[60]

1994년, 매칭거가 이러한 가설을 공개하자 학계는 발칵 뒤집혔다.[61] 한편에서는 그의 주장이 지구를 우주의 중심에서 변방으로 옮겨버린 16세기 코페르니쿠스의 혁명만큼이나 완전히 혁신적인 이론이라고 칭송했고, 다른 한편에서는 "그런 추론과 결론이 어떻게 동료검토를 통과했는지 모르겠다"며 쏘아붙였다.[62] 이 극렬한 저항의 이유 중 하나는 매칭거가 과학계로 들어온 배경이 남달랐기 때문일 수 있다. 그는 재즈뮤지션으로 활동한 데다, 덴버의 클

럽에서 플레이보이 웨이트리스로 일한 이례적인 경력의 소유자였다.[63] 게다가 그녀의 짓궂은 행각은 악명이 자자했다. 세계 최고의 과학 저널에 발표한 자신의 연구 논문 중 한 편의 공저자로 반려견의 이름을 넣은 것이다.[64] 그녀의 말에 따르면 그일 이후 그녀는 그 저널의 편집자가 사망할 때까지 15년 동안 그 지면에 글을 발표할 수 없었다. 처음에 그녀에게 연구원 종신직을 제공할 것을 고려했던 국립보건원 측은 개의 이름을 공저자로 올린 것이 사기가 아니라는 결론을 내렸다. 그 개는 연구실을 방문한 적이 있었고 다른 논문의 공저자들에 비해 연구에 기여를 덜했다고 볼 수 없다는 이유에서였다.

오늘날 매칭거의 생각은 그다지 큰 논란을 일으키지는 않는다. 소화관과 다른 몸속 부위의 면역반응이 손상된 조직에 의해 추진되고 형성된다는 증거가 다수 존재하기 때문이다. 내 생각은 매칭거의 이론으로 면역계의 작동 방식에 대한 다른 이론들을 바로 대체할 필요는 없다는 것이다. 면역계가 하는 모든 일이 한 가지 포괄적 원칙에 정확히 들어맞을 것으로 기대해서는 안 된다. 면역계는 자기와 비자기를 구별하고, 세균을 감지하며, 위험에 대응하고, 이 모든 일을 동시에 골치 아플 만큼 복잡하게 해낸다. 면역계는 그 어떤 단일한 원리로도 온전히 요약할 수 없는 다양한 메커니즘을 사용하는 것이다.[65]

면역계의 작용이 얼마나 복잡한지 보여주는 한 가지 사례를 살펴보자. 장내 벽이 손상되었을 때 방출되는 특정 종류의 알라르민은 정상적인 T세포가 아니라 조절T세포를 작동시킨다. 이것은 면역계의 스위치를 켜지 않고 오히려 꺼버리는 것이다.[66] 손상은 당연히 감염으로 인한 문제가 있다는 것을 나타내고 이는 면역반응을 일어나게 하지만, 면역계가 자기 멋대로 더 큰 해악을 끼치지 못하도록 제약하는 것도 필요하다. 이 알라르민이 면역반응을 약화시키는 정도는, 침입한 세균의 강도를 나타내는 역할을 맡는 사이토카인 등 면역계에 존재하는 다른 분자들의 수치에 따라 달라진다.[67] 대사물질, 알라르민과 사이토카인 등 작은 분자들이 살고 있는 우리 몸속의 우주는 다양한 장내 박테리아나 침입한 세균, 손상을 입은 세포들의 존재를 고려하면서 면역계 활동의 강도를 올리거나 내리는 것이다.

이 복잡다단한 기폭장치와 제어장치의 혼합물은 우리가 먹는 음식에 의해서도 조율된다. 장내 박테리아가 수행하는 가장 유명한 기능은 과일이나 채소나 곡물에서 오는 섬유질의 소화를 돕는 일이다. 장내 박테리아가 없다면 이러한 물질을 소화시키는 일이 매우 힘들 것이다. 섬유질이 많이 함유된 음식은 혈압 강하부터 대장암 위험의 감소까지 신체에 광범위한 영향을 끼친다.[68] 이러한 음식은 특히 면역계에도 영향을 끼친다. 박테리아가 수용성 섬유질을 분해할 때 생산되는 분자들 중 많은 것들은 조절T세포의 생산을 자극하기 때문이다.[69] 최소한 생쥐의 경우 섬유질 함유량이 높은 음식은 조절T세포의 수를 늘림으로써 자가면역질환을 예방해준다.[70]

몸 안의 작은 우주, 장내미생물

장내미생물과 면역계 간의 관계를 시험하기 위해, 장내미생물의 양을 조절한 쥐를 만드는 방법이 개발됐다. 첫 번째 쥐는 다량의 항생제를 투여해 장내미생물을 고갈시킨다. 두 번째 쥐는 미생물이 아예 없는 환경에서 번식시켜 장내미생물이 전혀 없다. 장내미생물이 아예 없는 쥐는 무균쥐germ-free mice라고 부른다. 쉬운 영어로 표현할 수 있는 학명을 갖는 드문 기회를 누리는 생명체가 된 셈이다. 무균쥐들은 태어나서 평생을 안이 환히 비치는 플라스틱 내부에서 봉인된 채 살아가며, 세균을 없애기 위해 방사능을 쬔 음식을 공급받는다. 이들은 체내에 다른 어떤 생명체도 증식하지 않는 지구상의 유일한 동물이다. 쥐의 장내미생물을 항생제로 줄이건, 장내미생물이 애초에 없건 이 쥐들의 면역계는 급격히 변한다. 여기에는 조절T세포 숫자의 급감이 포함된다.[71] 그런데도 생쥐들은 무균 시설에서 오래 살아갈 수 있다. 따라서 이들에게 장내미생물이 절대적으로 필요하다고 볼 수는 없다. 생쥐와 인간과 다른 모든 동물은 미생물 가득한 세상에서 살도록 진화해왔다. 우리가 빛과 어둠의 24시간 주기를 가진 지구상에서 살도록 진화한 것과 마찬가지다. 이러한 상황에 변화가 닥칠 때 우리의 일부, 특히 면역계는 방향감각을 잃고 혼란에 빠진다.

현대적 위생 개념이 등장하면서 평균적인 인간의 장내미생물이 변했을 가능성이 있다. 오늘날 우리는 수백 년 전 인간 종에게 익숙했던 세균의 숫자보다 훨씬 더 적은 세균에 노출되어 있다. 가령 미생물의 감소로 우리가 가진 조절T세포의 숫자가 줄어들었을 수 있다. 조절T세포의 숫자가 줄어들면 면역계에 대한 제약도 감소하기 때문에 자가면역질환뿐 아니라 음식 알레르기 같은 온갖 종류의 알레르기 수치가 상승할 수 있다. 이는 런던의 성조지병원에서 일하는 데이비드 스트래천^{David Strachan}이 처음 제시했던 '위생가설 hygiene hypothesis'과 일치한다. 그는 1958년 3월에 태어난 1만 7000명 이상의 아동을 조사했고, 1989년에 이들이 꽃가루 알레르기에 걸렸느냐의 여부가 이들이 태어난 가족의 규모, 특히 형이나 누나, 오빠나 언니의 수와 상관관계가 있다고 추정했다.[72] 그는 평균적으로 볼 때 가족 구성원의 수가 적을수록 초기 감염 빈도가 낮다는 것을 알아차렸다. 이를 통해 그는 아동기 초기의 감염이 꽃가루 알레르기를 예방할 수 있고, 따라서 알레르기는 위생의 증가로 더 흔해진다는 결론을 내릴 수 있다고 주장했다. 스트래천의 생각은 그 이후로 알레르기에 대한 상식을 이끌어왔다.

물론 위생가설은 현대의 위생 기준이 건강에 나쁘다는 것을 시사하지는 않는다. 결국 현대적 위생의 발달로 감염질환은 확연히 감소했고, 위생 상태의 개선으로 속도를 늦추거나 심지어 제거했던 감염이나 기생충을 도로 불러들여야 한다고 생각하는 전문가는 거의 없다. 위생가설 때문에 씻는 일을 등한시해야 할 필요도 없다. 샤워나 목욕을 자주할 경우 알레르기나 자가면역질환의 위험이 증가한다는 것을 보여주는 증거는 전혀 없다. 하지만 소규모 농장에서 자라난 아이들이 알레르기에 덜 걸린다는 증거는 있다. 따라서 '더러운' 환경 속의 무언가가 도움을 주는 것일 수 있다. 중요한 문제는 도움을 주는 그것이 무엇인가 하는 것이다.

질문에 대한 답을 찾기 위해 과학자들은 미국 내의 비교적 고립된 농업 공동체 두 곳을 대상으로 실험을 실시했다. 한 곳은 아미시파교도들의 공동체, 또 한 곳은 후터파교도들의 공동체였다. 이들은 혈통이 유사한데도 천식에 걸리는 비율이 다르다. 아미시파교도의 아이들은 천식 비율이 약 5퍼센트 정도로 비교적 천식에 강하다. 반면 후터파교도의 아이들은 천식에 걸리는 확률이 아미시파교도 아이들의 약 네 배에 달한다. 양쪽 공동체 모두 대가족 생활을 하고 비슷한 식사를 하는데다 아동기 접종도 비슷하게 받지만 한 가지 차이가 있다. 아미시파 공동체 사람들은 가구마다 낙농장을 따로 운영하는 전통 농업 방식을 고수하는 반면, 후터파 공동체 사람들은 대규모로 기계 농업을 한다는 점이다. 각 공동체 사람들이 사는 환경은 유사하나 아미시파 공동체 아이들은 동물들이 사는 헛간과 더 가까이 살면서 동물과의 접촉이 더 잦은 셈이다.[73] 아미시파 공동체 아이들의 천식 비율이 더 낮다는 사실은 위생가설에 잘 맞는다. 소규모 농장에서 발견되는 미생물이 면역계를 자극함으로써 결국 이 아이들이 천식을 견딜 수 있게 해주는 요인일 수 있기 때문이다.

아미시파와 후터파 공동체 아이들의 면역계 상태에 차이가 있는지를 검증하기 위해 시카고와 애리조나 주의 대학 소속 연구자들이 주축이 된 연구팀이 취학 연령 아동 60명에게서 채취한 혈액 샘플을 분석해 혈액 속 면역세포 수의 차이와 활동하는 유전자 유형을 살펴보았다.[74] 그 결과 아미시파 공동체 아이들의 선천면역세포, 즉 세균의 징후를 알아보는 세포가 낮은 수치로나마 지속적으로 자극 받고 있다는 것을 발견했다. 박테리아는 계속해서 이들의 면역계를 살살 간질이고 있었던 것이다.

아미시파 공동체 농장의 미생물이 천식에 영향을 끼치는지의 여부를 더 알아보기 위해 연구팀은 아미시파와 후터파 공동체 농장에서 미생물이 함유된 흙을 가져다 천식 증상이 있는 생쥐들에게 주사했다. 놀랍게도(연구팀의 한 연구자의 말 그대로 "우와!"라고 경탄이 터져 나온 순간이었다) 후터파 농장의 흙이 아니라 아미시파 농장에서 가져온 흙이 생쥐의 천식 증상을 억제했다.[75] 위생가설의 타당성을 보여주는 이러한 결과는 아미시파 농장의 미생물이 천식 퇴치에 기여할 수 있다는 것을 보여주었다. 하지만 결과가 아무리 극적이어도 불행하게도 이것은 즉각적인 치료로 이어지지 못한다. "누구나 집에 소 한 마리씩 키우면 아무도 천식에 걸리지 않겠지만 그건 쉬운 일이 아니잖아요."《워싱턴포스트》와 인터뷰한 한 연구원이 농담 삼아 한 말이다.[76] 집집마다 소를 키울 수는 없겠지만 이러한 종류의 지식이 쌓여갈수록 면역계가 천식을 중단시키도록 자극할 수 있는 참신한 방법을 발견할 수도 있다. 아미시파 농장에서 가져온 흙에 존재하는 박테리아를 비활성화시켜 새로운 버전의 박테리아를 만드는 식의 방법도 써볼 수 있지 않을까.

항생제 사용 역시 알레르기 위험을 증가시키는 요인으로 지목되어왔다. 항생제는 박테리아 감염을 막아주어 우리의 생존에 지대한 영향을 끼치는 중요한 물질이지만, 항생제가 전혀 효과를 내지 못하는 바이러스 감염자들에게까지 이를 사용하는 등 과용되어 온 것도 사실이다. 심지어 꽤 오랫동안 항생제를 쓰지 않았다고 자신하는 사람들조차 부지불식간에 항생제를 흡수했을 수 있다. 농업에 쓰이는 항생제가 우리가 먹는 음식과 식수에 스며들었을 수 있기 때문이다.[77] 이로 인한 유명한 한 가지 부작용은 약물에 내성을 지닌 박테리아의 증가다. 이 때문에 전 세계 병원에서는 항생제 사용 빈도를 줄이려고 노력중이다. 아직 논의가 본격적으로 진행되지 못한 문제도 있다. 항생제가 우리 몸에 살고 있는 장내미생물에 해악을 끼쳐 체내 미생물계를 바꿔놓을 가능성이다.[78] 아동이나 산모들의 항생제 사용은 아동기 천식의 원인으로 지목되어왔지만, 이는 항생제 사용 자체가 천식 위험을 증가시킨다는 뜻은 아니다. 항생제와 천식의 연관성은 가족들을 천식뿐 아니라 항생제가 필요한 감염에 걸리게 하는 유전적 또는 환경적 요소가 원인일 가능성이 높다.[79] 항생제가 장내미생물을 바꿀 경우의 결과는 아직 뚜렷하게 규명되어 있지 않다.

장내미생물에 영향을 끼친다고 알려져 있는 요인은 항생제뿐만이 아니다. 또 다른 요인은 우리가 살고 있는 장소다. 한 연구는 핀란드와 에스토니아와 러시아 아이들의 장내미생물을 비교했다. 아동기의 자가면역질환은 핀란드와 에스토니아에서는 비교적 흔한 데 비해 러시아에서는 훨씬 드물다. 각국에서 74명의 아동을 피실험자로 모집해 총 222명의 아동들의 대변을 3년 동안 매달 분석했다. 이들의 장내미생물 내 박테리아 성분을 기록하기 위해서다. 이와 병행해 이 아동들의 부모는 모유수유 여부, 식사, 알레르기, 감염, 가족 병력, 약물 사용에 대한 설문지를 작성했다.[80] 이 대규모 실험은 지리적 위치가 영아의 장내미생물에 중요한 영향을 끼친다는 것을 입증했다. 식사와 항생제 사용, 그리고 다른 복합적 요인과 독립적으로 특정 유형의 박테리아가 핀란드와 에스토니아 아동의 체내에 특히 많았던 반면, 또 다른 유형의 박테리아는 러시아 아동의 체내에 더 많았다. 특히 태어난 첫해나 그다음 해까지의 박테리아 분포가 그랬다.

그뿐 아니라 핀란드와 에스토니아 아이들의 장내미생물에 많은 박테리아의 분자 성분은 면역세포의 스위치를 끄는 것으로 알려져 있는 반면, 러시아 아이들에게 흔한 박테리아의 동일 분자는 약간 달라서 오히려 반대로 면역반응을 일으키는 경향이 있다. 이러한 결과는 아동의 장내 박테리아 구조가 이들의 면역계 발달 방식에 영향을 끼친다는 가설과 부합한다. 달리 말해 러시아 아이들에게 흔한 박테리아는 자가면역질환을 막아준다. 그 이유는 태어나서 면역반응을 일찍 일으킬수록 살아가면서 면역계가 적절히 반응하도록 훈련하는 데 도움이 되기 때문이다.[81] 과학적 의의가 큰 이 실험 결과 역시 알레르기나 자가면역에 대한 편리한 의료적 해결책을 바로 제공해주지는 못한다. 부작용도 불확실하고, 이 분자들이 알레르기나 자가면역질환을 일으킬 위험 역시 불분명한 상황에서 건강한 아이들을 세균이나 세균 분자에 일부러 노출시킬 수는 없는 노릇이기 때문이다. 다만 우리가 먹는 음식을 조절하거나 보충하는 등의 방법을 적용해볼 수는 있다.

음식을 조절하는 한 가지 방법은 채소의 섬유질이나 장내 박테리아 증식을 북돋아주는 보조제-프리바이오틱스[prebiotics]-를 이용하는 것이다. 이러한 보조제는 체내 면역계 상태를 우리 몸에 유리한 쪽으로 바꾸어줄 수 있다. 그러나 특정한 종류의 박테리아를 키우되 그 박테리아와 가깝지만 해로운 종의 박테리아는 커지지 않도록 하는 일은 쉽지 않다.[82] 또 다른 방법은 살아 있는 박테리아-프로바이오틱스[probiotics]-를 요구르트나 다른 음식으로 섭취하는 것이다. 프로바이오틱스도 장내미생물의 구조를 바꿔 면역계에 영향을 끼칠 수 있다. 프리바이오틱스와 프로바이오틱스 중 어떤 것이 도움이 되는지에 대한 명확한 증거는 없지만, 면역계에 대한 지식이 축적되면서 약물과 다른 것으로 취급받는 보조제를 설계하는 일의 정확성과 정밀성, 의료적 효과도 커질 것이다.[83]

프로바이오틱스를 더 정교하게 만들 수 있는 방법 중 하나는 유전자 변형을 거친 생박테리아를 이용하는 것이다. 유전자 향상을 거친 박테리아는 생산이 기술적으로 쉽다. 어떤 연구소도 쉽게 따를 수 있는 표준 조제법을 쓰기 때문이다. 박테리아를 새로운 분자와 섞고 일부 화학물질을 첨가한 다음 전기 펄스를 주면 완성이다. 심지어 인간 유전자를 삽입하는 것도 쉽다. 박테리아는 이미

1978년부터 인슐린 생산을 위해 이 같은 식으로 변형됐다. 물론 이 때는 인슐린을 약물로 생산했고 박테리아는 약물을 생산하는 공정 중 하나로 만들어진 것이지만, 이때 사용했던 기술은 음식에 바로 첨가할 수 있는 유전자 변형 생박테리아를 만드는 데 필요한 기술과 근본적으로 동일하다. 통상 조절T세포에서 나오는 사이토카인을 생산하도록 유전자를 변형시킨 생쥐 속 박테리아는 자가면역질환 증상을 중단시킬 수 있다.[84] 이것은 아직 인간 임상실험을 거치지 못했지만 이와 같은 신약, 그리고 우리가 아직 생각해내지 못한 다른 신약은 조절T세포에 대한 지식이 늘어날수록 현실이 될 것이다. 게다가 이것은 빙산의 일각에 불과하다.

  몸이 스스로를 공격하게 만드는 것을 찾아내면 면역계의 작용 방식을 더 깊이 알 수 있다고 생각했던 사카구치는 옳았다. 사카구치 이전에 정통 면역 이론에서 통용되던 관념은, 몸을 이루는 성분을 공격하는 면역세포는 면역계에서 걸러지며 애초에 혈류에 도달하지도 못한 채 흉선에서 제거된다는 것이었다. 그러나 사카구치, 그리고 그와 동시대를 살았던 과학자들은 상황이 이보다 훨씬 더 복잡하다는 것을 입증해냈다. 면역계에는 몸의 구성 성분을 감지해낼 수 있는 세포들이 포함되어 있으며, 이들은 면역반응을 막는 파수꾼 역할을 하기 위해 그곳에 있는 것이다. 게다가 우리는 이제 이 지식도 빙산의 일각에 불과하다는 것을 알고 있다. 사실 T세포의 유형이 상당히 많기 때문이다. 이러한 다양성은 '정상'과 '조절' 세포라는 조악한 범주로 나뉘는 수준을 훨씬 넘어선다.

아닌 게 아니라 면역세포 전체를 분류하는 체계는 정말 조잡하다. 그동안 면역세포는 얼마 안 되는 표지자—여기서 표지자란 대개 한 가지나 두 가지의 특별 단백질 분자다—와 세포의 기능에 대한 개괄적 지식에 따라 분류되어왔다. 자연살해세포라는 백혈구는 암세포를 죽이는 데 능하고, 대식세포는 박테리아를 먹어치우는 데 능하다는 식의 분류가 전부였던 것이다. 이제 우리는 자연살해세포건 대식세포건 그 유형이 아주 다양하고 숫자도 많다는 것, 우리가 분류해낸 세포의 범주 각각에 수많은 하위 범주가 있다는 것을 알게 됐다. 수천 가지 상이한 유형의 자연살해세포를 분류하는 방법을 찾아낸 연구도 있을 정도다.[85]

앞에서도 언급했지만 동일한 면역세포의 범주에 속한 세포들 중 일부는 면역반응을 일으키도록 작용하는 반면, 일부는 반응을 중단하도록 작용한다. 그뿐 아니라 면역세포의 각 특징은 그것이 몸의 어느 부위에 있는가에 따라서도 달라진다. 장내 면역세포는 폐에 있는 면역세포보다 박테리아를 더 잘 견딘다. 거칠게 말해서 면역계가 지금 하고 있는 그 모든 일을 어떻게 해내는지 이해하기란 극히 어렵다. 그렇다고 기겁할 필요는 없다. 구글 검색엔진처럼 매우 간단해 보이는 원리도 그것을 만든 과정을 이해하기란 지극히 어렵다. 단어 몇 개 검색하자고 인터넷을 뒤지고 다니는 일은 이제 일상이 되었지만, 사실 그 뒤에는 엄청나게 복잡한 알고리듬이 연계되어 있으며, 그 각각은 한 사람이 아니라 여러 사람으로 구성된 전문가가 고안해낸 것이다. 그리고 각 팀의 전문성은 이들이 고안해낸 알고리듬의 부분을 넘어 확장되지 못한다.

면역학이 승리를 맛보기 시작한 이유—인류가 건강 혁명의 여명기에 있다고 말해도 과장이 아닌 이유—는 면역계의 중추 중 일부를 알아냈기 때문이다. 활동을 증가시키거나 중단시키는 약물을 투입할 때 면역계 전체의 행동을 극적으로 바꾸는 세포와 분자들이 바로 그 중추다. 이러한 약물을 항사이토카인 혹은 사이토카인 억제항체라고 한다. 가령 단 하나의 사이토카인인 TNF를 차단하기만 해도 관절염의 염증을 완화시킬 수 있다. 이 경우 TNF는 면역 세포가 상호 연쇄작용을 통해 자가면역 공격을 증폭시키는 되먹임 회로를 끊어버림으로써 폭풍처럼 몰려오는 효과를 차단하는 것이다. 만일 면역계의 또 하나의 중추임이 틀림없는 조절T세포의 작용이나 수치에 영향을 끼칠 수 있는 약물이나 음식 혹은 프리바이오틱스나 프로바이오틱스가 개발된다면 우리는 알레르기와 다른 자가면역질환에 대한 새 치료법을 갖게 될 것이다.

그 사이에 면역학 혁명의 다음 본거지, 이미 어느 정도 혁명을 일구어낸 본거지는 바로 암 치료 분야다. 암 치료 분야에서는 최근 면역계를 조절하는 완전히 다른 방식이 발견되고 그에 대한 지식이 축적되면서 새로운 의학 분과가 탄생했다.

8_____ 약의 운명, 더 많은 생명을 구하는 일

"짐은 환자를 만날 때마다 울어요." 2016년 《뉴욕타임스》와의 인터뷰에서 짐의 아내 파드매니 샤마가 한 말이다.[1] "뭐, 매번은 아니고요." 짐이 덧붙였다. 일명 짐이라 불리는 제임스 앨리슨James Allison과 파드매니 샤마Padmanee Sharma는 텍사스 주 휴스턴의 MD앤더슨암센터 MD Anderson Cancer Center에서 함께 일한다. 이들은 2005년에 만나 2014년에 결혼했다. 이들이 만나기 10년 전 앨리슨과 그의 연구팀은 암 치료제의 혁명을 가져온 중대한 발견을 해냈다. 대대적인 광고가 벌어졌고 그럴 만도 했다. 암 전문의들은 앨리슨의 아이디어가 판을 뒤흔들 정도로 대단한 것이라는 데 동의했고, 이제 그의 아이디어는 수술과 방사능 치료와 항암화학요법과 함께 일부 종류의 암에 대한 치료의 주류 선택지로 자리 잡았다.[2]

한 가지 사례를 들어보자. 2014년, 22세의 샤론 벨빈$^{Sharon\ Belvin}$은 4기 흑색종—이미 폐까지 전이된 피부암—을 진단받았다. 6개월 생존 가능성이 50퍼센트밖에 안 된다는 선고가 내려졌다. 화학 치료는 듣지 않았고 상황은 절망적이었다. 훗날 그는 이렇게 회고한다. "살면서 그렇게 힘든 적이 없었어요. …… 정말 어찌해야 할지 몰랐죠. 말 그대로 혼돈 그 자체였고 제어가 불가능한 상태였어요."[3] 무엇을 해도 효력이 없자 결국 그는 앨리슨의 가설에 기반을 둔 신약 임상실험에 자원했다. 3개월 동안 단 4회의 주사를 맞은 뒤 그의 왼쪽 폐에 있는 종양의 크기가 60퍼센트 이상 줄어들었다. 그 후 몇 개월 동안 종양은 계속해서 작아졌고, 결국 2년 반 동안 죽을 수 있다는 극도의 공포에 시달리던 벨빈은 병이 안정적으로 완화된 상태에 접어들었다는 판정을 받았다. 암이 더 이상 발견되지 않았던 것이다. 앨리슨은 이렇게 말한다. "이 치료가 모든 환자들에게 효력을 발휘하지는 못하겠지만 특정 유형의 암은 치료할 수 있을 겁니다. 최소한 시도는 해봤으니까요."[4]

회복된 벨빈은 앨리슨이 만난 최초의 환자였다.[5] 그녀의 부모와 남편도 함께 있었다. 같이 있던 모든 사람들이 눈물을 흘렸다. 벨빈은 앨리슨을 꽉 껴안았다. 그는 이렇게 말했다. "제 마음을 표현할 말이 전혀 없어요. …… 누군가에게 생명을 다시 받았을 때의 이 느낌을 도대체 어떻게 말로 표현해야 할까요."[6] 탈무드와 코란은 누군가의 생명을 구하는 일이란 온 세상을 구한 것과 같다고 가르친다. 이들이 인연을 맺은 지 약 2년 후 벨빈은 엘리슨에게 첫 아기의 사진을 보냈고, 그로부터 2년 후 둘째 아이의 사진을 보냈다.

앨리슨의 아이디어를 기반으로 한 신약은 단지 한 번의 성공을 거둔 데 그치지 않고 그 후로도 수천 명의 생명을 구하거나 연장시켰다. 그러나 이것은 특정 유형의 암이나 특정 질환을 치료하려는 목적에서 비롯된 것이 아니었다. 오히려 이 약이 존재하게 된 것은 호기심으로 추동된 연구와 탐색—세포와 분자를 이리저리 만지작거리는 작업—을 통해 면역계의 작동 방식을 알아보려는 노력 덕이었다. 그리고 이제 우리는 이 탐색의 잠재적 이점을 막 이해하기 시작했다.

과거에 암은 우리 몸의 방어체계에 보이지 않는 것으로 간주됐다. 암의 원인은 세균이 아니라 체내 세포의 비정상적 확장이므로, 바이러스나 박테리아나 균류에서 온 분자처럼 세포를 암으로 볼 수 있는 특징이 없다. 따라서 암은 면역계가 낯선 대상으로 인식할 수 있는 무언가를 보여주지 않는다는 견해가 일반적으로 통용된 것이다. 1943년에 이미 면역계가 암(바이러스에 의해 초래되지 않은 유형의 암)에 반응한다는 최초의 실험 증거가 발표된 바 있지만[7] 이러한 생각은 30년 넘는 세월 동안 논란거리로 남아 있었다.[8] 해당 실험에서 관찰된 면역반응이 실험 대상 동물의 종양으로 인한 것이 아니라, 종양을 유도하기 위해 사용했던 화학물질로 인한 것일 수도 있다는 이유에서였다. 하지만 결국 여러 방향에서 나타난 증거들은 면역계가 암과 싸울 수 있고 실제로도 싸운다는 것을 입증했다. 면역세포가 종양 속으로 침투하는 것이 밝혀졌고, 실험실에서 분리한 면역세포가 암세포를 죽일 수 있는 것으로 밝혀졌다. 그뿐 아니라 적절한 면역계가 없도록 유전자 변형을 시킨 생쥐들은 특히 암에 취약한 것으로 드러났다.[9]

특히 벨기에의 과학자 티에리 분$^{Thierry Boon}$의 연구는 세포를 암세포로 바꾸는 유전적 변화 및 후성적^{epigenetic} 변화만으로도 면역계가 그 암세포를 충분히 감지해낼 수 있다는 이론을 확립했다.[10] 티에리 분은 변형된 단백질 파편을 암세포 속에서 발견했다. T세포는 암세포를 몸속에 없던 이질적 물질로 감지할 수 있는 것이다. 이 발견의 함의는 면역계가 침투하는 세균을 감지할 뿐 아니라, 세포분열 시마다 일어날 수 있는 해로운 유전자 돌연변이를 걸러냄으로써 우리 몸의 세포가 온전한 상태로 유지되도록 돕는 작용 또한 한다는 것이다.

모든 면역반응은 다층적이다. 암을 방어하는 작용 또한 예외가 아니다. T세포뿐 아니라 자연살해세포라는 백혈구 또한 암과 싸울 수 있다. T세포와 마찬가지로 자연살해세포 역시 암세포 속으로 독소 단백질을 보냄으로써 암세포와 싸우지만 이들은 세포가 암의 성질을 띠게 되었을 때 감지하는 전략이 서로 다르다. 그중 하나는 건강한 세포에서는 발견되지 않으나 암세포 표면에서 때로 나타나는 단백질 분자를 알아보는 것이다. 이것이 제5장에서 살펴본 이른바 '스트레스 유발성 단백질'이다(그런데도 면역계는 암보다 독감 바이러스를 더 잘 인식한다. 그러나 이는 입증하기 어렵다).

결국 면역계가 암과 싸울 수 있다는 발견으로 면역반응을 이용하거나 증강시킴으로써 암과 더 효과적으로 싸울 수 있는 가능성이 열렸다. 통상 면역치료라고 불리는 이러한 치료의 역사는 길다. T세포나 자연살해세포에 대해 알기 전에도 실행되어온 실험 하나는 윌리엄 콜리[William Coley]의 연구로서 1890년대 내내 통용됐다. 기록이 충실한 이 실험은 면역요법의 효시로 칭송받는다. 뉴욕 메모리얼병원의 외과의였던 콜리는 경부암환자가 피부 감염이 극심해질 때 오히려 상태가 호전되기 시작한다는 점을 알아차렸다. 그 후 47가지의 비슷한 사례를 의학 문헌에서 찾아낸 콜리는 열처리한 박테리아—'콜리의 독소[Coley's toxins]'라고 한다—의 혼합물을 사용한 예방접종으로 암환자를 도울 수 있는지의 여부를 체계적으로 실험하는 작업에 돌입했다. 제도적인 검토위원회가 생기기 전이라, 약관 29세의 외과의는 별 제약 없이 직감에 따라 환자를 대상으로 실험을 진행할 수 있었다. 곧 살펴보겠지만 그로부터 100년 후 앨리슨은 인간을 대상으로 한 실험에서 아주 다른 접근법을 사용하게 된다.

콜리의 독소는 일부 환자에게서 성공을 보였지만 그 효력은 대체로 일관성이 없었다. 특히 다른 의사들이 같은 물질을 만들려고 할 때 그랬다. 복제에 실패한 이유는 그 혼합물 자체가 갖가지였기 때문이다.[11] 당시의 기성 의료계는 콜리의 접근법을 받아들이지 않았고 그의 성공 이유를 애초의 오진 탓으로 돌리며 발뺌했다.[12] 콜리가 정확히 어떤 혼합물을 이용했는가는 분명하지 않으며, 자선기관인 영국암연구소[Cancer Research UK]는 콜리의 독소가 암을 치료하거나 예방할 수 있다는 것을 보여주는 과학적 증거가 없다는 결론을 내렸다.[13] 그런데도 콜리가 시도했던 그 무언가는 아직 사라지지 않았다. 제3장에서 기술한 대로 스티븐 로젠버그는 면역반응을 증강시키는 사이토카인이 때로는 암 퇴치에도 도움이 된다는 것을 발견했다. 물론 사이토카인이 모든 면역 과정의 스위치를 커버리는 바람에 후폭풍 같은 면역 활동이 독소가 될 수도 있고 때로는 그것이 치명타가 될 수도 있다. 따라서 면역계를 이용해 암을 퇴치할 때 무엇이 중요한가에 대한 연구자들의 아이디어를 요약하는 단어를 하나만 고르라면 그것은 바로 '정밀성'이다. 여기서 정밀성이란 암에 실제로 반응하는 성향이 있는 환자들만 치료 대상으로 선정하는 것(이 문제는 다시 논할 것이다), 그리고 환자의 암을 표적으로 삼는 정확한 면역세포만 증강시키는 것을 의미한다. 이것은 특히 앨리슨의 성공을 이해하는 데 가장 중요한 핵심이다.

올바른 면역세포의 스위치를 켜는 일이 중요하다는 것을 부인하는 과학자는 없지만, 문제는 그 방법을 알아내는 것이다. 면역반응을 정밀하게 조율하는 방법 하나는 항체를 이용하는 것이다. 항체는 지금껏 알려진 가장 정밀한 생물작용제biological agent다. 면역계의 일부인 천연 항체는 체내의 혈액을 따라 순환하면서 세균이나 감염된 세포에 들러붙어 이들을 직접 불능화하거나 아니면 파괴를 위해 딱지를 붙이는 기능을 수행한다. 항체는 거의 모든 것에 들러붙도록 만들 수 있다. 제4장에서 이야기한 대로 사이토카인을 차단하는 데 쓰이는 항체는 일부 환자들의 류머티즘관절염 치료에 사용할 수 있다. 앨리슨의 혁신적 아이디어 역시 항체를 활용하는 것이었지만 그가 창안한 발상은 과거에 항체를 쓰던 방식과는 전혀 달랐다.

앨리슨의 출발점은 면역반응이 시작되는 과정이 아니라 끝나는 과정이었다. T세포는 처음에 감염된 세포나 암세포를 감지하면 증식한다. 몇백 개에 불과하던 T세포는 병든 세포를 알아볼 적절한 수용체만 있으면 단 며칠 만에도 수백만 개로 늘어난다. 그러나 면역세포의 증식은 영원히 지속될 수 없다. 시간이 얼마간 흐르면 대체로 정상적인 면역반응일 경우 T세포와 다른 면역세포들은 스위치를 끄고 면역반응이 서서히 멈추도록 함으로써 면역계가 원래의 휴지기로 들어가도록 해야 한다. 면역계가 휴지기가 될 때는 대개 위협이 사라진 다음이다. 앨리슨의 생각에 이 '스위치를 끄라는' 신호를 중단시키면 면역세포가 암세포를 더 오랫동안 효과적으로 공격할 수 있을 것 같았다. 항체를 이용해 단백질의 활동을 차단한다는 생각에 기반한 그의 발상은 보통 때는 면역세포의 활동을 중단시키는 수용체 단백질의 활동을 차단하자는 것이었다.

이 발상이 패러다임의 변화에 가까울 만큼 혁신적인 이유는, 이제까지의 암 퇴치법이 면역반응의 스위치를 '켜려는' 것이었던 반면, 앨리슨은 스위치를 '끄는' 방법을 제시했기 때문이다. 그는 "종양을 막는 면역반응의 고삐를⋯⋯ 조이지 말고 아예 풀어버려야 한다"라고 썼다.[14] 이 접근법의 큰 장점은 정밀성이다. 종양을 공격하겠다고 스위치를 켠 세포만 표적으로 삼기 때문에 개입을 통해 고삐가 풀리는 것은 몸속 모든 면역세포가 아니라 스위치를 켠 면역세포뿐이다. 이러한 접근법은 면역관문immune checkpoint 요법으로 알려지게 됐다.

앨리슨의 연구는 애초에 암을 연구할 목적으로 출발한 것이 아니었다. 그는 "암 치료를 하려던 건 전혀 아니었어요"라고 말한다. 그의 의도는 T세포의 작용 방식을 알자는 것이었다.[15] 그러나 그의 마음속에는 암에 대한 생각 역시 자리 잡고 있었다. 어머니와 두 삼촌과 형제를 암으로 잃은 앨리슨은 방사능 요법과 화학 치료가 얼마나 무서운 부작용을 수반하는지 직접 보았기 때문이었다. 학교를 조기 졸업하고 16세에 대학에 들어간 그는 이미 과학자가 되려는 꿈을 품고 있었다. T세포가 특정 유형의 백혈구로 막 확인된 시절이었다.[16] 앨리슨이 다른 연구자들과 T세포의 제어 체계를 우연히 발견할 수 있었던 것은 T세포 표면의 다양한 수용체 단백질의 역할을 연구했기 때문이다.

신비한 T세포 수용체 단백질, CTLA-4

천리 길도 한 걸음부터라고들 말한다.[17] 하지만 어떤 과학적 발상이건 이를 향한 첫걸음을 제대로 내딛는 일은 생각보다 어렵다. 새로운 발상은 무엇이건 이전에 있던 발상을 기반으로 한 것이기 때문이다. 앨리슨의 발견도 예외가 아니었다. 제1장에서 살펴본 대로 제인웨이는 면역반응을 일으키는 기폭제가 몸속에 전혀 없던 어떤 존재가 아니라는 것, 또 다른 징후가 필요하다는 것을 통찰해냈다. 제인웨이에게 이 두 번째 기폭제는 세균의 감지였다. 또한 매칭거에게 그것은 위험한 세균이나 물질의 감지였다. 제2장에서는 스타인먼이 수지상세포가 세균을 능숙하게 감지한다는 것을 알아낸 과정에 대해 살펴보았다. 세포를 감지할 때 수지상세포는 공동자극단백질을 표면에 드러내 보임으로써 T세포에 세균이 있다는 사실을 알린다. 이것이 면역반응에 착수하는 데 필요한 두 번째 신호다. 수지상세포 표면의 공동자극단백질은 자물쇠에 딱 맞는 열쇠처럼 T세포 표면의 수용체 단백질에 딱 들어맞기 때문에 T세포의 활동역량의 고삐를 풀어놓는다.[18] 앨리슨의 여정이 시작된 것은 바로이 지점부터라고 할 수 있다. 앨리슨은 T세포 표면에서 두 번째 수용체 단백질을 찾아냈다. 이 단백질은 공동자극단백질에 의해 '고삐가 풀리는' T세포의 수용체 단백질과 신기하게도 유사―약 30퍼센트 똑같다―하지만 면역계 내에서의 역할은 아직 수수께끼로 남아 있었다.

앨리슨이 찾아낸 이 신비한 T세포 수용체 단백질의 이름은 세포독성 T세포 관련 분자 4$^{\text{cytotoxic T-lymphocyte-associated molecule 4}}$로 매우 난해하다. 간략히 CTLA-4라고 한다. 4라는 숫자는 T세포에서 확인된 분자들 중 네 번째 분자라서 붙었다(이는 앨리슨이 타고 다니는 포르쉐의 등록번호이기도 하다.[19] 분자에 '짐'이라는 이름을 붙이는 것보다 'CTLA4'라는 번호판을 붙이는 게 덜 까다로웠던 모양이다). 그렇다고 앨리슨이 CTLA-4의 발견자라는 말은 아니다. CTLA-4는 1987년 마르

세유에 있던 피에르 골스타인^Pierre Golstein 의 연구소에서 발견됐다. 다른 백혈구가 아닌 T세포 내에서만 활동하는 유전자를 알아내려던 연구의 일환으로 발견된 것이 CTLA-4였다.[20] 골스타인은 CTLA-4를 추적해 그 역할까지 밝혀내지는 않았다. 그는 CTLA-4가 면역반응을 하도록 스위치가 켜진 T세포 표면에는 존재하는 반면, 쉬고 있는 T세포, 즉 문제의 징후가 나타나기를 기다리는 대기 상태의 T세포에는 존재하지 않는다는 것만 밝혀냈다. 이는 이 분자가 어쩐 일인지 일단 면역반응이 진행된 후에만 중요하다는 것을 보여주었다. 가야 할 길은 멀지만 어쨌거나 흥미로운 발견이었다.

CTLA-4의 수수께끼를 풀기 위해 누가 어떤 일을 했는지 밝히는 것은 쉽지 않다.[21] 2015년에 앨리슨이 관련 연구로 명망 높은 의학상을 수상했을 때《뉴욕타임스》는 다음과 같은 논평을 내놓았다. 특정 연구에 대한 공로를 개인의 것으로 인정해주는 처사는 신약의 개발 과정에 대한 거짓 그림을 제시할 수 있다는 것이었다. 그 근거는 앨리슨의 논문에 인용된 이전 연구에 대한 분석을 보면 그의 발견이 5700개 연구소, 7000명의 다른 과학자들의 연구를 직접 기반으로 한 것이라는 점을 알 수 있다는 데 있다.[22] 앨리슨의 아이디어를 임상에 적용한 의사와 환자들, 그리고 실험실의 분자를 허가받은 약물로 변형시킨 제약업계 연구자들과 환자들을 제외하고도 그토록 많은 연구자들이 앨리슨의 연구에 기여했다는 논리였다. 반면 저명한 한 면역학자는 이렇게 주장했다. "상전벽해를 방불케 하는 혁신의 공로를 한 명의 개인에게 돌리는 일은 극히 드물다. 하지만 면역관문 요법은 제임스 앨리슨의 노력이 없었다면 불가능했을 것이다."[23] 내가 보기에는 두 가지 견해 모두 일리가 있다. 아이 하나를 키우는 일에 마을 전체가 필요하듯 약물 하나를 개발해내는 일에도 공동체 전체—그리고 개인의 발화장치—가 필요한 법이다.

CTLA-4의 체내 기능을 밝히려는 목적으로 행해진 실험 결과들은 처음에는 CTLA-4가 T세포를 자극하는 일을 돕는다는 가설에 맞게 해석됐다. 어쨌거나 CTLA-4라는 단백질 수용체도 다른 자극 수용체와 매우 유사했고, 이러한 종류의 중복은 면역계의 내재적 특성이기 때문이다. 많은 상이한 분자들과 세포들이 맡는 기능은 중복되어 있다. 이는 면역계의 탄탄한 방어를 돕기 위해서일 것이다. 이러한 중복은 세균에 의해 특정 면역세포의 작용이 방해를 받는 경우에도 다른 세포가 이를 넘겨받아 면역 작용을 할 수 있게 해준다. 그러나 1994년, 시카고대학교의 제프 블루스톤[Jeff Bluestone]과 그의 연구팀은 (당시 실험실에서 흘러나오던 브루스 스프링스틴의 노래에 힘입어[24]) CTLA-4의 기능이 예상했던 것과 정반대라는 사실을 발견했다.

당시 블루스톤의 팀은 CTLA-4를 차단하는 항체를 생산해낸 참이었다(제4장에서 논한 대로 얀 빌첵이 TNF사이토카인에 대항하는 항체를 만들었던 것과 동일한 방식을 사용했다). 이를 통해 이들은 CTLA-4의 기능이 차단될 경우 T세포에 어떤 일이 벌어지는지 시험해볼 수 있었다. 그의 실험실이 당면한 주요 과제는 장기이식이나 자가

면역질환의 문제를 해결하기 위해 면역반응을 중단시킬 방안을 찾는 것이었다. 다른 모든 연구자들과 매한가지로 블루스톤 역시 CTLA-4가 자극 수용체-스위치를 켜는 시그널-가 될 가능성이 있고, 이를 차단함으로써 면역계의 작용을 무력화시킬 수 있으리라 추정했다.

블루스톤은 테레사 월러너스Theresa Walunas가 자신의 연구실로 들어와 연구 결과를 보여주던 날을 결코 잊지 못한다고 회고한다. CTLA-4를 항체로 차단했더니 T세포 반응이 약화되기는커녕 강화되었다는 결과였다.[25] 만일 CTLA-4를 차단해서 더 강한 반응이 초래된 것이라면 CTLA-4는 통상 면역반응을 켜는 신호가 아니라 끄는 신호를 전달해야 이치에 맞을 터였다. 기존 학계의 견해와 완전히 반대로 나온 결과는 딱히 유레카의 순간처럼 느껴지지는 않았다. 블루스톤의 회고대로 그는 대체로 이렇게 반응했다. "앗! 그거 신호를 끄는 분자일 수 있겠는걸. 하지만 사람들에게 그걸 입증하기란 만만치 않은 일일 거야."[26]

당시 친구 둘[27]이 《면역Immunity》이라는 새 과학 저널 창간에 참여하고 있었기 때문에 블루스톤은 자신의 발견을 그 지면에 실었다. 당시 블루스톤은 새로운 저널이 인기가 없을 경우 다른 과학자들이 자신의 연구를 찾아보지 못할까 봐 우려했지만 그것은 기우에 불과했다.《면역》은 즉시 세계 최고의 면역학 저널이 되었기 때문이다.[28]

비슷한 시기 캘리포니아대학교의 버클리암연구소Berkley Cancer

Research Laboratory at the University of California 소장이었던 앨리슨-그는 블루스톤의 라이벌이었다-은 1989년에 자신의 박사과정 학생인 매튜 '맥스' 크루멜Matthew 'Max' Krummel에게 똑같은 과제를 맡겼다. CTLA-4의 체내 기능을 알아내는 일이었다. 앨리슨에게 검증하고 싶은 구체적 가설이 있던 것은 아니었다. 크루멜의 말대로 그것은 가설에 의거한 엄정한 실험이라기보다 그저 호기심이 유발시킨 연구였다.[29] 처음에 블루스톤의 연구소가 무슨 일을 하는지 몰랐던 크루멜은 똑같이 CTLA-4를 추적하는 항체를 만들었고, 따라서 CTLA-4가 차단될 때 면역반응이 어떤 영향을 받는지 알아볼 수 있었다. 그 시절 항체를 만드는 일은 요즘처럼 쉽지 않았다. 크루멜이 효과가 좋은 방법을 알아내기까지 4년이 걸렸다.[30] 일단 손에 항체를 넣게 되자 그것을 이용하는 그의 실험에서도 블루스톤의 실험과 동일한 결과가 나왔다. CTLA-4를 차단했더니 면역반응이 오히려 강화된 것이다. CTLA-4가 통상 T세포에 스위치를 끄라는 신호를 보낸다는 가설에 맞는 결과였다.[31]

블루스톤과 앨리슨의 실험 모두 같은 결론으로 이어졌지만 이들의 발견은 여전히 논란의 여지가 있었다. 그 이유 중 하나는 CTLA-4에 들러붙은 항체가 특정 수용체의 작용을 막을 수도 있지만 이론상 특정 수용체의 작용을 유발할 수도 있어서다. 그것이 스위치를 끄라는 신호를 차단함으로써 스위치를 켜라는 신호를 주는 것과 동일한 효과를 내기 때문에 면역반응이 활성화된 것으로 해석할 여지도 있다.[32] 논란에 종지부를 찍은 것은 CTLA-4가 없는 유전자 변형 생쥐들이, 급격히 증가한 면역세포가 독소로 작용해 염증을 유발하는 바람에 사망한다는 사실이 밝혀졌을 때였다.[33] 이로서 CTLA-4가 면역반응의 스위치를 끄는 데 매우 중요하다는 점이 명확해졌고, 면역반응의 스위치를 끄는 작용이 스위치를 켜는 작용만큼 건강에 중요하다는 사실도 확립됐다.

그 후 크루멜은 CTLA-4를 차단할 경우 상이한 유형의 면역반응에 어떤 영향이 미치는지 알아보기 위해 자신의 항체를 다량으로 만들었다. 그러나 의학적 혁신으로 이어진 결정적 실험은 크루멜의 손으로 이루어지지 못했다. 크루멜에게 시간적 여유가 없었기 때문이다. 크루멜은 CTLA-4를 차단할 경우 박테리아 단백질을 막는 면역반응이 어떤 영향을 받는지 살피는 일에 바빴기 때문에,[34] 앨리슨은 CTLA-4 차단이 종양에 대한 면역반응에 어떤 영향을 끼치는지 살피는 과제를 연구실에 새로 들어온 데이나 리치Dana Leach에게 맡겼다.

리치는 대장암에 걸린 쥐들에게 항체를 주입했다. 앨리슨은 항체를 통해 T세포를 끄는 신호가 차단되어 면역계가 대장에 있는 종양을 더 효과적으로 공격해 종양의 성장을 지연시키기를 기대했다. 결과는 기대 이상이었다. "데이나 리치가…… 초기 데이터를 보여주었을 때 나는 충격에 빠졌다"라는 것이 앨리슨의 회고다.[35] 치료받은 모든 쥐들의 종양이 완전히 사라졌던 것이다.[36] 1994년, 크리스마스 휴가 동안 이들은 생쥐 분석자가 어떤 동물에게 이 치료를 시행했는지 모르도록 하는 맹검 실험을 되풀이했다. 리치는 휴가 시즌이라 실험 준비를 해놓고 여자 친구를 만나러 나갔고, 앨리슨이 직접 종양을 검토했다.[37] 처음에는 종양의 크기에 변화가 없었다. 그 후 2주가 지나자 "마치 마법이라도 일어난 듯"[38]한 실험군의 쥐들이 갖고 있던 종양의 크기가 줄어들기 시작했다. 시일이 조금 더 지나자 종양은 완전히 사라졌다. 물론 종양이 사라진 실험군의 쥐들은 바로 치료를 받은 쥐들이었다. 앨리슨은 "단 한 개의 분자를 차단하는 것만으로 종양이 완전히 사라지는 결과를 얻게 되다니 정말 놀라웠다"라고 당시의 느낌을 전한다.[39]

그 후 15년 동안 앨리슨의 팀과 다른 연구팀들은 CTLA-4 차단이 생쥐의 다양한 암 치료에 도움이 된다는 것을 발견했다. 역시 이번에도 생쥐들에게는 희소식이었으나 문제는 인간을 대상으로 한 실험이었다. 지금 생각하면 믿기 어려운 일이지만 당시 앨리슨은 임상실험을 위해 제약회사들과 기금 지원 기관에 접촉하면서 만만치 않은 저항에 직면했다. 많은 의사들과 학자들과 제약업계 연구자들은 면역계를 이용해 암을 퇴치한다는 발상에 근본적인 의구심을 갖고 있었기 때문이다. 가령 사이토카인이나 수지상세포 백신을 이용한 과거의 많은 시도들은 대개 실패했고, 또 복잡한 부작용을 초래했기 때문에 어쩔 수 없는 일이었다. 앨리슨은 당시의 저항을 이렇게 전한다. "아주 유명한 학자였던 내 친구들 중 일부는 짐이 종양 면역학자라고 말하며 키득거렸어요. 사람들 앞에서 내게 모욕감을 주려고 했는지도 모르지요."[40]

앨리슨이 자신의 아이디어를 바탕으로 한 임상실험에 관심을 보이는 회사를 만나는 데는 2년여의 세월이 필요했다.[41] 콜로라도 주에 있는 생명공학 기업인 넥스스타의 면역학자 앨런 코먼Alan Korman은 인간 CTLA-4를 차단할 항체 연구에 돌입했다. 앨리슨이 있던 대학에서 인가를 받은 후였다.[42] 넥스스타는 다른 제약회사인 메다렉스에 이 아이디어를 재실시할 권한을 주었다. 메다렉스는 뉴저지 주에 본사를 둔 기업으로, 당시 제3의 기업인 젠팜을 인수한 상태였다. 젠팜은 인간에게 안전하게 사용할 수 있는 항체-이름은 MDX-010이다-를 전문으로 생산하는 업체였다. 앨리슨과 다른 학자들은 임상실험에서 MDX-010을 쓸 수 있게 됐다. 실험 과정은 1890년대 윌리엄 콜리의 과정과 크게 다르지 않았다. 차이라면 콜리는 지체 없이 환자를 대상으로 자신의 발상을 실험해볼 수 있었다는 것뿐이었다.

최초의 소규모 임상실험에서 MDX-010을 주입받은 일부 환자들은 반응이 오래 지속된 반면, 또 다른 일부 환자들은 해로운 부작용을 나타냈다. 규모를 키운 다른 임상실험에서는 결과가 혼합되어 나타났다. 이 약물이 살아남을 수 있었던 이유는 암 치료를 성공으로 간주하는 기준이 바뀌었을 때 결과가 좋았기 때문이다. 약물의 효과가 좋아보이도록 일부러 규정을 왜곡했다는 뜻이 아니다. 눈치 빠른 임상의들은 기존의 규칙을 따르면 이 신약이 환자들에게 도움을 주었는데도 실패로 간주되는 경우가 있으리라는 것을 간파했던 것이다.

복잡한 사정은 다음과 같다. 당시 규정은 암 치료제의 성공 여부를 화학요법 기반으로 정의했다. 화학 치료제는 대개 암세포를 직접 제거하기 때문에 치료가 성공적일 경우 환자의 종양 크기가 몇 주 내로 작아진다. 반면 CTLA-4를 차단하는 항체를 사용하는 실험, 즉 면역계 힘의 고삐를 풀어주는 실험의 경우 처음에는 거의 아무 일도 일어나지 않을 수 있다. 종양 크기의 측정치를 보면 심지어 크기가 커지기도 한다. 이는 공식적으로는 치료가 실패했다는 뜻이다. 하지만 이러한 수치들은 결과적으로 실패를 뜻하지는 않는다. 면역계가 진행될 충분한 시간을 부여받은 후에는 종양의 크기가 확실히 줄어들기 때문이다.[43] 오늘날에는 면역세포가 종양 쪽으로 움직이는 바람에 치료를 시작한 뒤 처음에는 종양이 커진다는 것, 그 때문에 환자들은 처음에는 낙담하지만 결국 이를 희소식으로 받아들인다는 사실이 알려져 있다.[44]

오늘날 면역계를 이용하는 약물에 대한 세계보건기구의 암 치료 성공 기준은 바뀌었다. 현 규정—면역관련반응기준Immune-Related Response Criteria이라고 알려져 있다—은 치료가 효과를 낸 것으로 해석하는 데 필요한 기간을 더 길게 허용하는 조항이 들어 있다.[45] 종양 크기가 치료 초기에 증가하는 것은 종양플레어tumour flare 반응이라고 하며, 이런 반응이 나타났다고 해서 치료가 반드시 실패한 것은 아니다. 이러한 변화는 생명을 구하는 암 치료제가 될 약물의 운명을 바꾸어놓았을 뿐 아니라, 제약업계와 규제당국 간의 관계가 복잡한 이유를 시사한다. 결국 신약을 면밀히 검토하는 작업에는 독립적 활동뿐 아니라 협업도 필요한 것이다.[46]

실험의 중간 데이터상 화학 치료에 비해 CTLA-4 차단 항체 효과가 미미하다는 것이 드러나자 거대 제약회사인 파이저는 CTLA-4에 대한 아이디어를 포기한 반면 메다렉스는 포기하지 않았다.[47] 좀 더 기다렸다면 환자 전체의 생존율이 분명히 개선되었을 것이고 이를 고려하면 파이저의 결정은 지나치게 성급한 면이 있었다.[48] 어쨌거나 파이저는 항체에 대한 자사의 권리를 아스트라제네카가 소유한 다른 기업인 메드이뮨에게 팔아넘겼다. 그러나 이 치료법의 성공이 분명해지자 파이저는 다시 마음을 고쳐먹었고, 2016년에 최대 2억 5000만 달러를 지불하고 CTLA-4 차단 항체의 소유권을 되찾았다.[49] 반면 메다렉스는 CTLA-4 항체를 포기하지 않은 결정에 대한 보상을 받았다. 2009년, 뉴욕에 본사를 둔 제약회사 브리스톨마이어스스큅이 20억 달러 넘는 금액에 메다렉스를 인수했다. CTLA-4를 차단하는 항체가 주된 이유였다.[50] 당시 이 항체는 아직 임상실험 중에 있었기 때문에 효력을 예단할 수 없었지만 20억 달러를 걸만한 가치는 분명히 있었다. 새로운 항암제가 개발될 때 과학계 옆에서는 수많은 거래가 벌어진다.

　　메다렉스가 브리스톨마이어스스큅에 인수된 직후 CTLA-4 차단의 효력이 입증됐다. 새로운 면역관련반응기준 덕이었다. 흑색종 환자들에 대한 실험에서 종양 크기 변화 같은 반응기준 대신 전체 생존율이 주요 평가기준이 되었던 것이다. 실험에 참가한 모든 환자들의 경우 암이 피부에서 다른 부위로 전이되어 있던 상태였기 때문에 기대수명이 짧았다. 2010년 6월 5일, 시카고의 연례암학회의 3만 명이 넘는 학계 대표들 앞에서 발표된 동시에 명망 높은 《뉴잉글랜드 의학저널》에 게재된[51] 실험 결과는, CTLA-4 차단 항체로 치료받은 환자들의 평균 생존 기간이 6개월에서 10개월로 늘어났다는 것을 보여주었다. 유례없는 결과였다. 과거의 그 어떤 임상실험도 말기 흑색종 환자들의 평균수명을 늘릴 수 있다고 밝혀진 적이 없었기 때문이다. 훨씬 더 놀라운 것은 일부 환자들은 더 높은 생존율을 보였다는 점이다. 20퍼센트가 넘는 환자들이 2년 이상 더 살았다. 이 약물을 일찍부터 투여한 환자들 중 일부는 그 이후로도 10년 이상을 살고 있다.[52] 앞 장에서 소개한 샤론 벨빈도 그중 한 사람이다.

2011년 3월, 미국 식품의약국은 이 신약을 승인했다. 이 무렵이 약은 이필리무맙[ipilimumab]이라는 일반의약품명(MDX-010보다 별로 나아진 게 없는 이름이다)과 여보이[Yervoy]라는 상품명을 받았다. 매년 흑색종 진단을 받는 미국 내 환자 6만 8000명 중 15퍼센트가 여보이 처방을 받게 되리라는 예상이 나왔다. 첫 4회 투여량 치료가 8만 달러를 호가하므로 여보이의 전 세계 판매는 2015년 20억 달러에 도달할 것으로 점쳐졌다.[53] 과대광고 같은 이 예측은 거의 맞는 것으로 판명됐다. 2015년 여보이의 실제 판매액은 11억 달러였다.[54] 당연히 면역계를 활용하는 신약 개발은 제약업계 최고로 빠른 성장 분야가 됐다.[55]

개선점은 아직 많을 수 있다. T세포의 제동장치를 푸는 데서 오는 부작용이 따를 수 있다. 여기에는 피부나 대장이나 간 등 다른 기관의 감염이 포함된다. 이들 중 일부는 면역계를 억제하는 약물로 다스릴 수 있다. 그러나 이따금씩 생명을 위협할 정도의 부작용이 일어날 때도 있다. 무엇보다 난해한 문제는 환자들 중 일부만이 약물에 반응한다는 것이다. 앨리슨은 이 점을 너무도 잘 알고 있다. 그는 "더 많은 환자들에게 효력이 있다면 얼마나 좋겠습니까"라고 안타까워한다.[56]

면역계의 과학, 멋진 신세계로의 관문

앨리슨의 바람—20퍼센트의 환자보다 더 많은 환자들을 치료하고 싶은 바람—은 몽상에 불과한 것이 아니다. 그의 희망은 세상에서 가장 큰 성공을 거둔 건축가가 허공에 성을 짓고 싶다는 소망을 피력하는 것과는 전혀 다르다. 면역계에는 다른 제동장치, 즉 변경할 수 있는 다른 관문들, 면역세포의 고삐를 풀어 더 효과적으로 암을 물리칠 방법이 많다. 앨리슨의 연구는 이런 종류의 약을 최초로 선보였지만 그것만이 유일한 약은 아니다.

　1992년, T세포 위의 또 다른 단백질 수용체가 일본 과학자 혼조 타스쿠[本庶佑]에 의해 발견됐다. 단백질은 보통 유전자에 의해 코딩된다. 이 특정 단백질은 세포의 사망을 이끄는 유전자를 찾던 혼조의 주의를 끌었다. 이 단백질 또한 난해한 이름을 받았다. 세포예정사1[programmed cell death1] 혹은 PD-1이라는 이름이다.[57] 사실 이 이름은 적합하지 않다. 이 수용체가 T세포의 사망과 아무런 상관도 없다는 것이 밝혀졌기 때문이다. 결국 수년 동안 PD-1 수용체의 역할은 수수께끼로 남아 있었다. 결정적 단서가 나온 것은 PD-1 수용체를 코딩하는 유전자가 없는 생쥐를 만들었을 때였다. PD-1이 없는 쥐의 면역계는 더 활발한 면역반응을 보였다. 자극이 들어오면 면역세포가 더 많이 증식했고 일부 쥐들, 특히 나이 많은 쥐들은 자가면역질환에 걸렸다.[58] 이것은 PD-1 수용체 또한 면역세포에 스위치를 끄라는 신호를 보내는 면역계의 또 다른 제동장치라는 생각, 즉 그것이 없으면 면역계가 더 반응성이 높아지고 반응이 과도해지면 자가면역질환이 생긴다는 생각과 일치했다.

오늘날에는 면역반응에 참여하라는 신호가 켜진 뒤에는 T세포를 비롯한 모든 종류의 면역세포가 표면에 PD-1 수용체 단백질을 드러낸다고 알려져 있다.[59] PD-1 수용체는 면역반응의 일환으로 방출된 사이토카인에 노출된 다른 세포상의 단백질을 추적한다. PD-1 수용체 단백질이 이런 식으로 작용하면 스위치를 끄라는 신호가 나와 면역세포는 반응을 중지한다. 이렇게 PD-1은 면역반응이 과도하게 공격성을 띠거나 지나치게 오래 지속되는 것을 막는 데 중요한 역할을 수행한다.

따라서 PD-1과 CTLA-4의 역할은 중복된다. 둘 다 면역반응에 제동을 거는 장치로 기능하기 때문이다. 그러나 이들이 작용하는 상황은 다르다. PD-1이 추적하는 단백질은 염증에 노출된 세포의 것인데 반해, CTLA-4는 수지상세포처럼 다른 면역세포의 단백질을 추적해 들러붙는다. 이러한 차이의 함의는 PD-1이 지속적인 국부 면역반응을 제어하는 데 특히 중요한 반면, CTLA-4는 몸 전체에 영향을 끼치는 자가면역질환을 막기 위해 면역계 전체를 제어하는 데 중요할 수 있다는 것이다. 상이한 면역계 제동장치의 상보적 역할을 파악하는 일은 아직 미개척지이지만, 이미 알고 있는 지식을 통해 추정해보면 PD-1 차단은 국부적 항암 반응 증가에 효력을 보여, 종양에 가까스로 침투했으나 PD-1이라는 제동장치에 의해 약화된 면역세포의 고삐를 풀어줄 수 있을지도 모른다.

PD-1을 차단하는 약물의 개발 프로그램은 CTLA-4 차단을 통해 알아낸 지식의 혜택을 받아왔다.[60] 가령 환자들에게 이러한 약물이 효력을 보이기까지 시간이 걸리리라는 점은 이미 기정사실이 되었고, 특히 가장 중요한 것은 CTLA-4 차단의 성공으로 전 세계 모든 주요 제약회사들이 이 주제와 관련된 신약 개발에 참여하고 싶어 했다는 점이다. 임상실험을 통해 PD-1을 차단하는 것이 CTLA-4를 차단하는 것보다 흑색종 환자들에게서 훨씬 더 효과도 좋고 해로운 부작용도 더 적었다는 결과가 확립됐다.[61] 다른 난치성 암들은 PD-1 제동장치를 껐을 때 면역계의 공격에 굴복하는 것으로 나타났다.[62] 과학적 의미에서 이것은 CTLA-4를 차단한 데서 온 성공이 요행에 불과한 것이 아니었음을 뜻했다. 이러한 성공 뒤의 발상, 즉 면역계가 스스로를 꺼버리지 않도록 만들기만 하면 질병과 싸울 수 있다는 발상이 결국 옳은 것으로 판명된 것이다.

이것은 아직 시작에 불과하다. 오늘날 면역계의 상이한 제동장치 수용체는 20가지 이상 알려져 있다.[63] 이들 수용체 중 대부분은 특정 유형의 면역세포, 즉 자연살해세포, 대식세포, 수지상세포, T세포, B세포 등의 스위치를 끈다. 우리는 이제 여러 연구소와 크고 작은 기업들의 연구를 통해 이 수용체를 개별적으로 차단하거나 조합해서 차단하는 항체가 면역세포를 작동시켜 다양한 암과 맞붙어 싸우도록 만드는지의 여부를 검증해야 한다. 암뿐만이 아니다. 면역세포들은 인간면역결핍바이러스처럼 장기적인 바이러스 감염과 싸운 뒤에도 스위치를 끈다. 따라서 면역세포의 제동장치를 차단함으로써 면역계가 장기적 감염질환에 맞서 싸우도록 만들 수도 있을 것이다.

불행히도 특정 유형의 면역세포의 제동장치를 제거할 때 어떤 유형의 암이나 다른 질환이 가장 큰 영향을 받을지 아직은 예측할 수 없다. 면역계는 지극히 복잡하고 우리의 지식은 아직 보잘 것 없기 때문이다. 우리는 면역계의 많은 제어장치를 발견했고 하나씩 이 장치를 멈춰 세우는 기술을 개발하고 있다. 새로운 면역관문 억제제를 찾는 기업을 공동 창립한 에릭 비비에르[Eric Vivier]는 이렇게 말한다. "우리에게 완전한 지식은 없지만 어느 정도 충분한 지식은 있는 것 같습니다. …… 이제 '다음에' 해야 하는 모든 일은 도박일 겁니다."[64] 그의 회사는 자연살해세포에서 제어장치 수용체를 찾아내고 이를 연구했던 소수 과학자들 사이에 싹튼 우정에서 태어난 회사로서, 이러한 세포들에 대한 수용체를 차단하는 큰 도박을 감행해왔다. 이들의 도박이 성공할지는 알 수 없다. 하지만 다양한 면역세포를 제어하는 온갖 종류의 수용체를 단독으로 혹은 조합을 통해 차단하고, 다양한 질환에서 이것이 어떤 영향을 끼치는가를 시험하는 도박을 기꺼이 감수하는 기업이 다수 생겨나는 것은 인류 입장에서 꽤 합리적인 전략으로 보인다.

그러나 환자들의 입장에서 보면 새로운 면역관문억제제가 발견될수록, 어떤 환자가 여기에 반응할 가능성이 가장 큰지를 미리 알아내는 것이 나날이 중요해지고 있다. 차례로 하나씩 시험하는 것은 너무 광범위한 방법이다. 면역관문억제제에 심각한 부작용을 보일 수 있는 환자에게 약을 투약하지 않고 가장 효력을 보일 만한 환자를 골라 약을 제공하려면, 환자의 체내에서 정확히 무슨 일이 벌어지는지를 미리 알아낼 방법이 필요하다. 이러한 목적을 위해 사용되는 다양한 방책을 전문용어로 '생체표지자biomarker'라고 한다. 병원에서 통상 검토하는 친숙한 생체표지자는 혈구 수치다. 한 방울의 혈액 속 혈구 수치만 보아도 누가 빈혈이나 감염이 있는지 알 수 있다. 그러나 혈구 수치는 개괄적이고 부정확하다. 면역관문억제제에는 훨씬 더 정밀한 생체표지자가 필요하다.

가능한 한 가지 생체표지자는 어떤 제동장치 수용체가 환자의 면역세포 표면에 존재하는지 알아봄으로써 환자에게서 어떤 제동장치의 스위치가 켜졌는지 보는 것이다. 이를 통해 그 특정 수용체를 겨냥하는 면역관문억제제를 선정할 수 있을 것이다. 또한 환자의 종양 관련 면역세포에 특정 제동장치 수용체를 표적으로 삼는 단백질 분자가 포함되어 있는지를 알아보기 위해 종양을 분석할 수도 있다. 그렇게 해서 가령 PD-1 제동 방법을 차단하는 것이 환자에게 도움이 될지를 예측할 수 있을 것이다. 불행히도 이 작업은 쉽지 않다고 판명되었고, 이런 식으로 환자의 반응을 예측하는 것은 논란이 되어왔다.[65] 우선 제동장치는 역동적이다. 면역계를 억제하는 것이 무엇인지 오늘 알게 되었다고 해도 그것이 다음 날까지 같은 효력을 낼지는 알 수 없다. 치료의 여파로 면역계 상황이 바뀔 수도 있다. 면역관문억제제 덕분에 한 제동장치가 제거되면 종양은 새로운 상황에 적응해 다른 제동장치를 이용할 수도 있다. 뿐만 아니라 면역세포와 암세포는 변동이 심하다. 단일 환자 내에서조차도 변덕을 부리는 것이 면역세포와 암세포다. 단일 종양을 단일 질환이 아니라 백만 개의 다른 질환이라고 말할 수도 있을 정도다. 백만 개의 암세포가 모두 조금씩 다르기 때문이다. 예측력을 발휘하는 생체표지자를 찾는 일은 중요하지만 독립적 연구 분야가 되기에는 많이 미숙한 상태다.

사실 생체표지자에 대한 탐색은 다른 문제로 이어질 수 있다. 제동 시스템을 차단하는지의 여부를 미리 아는 것이 암환자에게 도움이 될 수 있다는 데 이의를 제기하는 사람은 거의 없다. 생체표지자를 이러한 용도로 사용하는 데서 벗어나 특정 개인이 지닌 면역계의 특징을 아예 문제가 생기기 훨씬 전에 알아내는 쪽으로 얼마든지 일을 진행할 수 있기 때문이다. 만일 특정 개인의 면역계 상태를 상세히 알아낼 수 있다면 어떻게 될까? 가령 누군가 노년에 자가면역질환을 유발할 수 있는 면역세포를 갖고 있는지의 여부를 미리 검사한다든지, 한 사람이 갖고 있는 조절세포의 수치 변화를 모니터할 수 있다면? 그렇다면 누가 특정 약물의 혜택을 볼 확률이 높을지 예측할 수 있을 뿐 아니라, 특정인의 전반적 건강상태를 정확히 평가하고, 그가 어떤 질환에 특히 취약할 수 있는지도 미리 알 수 있다. 유전 연구와 유전자 검사는 토머스 헉슬리의 『멋진 신세계』에 나오는 사회 공학적 디스토피아를 초래할 수 있는 가능성에 대한 공포 때문에 많은 논쟁의 주제가 됐다. 그러나 정작 우리를 그곳으로 데려갈 관문은 유전자 검사가 아니라 전혀 예상치 못했던 뒷문, 면역계의 과학이라는 뒷문일 것이다.

혹여 어떤 정부가 이런 일에 대비해 법을 정비할 수도 있다. 하지만 그런 조치에 상관없이 그 일 자체가 일어나지 않을 수도 있는 이유는, 면역계란 하도 복잡해서 예측 자체가 불가능하다는 사실 때문이다. 면역계가 얼마나 복잡한지 알려면 그 속의 제동장치가 실제로 작동하는 메커니즘을 면밀히 살펴보면 된다. CTLA-4가 T세포에 제동을 거는 방법 하나는 다른 세포의 공동자극단백질을 추적해 완전히 덮어버리는 것이다. 면역계의 비상경보를 가리는 것이다. 그뿐만이 아니다. CTLA-4는 다른 면역세포상의 공동자극단백질을 덮어버릴 뿐 아니라 아예 파괴해버림으로써 면역계의 비상경보를 완전히 빨아들일 수도 있다.[66] 놀라운 점은 그것이 전부가 아니라는 것이다. 사실 CTLA-4는 면역세포에 제동을 걸 뿐 아니라 면역세포의 작용 속도를 높이는 가속기 역할을 할 수도 있다.[67] 이는 최소한 두 가지 결과를 초래한다.

첫째, 면역세포의 작용이 빨라지면 면역세포 간의 접촉 시간이

줄어들어 상호작용 능력이 약화되고 결과적으로 전반적인 면역반응의 기세가 꺾인다.[68]

둘째, 면역세포 작용이 빨라지면 면역세포가 암세포를 죽일 만큼 오래 붙잡고 있지 못하게 된다.[69] CTLA-4 차단은 이 과정 중 일부를 중단시킴으로써 암환자를 치유하려는 것이다. 그러나 CTLA-4 차단은 또 다른 기능도 수행한다.

앨리슨은 CTLA-4 수용체를 차단하는 항체를 이용해 그 작용을 중단시켰다. 그러나 우리 몸속에서 자연발생적으로 생산되는 항체는 들러붙는 대상을 막는 데만 그치지 않는다. 항체는 Y자 모양을 한 단백질 분자로 자연적 면역 방어를 위해 세균이나 병든 세포를 추적한다. Y자 모양의 위쪽 양 갈래 끝부분은 세균이나 병든 세포에 들러붙는 반면, 아래쪽 끝부분은 그대로 열려 있다. 면역세포들은 항체의 이 아래쪽 끝부분에 들어맞는 수용체를 갖고 있고, 면역세포가 항체의 아래쪽에 붙으면 위쪽 끝에 들러붙어 있는 것들을 죽이거나 에워싸게 된다. 따라서 앨리슨의 치료용 항체의 위쪽 양 갈래 끝부분이 CTLA-4 수용체의 작용을 막을 때 항체의 아래쪽 끝은 면역세포를 끌어들여 항체 위쪽의 T세포들을 파괴해버리도록 유도할 수 있다. 최소한 원리상으로는 그렇다. 몸의 면역세포를 죽이는 것은 겉으로 보기에는 종양을 막는 반응을 증가시키는 데 유용할 것처럼 보이지는 않는다. 그러나 여기에 중요한 반전이 있다.

조절T세포-사카구치 시몬이 발견한 지킴이 세포로 제7장에서 논했다—는 표면에 많은 양의 CTLA-4를 갖고 있다. 따라서 앨리슨의 항체는 이론상 조절T세포를 추적해 파괴해야 할 대상으로 표시할 수 있다. 이것이 환자에게서 실제로 일어나는 일인지의 여부는 논란거리다. 그러나 만일 정말 그렇다면 앨리슨의 항체는 그가 생각했던 것과 완전히 다른 방식으로 면역계의 제동장치를 풀어버릴 수도 있다. 다시 말해 항체는 조절T세포의 파괴를 일부 촉발시킴으로써 오히려 면역 작용을 활성화하도록 작동할 수도 있다는 뜻이다.

상황이 이렇다 보니 전반적으로 보면 CTLA-4를 막는 항체가 암환자에게 정확히 어떻게 도움이 될지는 불분명하다. 결국 이 말은 이 항체의 효과가 다양할 수 있다는 뜻이다.[70] 어떻게 보면 이것은 사소한 문제일 수 있다. 중요한 것은 병을 치유할 가능성이니까. 하지만 또 다른 층위에서 이러한 작용을 제대로 이해하는 일은 중요하다. 이는 단지 학문적 관심사나 호기심 충족의 문제가 아니다. 면역계의 제동장치가 어떻게 작용하는가, 그리고 이 치료용 항체가 어떤 메커니즘을 통해 환자들에게 유용한가를 더 심층적으로 이해할 때 비로소 우리는 이러한 항체의 설계를 교정하고 동일한 과정에 연루된 다른 분자에 대한 대안도 만들어낼 수 있다.

앨리슨의 소망—면역관문억제제의 성공률을 높이는 소망—을 이루는 방법중 하나는 억제제를 다른 약물과 병용하는 것이다. 네 가지—종양을 겨냥하는 항체, 사이토카인, 백신 그리고 면역관문억제제—를 병용한 결과, 다른 방법으로는 치료할 수 없었던 생쥐의 종양이 제거되는 것으로 나타났다.[71] 각 약물은 독립적으로는 큰 효과가 없었지만 통합해 사용할 경우 치료법이 됐다. 상이한 약물을 결합해 사용하면 암환자들에게 분명 도움이 되지만, 문제는 적절한 혼합물을 찾아내는 것이다. 혼합물에 포함되는 각 성분의 배열 조합은 무수하며, 각 요소 자체도 투여량과 투약 시간에 따른 각각의 요구사항이 다르다. 이는 다른 어떤 약물이 혼합물에 포함되느냐에 따라 달라진다. 그 많은 조합을 이것저것 시도해보는 것이 한 가지 접근법일 수는 있으나 그중 일부라도 실험해볼 수 있을 만큼 충분한 환자가 현장에는 없다. 우연에 기댈 수도 없는 노릇이니 전략이 필요한 일이고, 그러려면 상이한 학문 기관들의 협력이 절실하다.

이쯤에서 숀 파커[Sean Parker]가 무대에 등장할 차례다. 파커는 억만장자 사업가이자 음원 공유 서비스인 냅스터의 공동 창립자이며 페이스북 최초의 대표다. 영화 〈소셜 네트워크〉에서 저스틴 팀버레이크가 연기했던 인물이 파커다. 2016년, 26세의 파커는 2억 5000만 달러를 기부해 파커연구소[Parker Institute]를 설립했다. 파커연구소는 미국 암센터 6개를 비롯해 40개 이상의 연구소가 연합한 거대한 협력체다. 그의 말을 빌리면 "면역계로 암을 치료하기 위한 맨해튼 계획"인 셈이다.[72] 파커는 로스앤젤레스 벨에어에서 파티를 개최하면서 연구소 프로젝트를 시작했다. 파티에 참석한 명사 중에는 배우 톰 행크스와 골디 혼, 숀 팬, 마술사 데이비드 블레인, 코미디언 제임스 코든, 뮤지션 레드 핫 칠리 페퍼스, 케이티 페리, 레이디 가가 등이 있었다. 이 시끌벅적한 행사는 암 면역요법에 대한 미디어의 관심을 불러일으켰다. 톰 행크스는 한 TV 방송에 출연해 이렇게 말했다. "어마어마한 액수의 돈이 들어오는데 마다할 사람이 어디 있겠습니까? 정말 근사한 일입니다. 숀 파커는 여섯 개 연구 조직을 통합해 일사천리로 연구를 진행하게 만들었고, 이제 이들은 암 연구와 면역요법에 대한 정보를 철저히 공유할 겁니다. 암 연구와 환자 치료법이 완전히 바뀌는 겁니다. 그야말로 환상적인 일 아닌가요?"[73]

30억 달러 자산을 소유하고 있다고 알려진[74] 파커가 암을 퇴치해야겠다고 마음먹은 이유 중 하나는 가까운 친구를 암으로 잃었기 때문이다. 그는 바로 영화 제작자 로라 지스킨[Laura Ziskin]이다. 〈프리티 우먼〉과 〈어메이징 스파이더맨〉을 제작한 지스킨은 2011년 61세의 나이로 사망했다. 파커는 음악을 해킹했던 것처럼 암도 해킹하고 싶다고 말한다. 그에게 해킹이란 "스마트한 제2의 해결책 혹은 기존의 시스템을 이용해 할 수 없으리라 여겨졌던 무언가를 이루어내는 지혜로운 방법"이다. 면역요법 또한 이런 의미에서 그에게는 일종의 해킹이다.[75] 암은 음악 산업보다 훨씬 더 복잡하지만 파커의 이러한 태도는 널리 환영받고 있다. 그는《월스트리트저널》에 다음과 같은 글을 남겼다. "해커들이 공유하는 가치들이 있다. 반체제 성향, 근원적 투명성에 대한 신념, 시스템에 내재된 약점의 냄새를 맡는 예민한 후각, 기술적이고도 사회적인 간결한 해결책을 활용해 복잡한 문제를 '해킹'하려는 욕망, 그리고 문제를 해결하는 데 도움을 줄 데이터의 힘을 향한 신앙에 가까운 믿음이다."[76]

파커연구소는 자금을 제공할 뿐 아니라 거대한 변화를 일구어내고자 한다. 이들이 원하는 거대한 변화란 암 연구를 조직하는 방식을 혁신하는 것이다. 예로부터 여러 암센터의 연구자들은 정부 자금을 지원받기 위해 서로 경합을 벌여야 했다. 이는 지원서 평가에 소요되는 수개월의 시간 동안 데이터의 기밀을 유지해야 했다는 뜻이다. 파커로부터 공동 자금 지원이 정착되면 연구자들의 아이디어를 공유하기가 쉬워진다.

파커연구소에 포함된 여섯 개 암센터 중 어느 센터에서 지적 재산권이 발생하건 이 또한 공유된다. 연구 전체 업무를 총괄하고 조율하는 한 조직은 연구소의 소중한 학문적 성과들이, 걸핏하면 무너지는 신생 중소기업의 수중에 떨어져 증발해버리거나 신약 개발에 대한 결정이 수시로 바뀌는 거대 제약회사들의 창고에서 허송세월하는 일이 없도록 조치한다. 지적재산권에서 발생하는 이익도 개별 발견자들과 관련 암센터가 공유해야 한다. 개별 센터는 지적재산권을 지킴으로써 돈을 더 벌 수 있지만 파커는 재산권 공유에 동의하도록 각 센터를 설득했다. 공유를 통해야만 모두가 무엇이건 더 얻어낼 가능성이 커지므로 소탐대실의 유혹에 빠지지 말아야 한다는 것이 설득의 근거였다.[77]

한때 경쟁자였던 블루스톤과 앨리슨은 이제 파커연구소라는 커다란 지붕 아래에서 함께 연구에 매진하고 있다. 이미 엄청난 성공을 거둔 연구소 리더들이 인생의 제2막을 열었다는 것은 큰 힘이 된다. 현역에서 물러난 학자들은 창조적인 집단 사고를 독려한다. 위험을 감수하고 일찍 경험한 실패를 통해 배우며 앞으로 전진하는 분위기는 실리콘밸리를 방불케 한다.[78] 서류작업 또한 간소화했다. 신약을 테스트하고 싶은 기업은 어느 곳이건 파커연구소와의 합의서에 서명만 하면 여섯 곳의 암센터 전체와 일을 시작할 수 있다. 각 센터와 개별적으로 협상하느라 수개월을 낭비했던 과거를 생각하면 비약적인 발전이다.[79]

블루스톤은 파커연구소의 초대 총괄 소장이다. 그는 파커가 제공한 자원 덕분에 색다른 시도를 해볼 수 있게 되었고, 구성원들이 서로를 신뢰하면서 아이디어를 공유할 공간을 만들 수 있었다고 말한다. 다음은 그의 연설 중 일부다. "솔직하게 말씀드려서 우리는 생물의학의 놀라운 혁명의 한가운데에 서 있습니다. 이 혁명은 1800년대 말에서 1900년대 초에 벌어진 산업혁명과 크게 다르지 않습니다. 지식과 도구에 대한 접근이 더욱 용이해졌기 때문에 생물의학적 아이디어를 접하는 일도 과거 어느 때보다 편리해졌습니다. …… 면역세포 기술은 지극히 복잡하지만 우리는 그 암호를 풀기 시작했으며, 이를 활용해 암을 퇴치하기 시작하는 단계에 와 있습니다."[80]

그가 말하는 혁명은 면역관문억제제만이 아니다. 현재 면역요법에는 수백 개의 가지가 존재한다. 파커연구소가 목표로 하는 혁신 분야 중 하나는 상이한 발상들을 결합시킬 수 있는지의 여부를 검증하는 것이다. 면역관문억제제가 모든 환자들에게 효력을 내지 못하는 이유는, 이 억제제가 환자 체내에 이미 존재하는 면역반응의 고삐를 풀 때 가장 효과가 좋기 때문이다. 이는 돌연변이가 드물어서 면역계의 눈에 거의 띄지 않는 암에는 면역관문억제제가 효과를 내지 못할 수 있다는 것을 뜻한다. 이 문제를 해결하는 한 가지 방안은, 면역관문억제제를 다른 치료법과 결합시킴으로써 환자의 몸속 암을 탐지해낼 수 있는 면역세포를 환자에게 확실히 제공하는 것이다.

어떻게 해야 환자에게 면역세포를 확실히 제공할 수 있을까? 제3장에서 1980년대 로젠버그가 암을 치료하기 위해 시도했던 방식을 떠올려보라.[81] 그는 환자들에게서 면역세포를 분리해 배양접시에서 이 세포의 활동을 (사이토카인으로) 증가시킨 다음 다시 환자들에게 주입했다. 이 방법은 때로 성공을 거두었지만 심각한 부작용도 낳았다. 로젠버그의 방법이 큰 효력을 내지 못한 이유는 실험실 접시에서 배양한 면역세포에는 갖가지 유형의 면역세포가 무수히 섞여 있어서 정작 환자의 종양을 공격할 수 있는 면역세포의 숫자가 적었기 때문일 수 있다. 2011년, 펜실베이니아대학교의 칼 준 Carl June 은 더 정교한 접근법을 활용해 백혈병을 치료했다.[82]

준은 과거의 로젠버그처럼 환자에게서 T세포를 분리하되, 환자에게 T세포를 다시 주입하기 전에 새로운 수용체를 첨가하는 유전 조작을 가했다. 이 수용체는 환자의 암을 표적으로 하는 수용체다. 첨가한 수용체 이름인 CAR을 따서 이를 CAR-T세포요법이라고 한다. CAR은 키메라항원수용체chimeric antigen receptor의 약어다. 이 수용체는 암세포를 추적하는 항체의 위쪽 끝부분과 T세포로 하여금 암세포를 죽이도록 유도하는 아래쪽 끝으로 이루어져 있다. 이렇게 해서 환자의 T세포는 체내의 특정 암세포를 표적 삼아 제거하도록 재조직된다. 사실상 이 혁신적 아이디어가 제시된 것은 1989년이었다. 이것이 마침내 치료법으로 성공을 거두기까지 20년 이상이 걸린 것이다.[83] 긴 시간이 걸린 이유는 첨가할 수용체를 T세포 속으로 삽입하는 공정 개발에 많은 시간이 걸렸기 때문이다. 준은 이 공정을 개발하기 위해 불능화한 인간면역결핍바이러스를 활용했다. T세포를 감염시킴으로써 다른 유전자 속에 자신의 유전자 복제물을 삽입시키는 바이러스의 능력에 착안해 수용체 삽입에 성공한 것이다.[84]

준과 그의 동료들은 CAR-T세포요법이 암환자에게 도움이 되기를 바라면서도 완치에 가까운 차도를 보이는 것은 꿈조차 꾸지 못했다. 그러나 첫 환자 세 명 중 두 명은 완치에 가까운 차도를 보였다. 만성 림프구성 백혈병에 걸린 65세의 한 과학자는 한 회에 유전자 변형 T세포 1400만 개를 처치받았다. 그는 펜실베이니아대학교의 웹페이지에 익명으로 글을 썼다. "나는 아직도 나를 둘러싼 존재의 거대함을 이해하기 위해, 그리고 내게 일어난 결과가 만성 림프구성 백혈병이나 다른 암에 걸린 수많은 이들에게 의미하는 바가 얼마나 엄청난지 이해하려고 노력 중이다. 과학자인 나는 젊은 시절 다른 많은 과학자들과 마찬가지로 인류에게 큰 변화를 가져올 발견을 하리라는 꿈을 품었다. 하지만 내가 이 거대한 실험의 일부가 되리라고는 상상조차 해보지 못했다."[85] 2017년 8월 30일, 미국 식품의약국은 CAR-T세포를 한 가지 유형의 암 치료제로 사용하도록 승인했고, 몇 주 후에는 또 다른 암에도 사용하도록 승인했으며, 이제 이 생약living drug은 틀림없는 혁명이 됐다.

현재 필요한 것은 이 치료법의 최적화된 버전이다. 돌파해야 할 한계는 아직 많다. 환자 몸속 암의 분자들 중 표적으로 삼기 가장 좋은 분자, 모든 암세포가 동일한 특징을 갖고 있어야 하는지의 여부, 건강한 방관자 세포까지 공격받을 가능성을 줄임으로써 예기치 않은 부작용을 예방할 방법 등 모르는 것이 많다. 최소한 이론적으로 판단할 때 이 같은 유형의 치료법은 암환자 이외에 다른 환자들에게도 널리 사용할 수 있다. 가령 CAR-T세포는 자가면역 질환을 일으키는 면역세포 조각을 제거하는 유전자 조작이 가능하다.[86] 가장 큰 문제 중 하나는 유전자 조작을 통해 향상시킨 면역세포의 독성이다. 준의 T세포 요법은 로젠버그의 요법보다 정교했지만 언젠가 준의 연구는 십중팔구 다른 요법에 비해 상대적으로 엉성해 보일 것이다.

파커연구소의 준과 블루스톤과 다른 과학자들은 CAR-T세포 요법의 아이디어와 면역관문억제제의 아이디어를 결합하는 프로젝트를 추진하고 있다. 세포의 유전자를 변형시키는 신기술을 통해 면역세포 하나를 여러 가지 방식으로 쉽게 변형할 수 있게 됐다.[87] 앞으로 시도해볼 기획은 동일한 T세포들이 암을 알아볼 수 있는 수용체를 가질 뿐 아니라 제어체계를 갖지 못하도록 유전자를 조작하는 것이다. 그렇게 된다면 향상된 T세포들은 몸속에서 더 오래 싸워줄 것이다. 그리고 이 T세포들이 암세포를 직접 알아보도록 조작할 수 있다면 T세포의 제어장치를 제거하는 정교한 방법이 면역계의 제어장치를 모두 풀어주는 치료에 비해 부작용도 적을 것이다.

또 하나의 새로운 암 치료법은 예상 밖의 장소에서 출현했다. 새로운 형태의 탈리도마이드thalidomide가 그것이다. 과거에 입덧 완화제로 쓰였으나 수천 명의 영아를 사망으로 몰거나 사지 기형으로 태어나게 만들었던 어둠의 약물이다. 그런데 이 탈리도마이드가 암세포를 공격하는 면역계의 능력을 향상시킬 수 있는 것으로 밝혀진 것이다. 본래 탈리도마이드는 1954년 초 항생제를 제조하는 더 싼 방법을 찾는 과정의 부산물로 발견됐다. 독일의 제약회사 그뤼넨탈은 여러 가지 방법으로 이 새로운 화학물질을 검증했고, 이를 투입할 질환을 찾고자 분투한 뒤 결국 입덧 완화제 및 예방제로 약물의 용도를 정했다. 1만 명이 넘는 영아들이 탈리도마이드로 인해 기형으로 태어났다. 약물이라고 신뢰했던 물질 탓에 불구가 된 것이다.[88]

1962년, 탈리도마이드는 전 세계적으로 금지됐다. 그러나 몇 년 후 탈리도마이드가 한센병의 특정 합병증 환자들에게 도움이 된다는 사례들이 나타났다.[89] 이를 연구하던 과정에서 탈리도마이드가 면역계를 비롯해 인간의 몸에 많은 영향을 끼친다는 사실이 밝혀졌다. 미국 제약업체 셀진은 더 안전한 탈리도마이드 유도체

derivative를 만들었고, 현재 이 유도체는 레블리미드^{Revlimid}라는 상표명으로 판매되고 있다. 레블리미드는 최소한 한 가지 유형의 암인 다발성골수종^{multiple myeloma} 치료에 도움을 줄 수 있다.[90] 골수종을 앓던 나의 아버지는 레블리미드 덕분에 여러 해를 더 사셨다. 내 연구실의 연구는 이 탈리도마이드 유도체의 작용 방식을 파악함으로써 훨씬 더 나은 버전의 유도체에 대한 아이디어의 씨앗을 뿌리는 데 기여해왔다. 이 유도체는 여러 가지 방식으로 기능하지만 그중 하나는 몸의 자연살해세포가 암세포를 공격하도록 스위치가 켜질 때 그 문턱을 낮추는 일이다.[91]

인류는 건강 혁명의 여명기에 서 있다. 그러나 누구나 알지만 말하기를 주저하는 까다로운 문제가 있다. 바로 전 세계의 빈곤이다. 세계 인구의 약 절반이 하루 2달러 미만의 돈으로 연명하는 상황에서 신약을 개발하고 제공하는 일의 경제적인 문제는 또 하나의 비극이다. 1976년, 에볼라 바이러스가 발견된 이후 에볼라 바이러스 백신을 개발하려는 노력의 지지부진함이 바로 대표적인 사례다. 에볼라 바이러스는 부유한 국가들이 위협을 느낄 때까지 연구 대상이 되지 못했다.[92] 제약 산업은 생명과 죽음의 문제에 관여하면서도 이윤을 추구하는 기업이지 자선단체가 아니므로 연구해야할 우선순위를 정할 때 이들에게는 금전적 이득의 가능성이 매우 중요한 요인이다. 지금 내가 쓰고 있는 이 책은 새로운 발상과 과학과 역사와 종으로서의 인류의 궤적을 다루고 있지만, 우리의 길을 가로막는 금전 문제를 회피한 채 신약에 관해 이야기하는 것은 기만에 불과하다. 의학 연구와 약물에 자금을 지원할 새로운 형태의 국제기관과 참신한 방안들이 절박하다. 여기서는 인류와 지구상의 다른 생명체의 건강과 안녕만이 중요할 뿐 금전상의 이익은 따지지 않아야 한다. 나는 이것이야말로 우리를 기다리는 '멋진 신세계'이기를 바라마지 않는다.

모든 과학혁명이 그렇듯이 새로운 지식만이 전부가 아니다. 우리는 자식들과 손자들로부터 평가받게 될 것이며, 그때 이들의 평가 기준은 우리가 무엇을 알고 있었는가가 아니라 우리가 무엇을 하고 있었는가일 것이다.

_____ 에필로그

과학을 지칭하는 이름은 많다. 과학은 방법이며 여정이며 권력으로 가는 길이며 지식체이며, 여러분이 학교에서 좋아하거나 싫어했던 과목이며, 무한한 수의 조각으로 이루어진 퍼즐이며, 식량과 폭탄을 동시에 생산했던 선악의 동력이다. 그러나 뭐니 뭐니 해도 과학의 가장 위대한 업적은 지금까지도 앞으로도 당분간은 병의 치유일 것이다.

그 많은 치료제가 있는데도 우리 몸에 내재된 자체 치료제인 면역계는 인류가 고안해낸 그 어떤 약물보다 훨씬 더 강력하다. 대부분의 세균은 우리가 알지도 못하는 사이에 몸이 싸움을 전개하는 대상이 된다. 수십 년 동안 우리는 특정 유형의 세포가 없어지거나 많아질 때, 유전자가 비활성화되거나 활성화될 때, 화학물질

경로의 스위치가 켜지거나 꺼질 때 어떤 일이 발생하는지를 살펴봄으로써 세균과 몸의 투쟁 방식에 숨겨진 비밀을 풀어왔다. 그 여정에서 한 걸음 한 걸음, 가끔씩은 발을 헛디뎌가면서 우리는 면역계에 내재된 비밀 중 많은 것들을 풀어냈다. 그러나 태양계나 금융시스템 등 모든 거대한 시스템과 마찬가지로 면역계 또한 여전히 수수께끼다.

모든 관련 이론에는 결함이 있고, 각각의 아이디어들은 특정 상황에서만 작동하며, 모든 가설과 이론은 일정 종류의 근사치에 불과하다. 나와 수천 명의 과학자들은 여전히 남은 퍼즐을 맞추는 데 자신의 삶을 바치고 있다. 언젠가 면역계를 아우르는 거대 통일이론을 발견할 수 있을지도 모른다. 면역계 전체가 어떻게 작동하는지를 정확히 포착하는 소수의 원리들, 모든 사례들에 딱 들어맞는 하나의 도표 말이다. 그러나 그 꿈이 이루어질 확률은 극히 희박하다. 심지어 통일이론을 갖겠다는 꿈 자체가 그릇된 것일 수도 있다.

면역계 그리고 인간의 생명작용 일반은 우리가 상상하는 것보다 훨씬 더 다층적이다. 물리학자들은 빛이 때로는 파동처럼, 때로는 입자처럼 군다는 희한한 사실을 감당하며 사는 법을 습득해왔다. 우리가 빛을 어떻게 생각하는지는 측정에 따라 달라진다. 결국 무엇에 관한 관점이건 한 가지 관점은 지나치게 편협하다. 내게 면역계의 복잡성이란 면역계의 층위가 다원적이라는 것뿐 아니라 그것이 '기이하게' 작동한다는 것이기도 하다. 면역계의 행태는 그것이 위험을 찾도록, 혹은 자기와 비자기를 구분하도록 설정되어 있다는 식으로 단순하게 설명할 수 없다. 이러한 설명도 물론 유용한 아이디어이고 비유보다 강력하지만 모든 상황을 지배하는 실제 법칙을 따라잡지는 못한다. 면역계는 인간의 총체적 생명작용과 마찬가지로 어떤 원칙적 기초 없이 진화해왔다. 따라서 원칙을 찾는 노력 자체가 무익할 수도 있다.

가까운 미래에 면역계를 단순한 용어로 기술할 수 있을지의 여부와 무관하게, 몇 가지 정밀한 측정—가령 상이한 혈구에 대한 상세한 분석—을 실행하고 이를 통해 얻은 정보를 수학적 계산이나 컴퓨터를 사용한 시뮬레이션 속에 끼워 넣음으로써 (수학이 빛의 행동 방식을 기술하는 유일한 방법을 제공하듯) 건강에 대해 예측할 수 있을지도 모른다. 그러는 사이에 현재 갖고 있는 지식을 이용해 지혜로운 생활방식을 선택하고, 감염과 암과 자가면역질환 및 다른 질환을 퇴치할 신약을 개발할 수도 있다.

그러나 죽음은 사라지지 않을 것이고 낙원의 약속은 존재하지 않는다. 우리는 바로 이곳에서 한 걸음씩 신중하게 걸어 나아가야 하고, 우리가 다루기 시작한 것에 관해 깊이 사고해야 한다. 귀가 먼 모든 이들이 들을 수 있는 세계를 원하는 것은 아니다. 1950년 대에서 1960년대 영국인들이 동성애를 여성호르몬인 에스트로겐이나 전기충격을 이용해 치료해야 할 병으로 간주했다는 사실이 지금은 얼마나 큰 충격으로 느껴지는가. 과학이라고 명명한 것은 하늘의 별처럼 많지만 그런데도 과학이 되어서는 안 되는 것이 있다.

바로 인간의 몸을 완벽하게 만들려는 욕망이다.

내 생각에 (그리고 이것은 비단 나의 생각만은 아닐 것이다) 세부적인 것을 파악해 우리가 얻는 것은 완벽함이 아니다. 우리가 자신을 들여다 보는 것은 자신의 진정한 모습을 찾기 위해서다. 자신을 살피는 일은 우리를 단조로움에서 해방시켜준다. 지식의 총합이자 하나의 여정으로서의 과학, 그 과학의 본질이자 핵심은 상승을 통한 해방이다.

_____ 감사의 말

이 책을 위해 인터뷰에 응해주신 과학자들께 특히 감사드리고 싶다. 안 악바르[Arne Akbar], 브루스 보이틀러, 제프리 블루스톤, 레슬리 브렌트, 브라이언 크루션, 캐스린 엘스[Kathryn Else], 마크 펠드만, 조던 구터먼, 율레스 호프만, 매튜 크루멜, 루이스 레이니어[Lewis Lanier], 브루노 르메트르, 재닛 로드, 앤드류 라우든[Andrew Loudon], 앤드류 맥도널드[Andrew MacDonald], 라빈더 마이니 경, 오퍼 맨델보임[Ofer Mandelboim], 폴리 매칭거, 루슬란 메드츠히토프, 베르너 뮐러[Werner Müller], 크리스티안 뮌츠[Christian Münz], 루크 오닐[Luke O'Neill], 피터 오픈쇼, 피오나 파우리, 데이비드 레이[David Ray], 아킬레시 레디, 사카구치 시몬, 마크 트래비스, 얀 빌첵, 에릭 비비에르 그리고 산티아고 젤레네이[Santiago Zelenay] 선생께 감사드린다.

이 책을 쓰는 동안 이런저런 쟁점을 다루도록 도와준 다른 많은 분들께도 감사드린다. 월터 보드머Walter Bodmer, 티아고 카르발류Thiago Carvalho, 매튜 콥Matthew Cobb, 알레스데어 콜스Alasdair Coles, 프란체스코 콜루치Francesco Colucci, 스티븐 에어Stephen Eyre, 리로이 후드Leroy Hood, 조너선 하워드Jonathan Howard, 트레이스 허셀Tracy Hussell, 존 잉글리스John Inglis, 피파 케네디Pippa Kennedy, 필리파 매랙Philippa Marrack, 스티브 마시Steve Marsh, 데이비드 모건David Morgan, 베른 페트카우Vern Paetkau, 엘리너 라일리Eleanor Riley, 크리스토퍼 러드Christopher Rudd, 데이비드 샌섬David Sansom, 매튜 샤프Matthew Scharff, 켄들 스미스Kendall Smith, 로버트 신든Robert Sinden, 그리고 얀 비트코프스키Jan Witkowski에게 신세를 많이 졌다.

초창기 원고에 논평을 해준 분들께도 심심한 감사를 표한다. 베로니카 바틀스Veronica Bartles, 도린 캔트렐Doreen Cantrell, 조지 코헨George Cohen, 마크 콜스Mark Coles, 시아먼 고든Siamon Gordon, 살림 카쿠Salim Khakoo, 앤드류 맥도널드 그리고 오퍼 맨델보임에게 감사드린다. 책에 오류가 남아 있다면 그것은 전부 저자인 나의 책임이다.

부모님−매릴린 데이비스와 제럴드 데이비스−의 끈기 가득한 지지와 격려에 감사드린다. 아만드 르로이Armand Leroi와 피터 퍼햄Peter Parham의 격려에도 감사드린다. 그리고 수년 동안 내 사유의 안내자 역할을 해준 나의 연구팀의 성원에도 고마움을 전한다. 낸시 로스웰Nancy Rothwell, 마틴 험프리스Martin Humphries, 이안 그리어Ian Greer 그리고 트레이시 허셀Tracy Hussell을 비롯해 맨체스터대학교의 지도부에도 감사드린다.

또한 임페리얼칼리지런던에서 연구하던 초창기에 면역계를 공부하고 관련 글을 쓸 수 있도록 환경을 만들어준 매기 돌먼[Maggie Dallman], 머리 셀커크[Murray Selkirk], 이안 오언스[Ian Owens] 그리고 하버드대학교 연구실에서 면역계 연구를 시작할 수 있게 해준 잭 스트로밍거에게도 감사드린다.

보들리헤드 출판사의 내 담당 편집자 월 해먼드[Will Hammond]는 책의 전체 형태와 최종 원고 교정 등 멋진 책을 만드는 데 중요한 역할을 해주었다. 탁월한 능력으로 원고를 정리해준 데이비드 밀너[David Milner]에게도 감사를 전한다. 하드먼&스웨인슨의 내 저작권 대리인 캐롤라인 하드먼은 책을 쓰는 초기 단계부터 큰 도움을 주었다. 그리고 무엇보다 아내 케이티와 우리 아이들 브리오니와 잭에게 사랑과 고마움을 전한다. 이들은 언제나 나와 함께 멀고 고된 길을 걸어주었다.

주석

프롤로그

1   이 인터뷰는 **BBC TV** 호라이즌 시리즈 중 하나인 <발견의 기쁨^{The Pleasure of Finding Things Out}>에서 가져온 것이다. 온라인에서 볼 수 있으며, 인터뷰를 글로 옮긴 내용도 볼 수 있다. 하지만 글만으로는 파인만의 흡입력 있는 연설의 힘을 느낄 수 없을 것이다. 파인만의 이야기는 다음의 책에 탁월하게 포착되어 있다. James Gleick, *Genius: Richard Feynman and Modern Physics*(Abacus, 1992).

2   Irwin, M. R., 'Why sleep is important for health: a psychoneuroimmunology perspective', *Annual Review of Psychology 66*, 143-72(2015).

3   Dorshkind, K., Montecino-Rodriguez, E., & Signer, R. A., 'The ageing immune system: is it ever too old to become young again?', *Nature Reviews Immunology 9*, 57-62(2009).

1장

1   Bilalić, M., McLeod, P., & Gobet, F., 'Inflexibility of experts-reality or myth? Quantifying the Einstellung effect in chess masters', *Cognitive Psychology 56*, 73-

102(2008).

2 아인슈텔룽^{Einstellung} 효과(사고의 고착화나 기계화 효과-옮긴이)를 보여주는 실험은 많다. 이는 자체로 중요한 연구 분야이기도 하다. 이 주제에 대한 좋은 진입점이 될 만한 글은 다음과 같다. Bilalić, M., & McLeod, P., 'Why good thoughts block better ones', *Scientific American*, *310*, 74-9, March 2014.

3 Matzinger, P., 'Charles Janeway, Jr, Obituary', *Journal of Clinical Investigation 112*, 2(2003).

4 Gayed, P. M., 'Toward a modern synthesis of immunity: Charles A. Janeway Jr and the immunologist's dirty little secret', *Yale Journal of Biology and Medicine 84*, 131-8(2011).

5 Janeway, C. A., Jr, 'A trip through my life with an immunological theme', *Annual Review of Immunology 20*, 1-28(2002).

6 Ibid.

7 *State of the world's vaccines and immunization*(third edition, World Health Organization Press, 2009).

8 종두법이라는 말은 대체로 천연두 예방접종을 가리킨다. 종두법은 통제된 방식으로 소량의 감염원을 주입하는 것이라 정의하는 데 반해 백신접종은 감염원을 죽이거나 약화시켜 쓰기 때문에 종두법과 다르다. 접종과 백신접종과 면역요법 또한 약간씩 의미가 다를 수 있다. 그러나 현대 백신이 작용하는 방식이 다양하기 때문에 이 용어들을 명확히 정의하기가 쉽지 않다. 따라서 이 책에서는 세 가지 용어를 혼용해서 썼다는 점을 밝혀둔다.

9 Rhodes, J., *The End of Plagues: The Global Battle against Infectious Disease*(Palgrave Macmillan, 2013); De Gregorio, E., & Rappuoli, R., 'From empiricism to rational design: a personal perspective of the evolution of vaccine development', *Nature Reviews Immunology 14*, 505-514(2014).

10 Silverstein, A. M., *A History of Immunology*(second edition, Academic Press, 2009).

11 왕립협회의 간략한 역사는 온라인에서 찾아볼 수 있다. http://royalsociety.org/about-us/history/

12 Mead, R., *A Discourse on the Small Pox and Measles*(John Brindley, 1748). 이 책은 1721년 죄수들의 접종을 담당했던 런던의 저명한 의사 리처드 미드^{Richard Mead}가 쓴 것이다. 왕가의 실험에 얽힌 이야기는 제5장 '천연두 접종에 관하여' 편에 나온다.

13 웨일스의 왕자비는 아이들을 접종시키기 전에 먼저 고아 다섯 명에게 접종을 시켰다. 죄수 테스트는 성인만 참여했기 때문에 다른 아이들에게서 안전성을 검증하는 것이 중요하다고 생각

했던 것이다.

14 　사회의 유명 인사들이 기존의 정설, 가령 관련된 과학 단체들의 지배적 견해와는 무관하게 여론에 영향을 끼칠 수 있다는 점에 유념해야 한다. 그 한 가지 사례는 《플레이보이》의 전 모델이자 배우 짐 캐리의 연인이었던 제니 매카시의 이야기다. 짐 캐리는 매카시의 아들 에반이 자폐증에 걸린 원인을 백신접종으로 지목했다. 매카시의 견해는 2007년에서 2009년 사이에 많은 이들의 주목을 끌었다. 심지어 그녀는 오프라 윈프리의 프로그램에 출연까지 했다. 그녀의 개인사는 감정에 호소하는 바가 많다. 그녀는 다음과 같이 말했던 것으로 전해진다. "저의 과학은 에반입니다. 아이는 집에 있죠. 그 아이야말로 제게는 과학입니다." 그녀는 직접 여러 권의 책을 집필하기도 했다. 『말보다 강한 행동: 자폐를 치료하는 한 엄마의 여정Louder than Words: A Mother's Journey in Healing Autism』(Plume, 2008)이 그중 하나다. 매카시의 사연은 마크 라전트Mark A Largent의 『백신: 현대 미국 내 논쟁Vaccine: The Debate in Modern America』(Johns Hopkins University Press, 2012)에도 소개되어 있다.

15 　Silverstein.

16 　Jenner, E., *An Inquiry Into the Causes and Effects of the Variolae Vaccinae: A disease discovered in some of the Western Counties of England, particularly Gloucestershire, and known by the name of the cow pox*(1798). 이 획기적인 저서는 여러 차례 재출간되었고, 전문은 인터넷에서도 쉽게 구해볼 수 있다. http://www.bartleby.com/38/4/1.html.

17 　백신이라는 단어를 처음 만든 것은 외과의였던 리처드 더닝Richard Dunning이다. 천연두를 예방하기 위한 우두 접종이 아닌 다른 접종에 '백신'이라는 단어를 쓰기 시작한 것은 루이 파스퇴르 때부터다.

18 　천연두에 대한 싸움이 세계적 규모로 행해졌다는 사실은 매우 중요하다. 저널리스트 티나 로젠버그Tina Rosenberg는 다음과 같이 썼다. "가난한 나라의 말라리아에 일어난 최악의 일은 부유한 나라에서만 말라리아가 퇴치되었다는 사실이었다." 백신접종에 대한 율라 비스Eula Biss의 탁월한 책 『면역에 관하여On Immunity』(Graywolf Press, 2014) 44쪽에서 인용.

19 　Rhodes.

20 　1920년대에는 알려져 있지 않았지만 1989년이면 면역계가 우리 몸이 무엇으로 이루어져 있는가를 어릴 때부터 학습한다는 것, 따라서 그때부터 무엇이건 이질적인 것을 공격할 채비를 갖춘다는 것이 이미 확립되어 있었다. 이 문제에 관해서는 나의 첫 책 『나만의 유전자』에서 상세히 논했다.

21 　Oakley, C. L., 'Alexander Thomas Glenny. 1882-1965', *Biographical Memoirs of Fellows of the Royal Society 12*, 162-80(1966).

22 　Oakley, C. L., 'A. T. Glenny', *Nature 211*, 1130(1966).

23 Ibid.

24 극장이나 콘서트에 가는 것을 금지했던 지독히 보수적인 기독교 집에서 성장한 글레니는 일
외에는 별로 관심 있는 게 없었다.

25 Marrack, P., McKee, A. S., & Munks, M. W., 'Towards an understanding of the
adjuvant action of aluminium', *Nature Reviews Immunology 9*, 287-93(2009).

26 Gura, T., 'The Toll Road', *Yale Medicine 36*, 28-36(2002).

27 콜드스프링하버 정량생물학 심포지엄[Cold Spring Harbor Symposia on Quantitative Biology]은 1933년 시작
된 학회다. 1989년 학회에는 혼조 타스쿠, 리로이 후드, 존 잉글리스[John Inglis], 리처드 클라우
스너[Richard Klausner], 프리츠 멜처스[Fritz Melchers], 구스타브 노살[Gustav Nossal] 그리고 롤프 칭커나겔[Rolf
Zinkernagel] 등 수많은 유명 과학자들이 참석했다. 학회에서 찍은 스무 장의 사진은 온라인에서
찾아볼 수 있다. 콜드스프링하버 출판사의 전무이사 존 잉글리스는 내게 (2015년 3월 25일
의 이메일을 통해) 자신이 기억하는 바로는 제인웨이가 자신에게 이 학회 후 학회회보에 낼
논문을 보냈으며, 학회에서는 논문 주제에 관해 공식적인 말을 전혀 하지 않았다고 말했다. 제
인웨이는 학회에 참석했던 연구자들과 자신의 생각에 관해 비공식적인 대화만 나누었던 듯하
다.

28 Janeway, C. A., Jr, 'Approaching the asymptote? Evolution and revolution
in immunology', *Cold Spring Harbor Symposia on Quantitative Biology 54 Pt 1*,
1-13(1989).

29 Ibid.

30 일부 과학자들은 '형태인지'라는 용어를 탐탁해하지 않는다. 단백질과 다른 분자 간의 이러한
유형의 상호작용을 대개 '분자인지'라고 하기 때문이다. 그런데도 '형태인지수용체'라는 용어
는 오늘날 흔히 쓰이고 있다.

31 찰스 제인웨이는 동료 폴 트래버스[Paul Travers]와 1994년 『면역학』이라는 제목의 첫 교과서를 출
간했다. 이 첫판과 이후의 모든 판본의 교과서는 큰 성공을 거두었다. 제9판—현재는 『제인웨
이의 면역학』이라 불린다—은 케네스 머피[Kenneth Murphy]와 케이시 위버[Casey Weaver]의 개정을 거쳐
2016년에 출간됐다.

32 조지 버나드쇼는 1930년 10월 28일 런던에서 열린 알버트 아인슈타인을 기념하는 한 공개
만찬 석상의 연설에서 이 말을 했다. 연설 발췌본은 1991년 3월 14일자 《뉴욕타임스》 마이클
홀로이드[Michael Holroyd]가 쓴 '앨버트 아인슈타인, 우주의 창조자[Albert Einstein, Universe Maker]'에 수록되
어 있다.

33 $3 \times 100^4 = 3 \times 10^8$

34 24시간 동안 72회 분열(20분에 한 번씩 분열)하면 2^{72}개의 자식이 나오는 셈이다.

35 근원적으로 이는 자연선택에 의한 진화 과정이 인간보다 바이러스에서 훨씬 빨리 일어난다는

것을 의미한다. 일부 바이러스의 경우 이 속도는 더 빨라진다. 바이러스가 번식할 때 유전자 변이가 일어나는 비율이 훨씬 더 크기 때문이다.(유전물질을 복제하는 데 쓰이는 시스템이 일부 바이러스의 경우에는 세심함이 더 떨어져서 벌어지는 일이다) 바이러스에게 이것이 효력을 발휘하는 이유는 결함이 있는 새끼가 나온다 해도 전체적으로는 중요한 영향을 끼치지 않기 때문이다.

36   Janeway(1989).

37   리로이 후드(2015년 2월 10일자), 그리고 조너선 하워드(2015년 2월 12일자)와의 이메일.

38   Janeway(1989).

39   Medzhitov, R., 'Pattern recognition theory and the launch of modern innate immunity', *The Journal of Immunology 191*, 4473-4(2013).

40   루슬란 메드츠히토프와의 2015년 3월 31일자 인터뷰.

41   앞의 인터뷰.

42   앞의 인터뷰.

43   Gura.

44   앞의 인터뷰.

45   앞의 인터뷰.

46   Dahl, R., *The Minpins*(Puffin, 1991).

47   McKie, R., 'Six Nobel prizes-what's the fascination with the fruit fly?', *Observer*, 8 October 2017. Available online here: https://www.theguardian.com/science/2017/oct/07/fruit-fly-fascination-nobel-prizes-genetics.

48   율레스와의 2015년 4월 7일자 인터뷰.

49   호프만과 다른 연구자들에게 특히 영감을 준 것은 1970년대와 1980년대 초 한스 보먼Hans Boman이 발견한 것이었다. 그의 발견은 북아메리카에서 가장 큰 토종 누에나방Hyalophora cecropia 내에서 항균성 펩타이드를 발견하면서 절정을 이루었다. 그 이후 700가지가 넘는 항균성 펩타이드가 포유류에서 분리됐다. 이에 대한 논의는 《면역학 저널》 182, 6633-4(2009), 잭 스트로밍거의 논문에서 참고하라. 한스 보먼은 2008년 12월 3일 세상을 떠났다.

50   Fehlbaum, P., et al., 'Insect immunity. Septic injury of Drosophila induces the synthesis of a potent antifungal peptide with sequence homology to plant antifungal peptides', *Journal of Biological Chemistry 269*, 33159-63(1994).

51   O'Neill, L. A., Golenbock, D., & Bowie, A. G., 'The history of toll-like receptors-redefining innate immunity', *Nature Reviews Immunology 13*, 453-60(2013). This scholarly and authoritive article reviews, in depth, the sequence of events that led to the discovery of toll-like receptors.

52   Lemaitre, B., 'The road to toll', *Nature Reviews Immunology 4*, 521-7(2004).

53   Lemaitre, B., Nicolas, E., Michaut, L., Reichhart, J. M., & Hoffmann, J. A., 'The dorsoventral regulatory gene cassette spatzle/Toll/cactus controls the potent antifungal response in Drosophila adults', *Cell 86*, 973-83(1996).

54   이 논문에 대한 세 개의 검토는 저널《셀》이 입수한 것으로서 첫 저자인 브루노 르메트르에 의해 온라인에 보관되어 있다. 흥미로운 것은 세 개의 검토 모두 동료검토가 늘 그렇듯 각 과학자가 논문 발표 전에 실험을 여러 차례 더 해야 한다고 요구했는데도 어조 자체는 매우 긍정적이었다는 것이다. 검토한 글은 다음을 참고하라. http://www.behinddiscoveries.com/toll/resources

55   율레스와의 2015년 4월 7일자 인터뷰.

56   앞의 인터뷰.

57   메드츠히토프가 이미 데이터를 갖고 있었을 확률이 높다. (IL-1과 TNF 관련) 다른 면역 수용체 경로로부터 무엇을 찾아야 할지에 대한 실마리들이 있었던 것이다. 이 세부 사항을 표현하려던 한 면역학자―그는 중립적 입장이었다―는 내게 "대니, 이건 첩보영화의 스파이작전 같은 거라고요"라고 대답했다.

58   Medzhitov, R., Preston-Hurlburt, P., & Janeway, C. A., Jr, 'A human homologue of the drosophila toll protein signals activation of adaptive immunity', *Nature 388*, 394-7(1997).

59   그러나 중요하게 주목해야 할 점은 바버라 베이커[Barbara Baker]의 담배 N유전자에 대한 연구가 식물 선천면역 방어에 관한 것으로서, 여기서 논한 초파리 연구 이전에 이미 시작되었다는 점이다. 베이커의 연구는 포유류와 식물 간에도 선천면역 방어의 유사성이 있음을 시사한다.

60   보이틀러와의 2015년 4월 21일자 인터뷰.

61   보이틀러의 간략한 전기는 온라인에서 볼 수 있다. http://www.nobelprize.org/nobel_prizes/medicine/laureates/2011/beutler-bio.html.

62   보이틀러와의 2015년 4월 21일자 인터뷰.

63   앞의 인터뷰.

64   앞의 인터뷰.

65   보이틀러의 조부모는 유럽에 휘몰아친 유대인 박해를 피해 모두 미국으로 이주했다. 반유대주의는 보이틀러 가족의 가풍에 영향을 끼쳤다. 보이틀러는 노벨위원회의 기록에 남아 있는 자전적 노트에 이렇게 적어놓았다. "우리 가족은 모두 이런 사실(유대인에 대한 편견) 때문에 탁월함을 증명해야 한다고 생각했던 모양이다. 우리도 학교의 다른 아이들 못지않게 잘한다는 것을 보여야 했던 것이다."

66   보이틀러의 노벨위원회 자전적 노트.

67   앞의 노트.

68   Poltorak, A., et al., 'Defective LPS signaling in C3H/HeJ and C57BL/10ScCr mice: mutations in Tlr4 gene', *Science 282*, 2085-8(1998).

69   O'Neill(2013).

70   Qureshi, S. T., et al., 'Endotoxin-tolerant mice have mutations in toll-like receptor 4(Tlr4)', *The Journal of Experimental Medicine 189*, 615-25(1999).

71   Hoshino, K., et al., 'Cutting edge: toll-like receptor 4(TLR4)-deficient mice are hyporesponsive to lipopolysaccharide: evidence for TLR4 as the Lps gene product', *The Journal of Immunology 162*, 3749-52(1999).

72   브루스 보이틀러는 노벨상 홍보 전담기구인 노벨 미디어의 편집주간 애덤 스미스[Adam Smith]와의 전화 통화를 통해 소식을 들었다고 이야기한다. 이 대화는 수상 발표가 났던 2011년 10월 3일에 녹음됐다. http://www.nobelprize.org/mediaplayer/index.php?id=1632.

73   Allison, J. P., Benoist, C., & Chervonsky, A. V., 'Nobels: Toll pioneers deserve recognition', *Nature 479*, 178(2011).

74   Paul, W. E., & Germain, R. N., 'Obituary: Charles A. Janeway Jr(1943-2003)', *Nature 423*, 237(2003).

75   Paul, W. E., 'Endless fascination', *Annual Review of Immunology 32*, 1-24(2014).

76   메드츠히토프와의 2015년 3월 31일자 인터뷰.

77   호프만과의 2015년 4월 7일자 인터뷰.

78   Ezekowitz, A., et al., 'Lawrence's book review unfair to Hoffmann', *Current Biology 22*, R482(2012).

79   Lemaitre, B., *An Essay on Science and Narcissism: How Do High-Ego Personalities Drive Research in Life Sciences?*(Copy Media, 2016).

80   Cyranoski, D., 'Profile: Innate ability', *Nature 450*, 475-7(2007).

81   가령 곤충이 왜 인간처럼 더 복잡한 면역계가 없는지, 혹은 아예 필요가 없는지 그 원인은 분명하지 않다. 인간이 몸의 크기와 수명이 길다는 점, 혹은 인간의 신체 구조가 더 복잡하게 진화하면서 면역 방어도 복잡해졌다는 식의 원인이 거론된다.

82   이 이야기는 2014년 7월 1일에 열린 제64회 린다우노벨상 수상자회의[Lindau Nobel Laureate Meeting]에서 롤프 칭커나겔[Rolf Zinkernagel]이 연설 중에 한 것이다. 율레스는 그 회의 당시 녹음한 인터뷰에서 이 이야기를 다시 거론했다. 온라인상에서 구할 수 있다. http://www.dw.de/tomorrow-today-the-science-magazine-2014-07-07/e-17717966-9798.

83   호프만과의 2015년 4월 7일자 인터뷰.

84   Rees, M., *Our Final Century*(William Heinemann, 2003).

85   Marrack et al.

86   De Gregorio & Rappuoli.

87   보이틀러의 노벨위원회 자전적 노트.

88   루크 오닐과의 2016년 3월 16일자 인터뷰.

89   메드츠히토프와의 2015년 3월 31일자 인터뷰.

2장

1   Koestler, A., *The Act of Creation*(Hutchinson, 1964).

2   Nussenzweig, M. C., & Mellman, I., 'Ralph Steinman(1943-2011)', *Nature 478*, 460(2011).

3   Steinman, R. M., 'Dendritic cells: understanding immunogenicity', *European Journal of Immunology 37 Suppl 1*, S53-60(2007).

4   Steinman, R. M., & Cohn, Z. A., 'The interaction of soluble horseradish peroxidase with mouse peritoneal macrophages in vitro', *The Journal of Cell Biology 55*, 186-204(1972).

5   Mosier, D. E., 'A requirement for two cell types for antibody formation in vitro', *Science 158*, 1573-5(1967). 이 논문은 면역반응에서 부세포가 필요하다는 것을 명확히 입증한 최초의 논문이다. 이러한 견해는 양의 적혈구에 대항하는 생쥐의 면역세포 반응을 연구한 후 성립됐다.

6   Jolles, S., 'Paul Langerhans', *Journal of Clinical Pathology 55*, 243(2002).

7   Steinman, R. M., & Cohn, Z. A., 'Identification of a novel cell type in peripheral lymphoid organs of mice. I. Morphology, quantitation, tissue distribution', *The Journal of Experimental Medicine 137*, 1142-62(1973).

8   Simons, D. J., & Chabris, C. F., 'Gorillas in our midst: sustained inattentional blindness for dynamic events', *Perception 28*, 1059-74(1999).

9   보이지 않는 고릴라와 관련된 비디오 영상은 온라인에서 볼 수 있다. http://www.theinvisiblegorilla.com/gorilla_experiment.html.

10   Drew, T., Vo, M. L., & Wolfe, J. M., 'The invisible gorilla strikes again: sustained inattentional blindness in expert observers', *Psychological Science 24*, 1848-53(2013).

11   Snyder, L. J., *Eye of the Beholder: Johannes Vermeer, Antoni van Leeuwenhoek, and the Reinvention of Seeing*(W. W. Norton, 2015).

12   Lindquist, R. L., et al., 'Visualizing dendritic cell networks in vivo', *Nature Immunology 5*, 1243-50(2004).

13   이 말의 출처는 불분명하다. 알베르트 센트죄르지는 자신의 1957년 저서 『생체에너지학 Bioenergetics』에 이 말을 써놓았지만 인용부호를 사용해 다른 곳이 출처임을 밝혀놓았다. 그는 1937년 노벨 생리의학상을 수상했다.

14   Steinman, R. M., 'Endocytosis and the discovery of dendritic cells' in Moberg, C. L.(ed.), *Entering an Unseen World*(Rockefeller University Press, 2012).

15   Pollack, A., 'George Palade, Nobel Winner for Work Inspiring Modern Cell Biology, Dies at 95', *New York Times*, 9 October 2008.

16   Porter, K. R., Claude, A., & Fullam, E. F., 'A Study of Tissue Culture Cells by Electron Microscopy: Methods and Preliminary Observations', *The Journal of Experimental Medicine 81*, 233-46(1945).

17   Moberg, C. L., *Entering an Unseen World: A Founding Laboratory and Origins of Modern Cell Biology 1910-1974*(Rockefeller University Press, 2012).

18   Steinman, R. M., 'Dendritic cells: from the fabric of immunology', *Clinical and Investigative Medicine 27*, 231-6(2004).

19   댄 우그Dan Woog는 2011년 10월 26일 온라인의 블로그에 발표한 '랠프 스타인먼을 기리며'라는 글을 위해 스타인먼의 자녀들을 인터뷰했다. 블로그 주소는 다음과 같다. http://06880danwoog.com/2011/10/26/remembering-ralph-steinman/.

20   앨버트 클로드는 이미 이전부터 원심분리기를 사용해 세포의 성분을 분리하는 기본 공정을 확립해놓았다. 원심분리기를 사용한 클로드의 첫 실험은 1937년에 실행되었고, 1941년에는 세포를 구성하는 네 부분을 분리해냈다. 클로드는 1974년 펄레이드와 드 뒤브와 노벨 생리의학상을 공동 수상했다.

21   De Duve, C., 'Exploring cells with a centrifuge'(Nobel Lecture, 1974). Available online here: http://www.nobelprize.org/nobel_prizes/medicine/laureates/1974/duve-lecture.pdf.

22   Nussenzweig, M. C., 'Ralph Steinman and the discovery of dendritic cells'(Nobel Lecture, 2011). Available online here: http://www.nobelprize.org/nobel_prizes/medicine/laureates/ 2011/steinman_lecture.pdf.

23   Gordon, S., 'Elie Metchnikoff: father of natural immunity', *European Journal of Immunology 38*, 3257-64(2008).

24   Metchnikoff, I., 'Nobel Lecture 1908' in *Nobel Lectures in Physiology or Medicine 1901-1921*(Elsevier, 1967).

25 Vikhanski, L., *Immunity: How Elie Metchnikoff Changed the Course of Modern Medicine*(Chicago Review Press, 2016).

26 Metchnikoff, O., *Life of Elie Metchnikoff*(translated from French) (Houghton Mifflin Company, 1921).

27 Metchnikoff(1967).

28 Vikhanski.

29 Ibid.

30 Ambrose, C. T., 'The Osler slide, a demonstration of phagocytosis from 1876 Reports of phagocytosis before Metchnikoff's 1880 paper', *Cellular Immunology 240*, 1-4(2006).

31 Paul, W. E., 'Bridging innate and adaptive immunity', *Cell 147*, 1212-15(2011).

32 Tirrell, M., Langreth, R., & Flinn, R., 'Nobel laureate treating own cancer dies before award announced', *Bloomberg Business*(4 October 2011). Available online here: http://www.bloomberg.com/news/articles/2011-10-03/nobel-laureate-ralph-steinman-dies-3-days-before-prize-announced.

33 2011년 10월 3일 미국 공영 라디오에서 언론인 기 라즈[Guy Raz]가 스타인먼의 아들 애덤 스타인먼[Adam Steinman]과 했던 인터뷰. 온라인상에서 볼 수 있다. http://www.npr.org/2011/10/03/141019170/son-of-nobel-winner-remembers-his-father.

34 Nussenzweig, M. C., & Steinman, R. M., 'Contribution of dendritic cells to stimulation of the murine syngeneic mixed leukocyte reaction', *The Journal of Experimental Medicine 151*, 1196-212(1980); Nussenzweig, M. C., Steinman, R. M., Gutchinov, B., & Cohn, Z. A., 'Dendritic cells are accessory cells for the development of anti-trinitrophenyl cytotoxic T lymphocytes', *The Journal of Experimental Medicine 152*, 1070-84(1980).

35 Nussenzweig, M. C., Steinman, R. M., Witmer, M. D., & Gutchinov, B., 'A monoclonal antibody specific for mouse dendritic cells', *Proceedings of the National Academy of Sciences USA 79*, 161-5(1982).

36 Van Voorhis, W. C., et al., 'Relative efficacy of human monocytes and dendritic cells as accessory cells for T cell replication', *The Journal of Experimental Medicine 158*, 174-91(1983); Steinman, R. M., Gutchinov, B., Witmer, M. D., & Nussenzweig, M. C., 'Dendritic cells are the principal stimulators of the primary mixed leukocyte reaction in mice', *The Journal of Experimental Medicine 157*, 613-27(1983). 1983년, 이 논문들에 보고한 실험에서 스타인먼은 상이한 종류의 면역반응을 연구

했다. 여기에는 상이한 사람들의 혈액세포들이 뒤섞일 때 일어나는 반응도 포함되어 있었다. 골수이식에서 특정 유전자가 서로 맞지 않을 때 일어날 수 있는 반응이다. 면역반응의 규모나 강도는 면역세포의 숫자가 증가하는 정도를 테스트하는 등 여러 가지 방식으로 모니터할 수 있다. 스타인먼의 연구팀은 수지상세포가 다른 어떤 면역세포보다 이런 종류의 면역반응을 초래하는 힘이 최소한 100~300배 더 강력하다는 것을 보여주었다.

37 Van Voorhis, W. C., Hair, L. S., Steinman, R. M., & Kaplan, G., 'Human dendritic cells. Enrichment and characterization from peripheral blood', *The Journal of Experimental Medicine 155*, 1172-87(1982).

38 Steinman(2004). 스타인먼의 연구소에서 일한 다른 많은 과학자들과 마찬가지로 제럴드 슐러도 이후 과학계에서 탁월한 경력을 이어간다. 그는 독일 에를랑겐대병원의 과장이 되었고, 수지상세포의 의학적 사용 잠재력을 연구하는 데 많이 기여했다.

39 Schuler, G., & Steinman, R. M., 'Murine epidermal Langerhans cells mature into potent immunostimulatory dendritic cells in vitro', *The Journal of Experimental Medicine 161*, 526-46(1985).

40 오늘날 각각의 수지상세포 관련 학회마다 참석하는 연구자들의 수는 1000여 명에 달한다. 최초의 학회는 1990년 일본에서 위성회의로 열렸다. 1992년 네덜란드에서 열린 두 번째 학회는 수지상세포를 주로 다룬 전문 학회였다. 이 두 번째 학회에 참석한 연구자들은 220명이었고 초청 연사는 15명이었다.

41 건강한 세포에 쉽게 반응을 일으킬 수 있는 수용체를 가진 T세포는 (흉선에서) 제거되어, 그 결과 림프절에 있는 T세포는 몸을 이루는 성분에는 반응하지 않는다.

42 암이나 인간면역결핍바이러스에 비해 비교적 주목받지 못하는 기생충은 사실 10억 명이 넘는 사람들에게 영향을 끼치며, 일부 국가 전체를 빈곤의 늪에 빠뜨림으로써 엄청난 사회, 경제적 문제를 유발한다.

43 Anthony, R. M., Rutitzky, L. I., Urban, J. F., Jr, Stadecker, M. J., & Gause, W. C., 'Protective immune mechanisms in helminth infection', *Nature Reviews Immunology 7*, 975-9(2007).

44 Kapsenberg, M. L., 'Dendritic-cell control of pathogen-driven T-cell polarization', *Nature Reviews Immunology 3*, 984-93(2003).

45 Reis e Sousa, C., 'Dendritic cells in a mature age', *Nature Reviews Immunology 6*, 476-83(2006). 여기서 나는 수지상세포가 몸속에서 면역반응을 일으키는 기본 모델을 기술한 것이다. 가령 많은 예외와 세부 사항은 위의 논문에 논의되어 있다.

46 Lamott, A., *Bird by Bird: Some Instructions on Writing and Life*(Pantheon Books, 1994).

47   정식으로 말하자면 MHC 단백질에는 1형과 2형이 있다. 1형 단백질은 거의 모든 유형의 세포에서 발견되지만 2형 단백질은 항원전달세포[antigen-presenting cell]라는 일부 유형의 면역세포에서만 발견된다. 항원전달세포는 대식세포와 수지상세포를 포함하며, 면역반응을 유발할 수 있다. 수지상세포는 가장 강력한 항원전달세포다.

48   Davis, D. M., The Compatibility Gene(Allen Lane, 2013).

49   면역세포의 행동을 이끄는 추가적 신호는 수용성 인자—사이토카인—에서 나오며, 이것을 때로 시그널3이라고 한다. 사이토카인에 관해서는 3장에서 더 자세히 살펴볼 것이다.

50   T세포의 공동자극은 그 자체로 복잡한 분야다. 이 주제에 관한 더 상세한 분석은 다음을 참고하라. Chen, L., & Flies, D. B., 'Molecular mechanisms of T cell co-stimulation and co-inhibition', *Nature Reviews Immunology 13*, 227-42(2013).

51   면역학의 많은 분야가 그렇듯 이 말에도 예외가 있다. 이 동일한 '공동자극단백질'은 T세포상의 억제 수용체로 하여금 T세포의 스위치를 끄게 만들 수도 있다. 이와 관련된 가설은 이 단백질이 시간이 지나면서 면역반응을 중단시키는 기능을 한다는 것이다. 다시 말해 공동자극단백질은 처음에는 T세포의 스위치를 켜는 일을 돕지만, 시간이 흘러 면역반응이 더 이상 필요하지 않으면 T세포의 스위치를 끄는 일에 기여한다.

52   스타인먼은 2010년 3월 《면역학 리뷰》와 했던 인터뷰에서 수지상세포를 연구하게 된 동기를 회고한다. 인터뷰는 온라인에서 볼 수 있다. https://www.youtube.com/watch?v=BAn8wEpURtE.

53   Kool, M., et al., 'Cutting edge: alum adjuvant stimulates inflammatory dendritic cells through activation of the NALP3 inflammasome', *The Journal of Immunology 181*, 3755-9(2008).

54   2014년 이나바 카요가 로레알-유네스코 세계여성과학자상 태평양 부문을 수상한 직후 인터뷰한 것. 영상은 온라인에서 볼 수 있다. https://youtube.com/watch?v=pd2tSDy8A3s.

55   이나바는 스타인먼과 연구하기 전부터 이미 일본에서 수지상세포를 연구했고, 면역반응을 일으키는 수지상세포의 능력을 독자적으로 발견했다.

56   Inaba, K., Metlay, J. P., Crowley, M. T., & Steinman, R. M., 'Dendritic cells pulsed with protein antigens in vitro can prime antigen-specific, MHC-restricted T cells in situ', *The Journal of Experimental Medicine 172*, 631-40(1990).

57   2013년 일본의 연구자들 일곱 명당 한 명 정도가 여성이었다. 이에 비해 영국에서는 세 명의 연구자 중 한 명이 여성이었다. 교토대학교 성평등향상센터의 '일본의 연구 역량 강화[Strengthening Japan's Research Capacity]'에 보고된 내용. 온라인에서 볼 수 있다. http://www.cwr.kyoto-u.ac.jp/english/introduction.php. 이 데이터의 원 출처는 다음의 보고서에 인용되어 있다(그러나 일본어로만 볼 수 있다). http://www.stat.go.jp/data/kagaku/kekka/

topics/topics80.htm. http://www.japantimes.co.jp/news/2014/04/15/national/
japans- scientists-just-14-female/#.VZ5fmcvbJaQ.

58   Palucka, K., & Banchereau, J., 'Cancer immunotherapy via dendritic cells', *Nature Reviews Cancer 12*, 265-77(2012).

59   Engber, D., 'Is the cure for cancer inside you?', *New York Times Magazine*, 21 December 2012.

60   문제는 어떤 식으로건 처치를 한 자신의 혈액세포에 우연히 노출될 경우 이 세포들이 문제를 일으킬 수 있다는 것이다. 반면 다른 사람의 몸에서 나온 혈액세포는 이식 상황에서처럼 유전적 차이 때문에 통상 파괴된다.

61   Steenhuysen, J., & Nichols, M., 'Insight: Nobel winner's last big experiment: Himself', *Reuters*, 6 October 2011.

62   Engber.

63   Gravitz, L., 'A fight for life that united a field', *Nature 478*, 163-4(2011).

64   Steenhuysen & Nichols.

65   Gravitz.

66   Steenhuysen & Nichols.

67   Engber.

68   Steenhuysen & Nichols.

69   Engber.

70   Ibid.

71   Steinman(2011).

72   앤드류 맥도널드와의 2015년 8월 24일자 인터뷰.

73   Tirrell et al.

74   Palucka & Banchereau.

75   크리스티안 뮌츠와의 2015년 8월 28일자 인터뷰.

76   앞의 인터뷰.

3장

1   Bresalier, M., '80 years ago today: MRC researchers discover viral cause of flu', *Guardian*, 8 July 2013.

2   『나만의 유전자』에 맥팔레인 버넷의 생애와 연구 업적에 대해 상세히 소개했다.

3   Watts, G., 'Jean Lindenmann', *Lancet 385*, 850(2015).

4   Ibid.

5   과학적 여정의 출발점은 아주 많다. 가령 아리스토텔레스나 다윈으로부터 과학의 많은 부분이 출발했다고 말하는 식이다. 린덴만과 아이작스 전에 실행된 실험에도 사이토카인에 대한 암시는 있었지만 이들이 해놓은 연구의 깊이와 아이디어의 명징성은 이들을 최초의 사이토카인 발견자로 널리 추앙받게 한다.

6   Andrewes, C. H., 'Alick Isaacs. 1921-1967', *Biographical Memoirs of Fellows of the Royal Society 13*, 205-21(1967).

7   Edelhart, M., Interferon: *The New Hope for Cancer*(Orbis, 1982).

8   Findlay, G. M., & MacCallum, F. O., 'An interference phenomenon in relation to yellow fever and other viruses', *Journal of Pathology and Bacteriology 44*, 405-24(1937).

9   더 자세히 말해 이들은 열에 의해 불능화시킨 바이러스를 사용했다. 복제를 불가능하게하기 위함이었다. 그리고 이들은 헤모글로빈을 제거한 소위 유령 적혈구를 사용했다. 세포가 전자 현미경 사진상에서 더 명확히 보이도록 하기 위해서였다.

10   Pieters, T., *Interferon: The Science and Selling of a Miracle Drug*(Routledge, 2005).

11   Lindenmann, J., 'Preface' in Edelhart.

12   Isaacs, A., & Lindenmann, J., 'Virus interference. I. The interferon', *Proceedings of the Royal Society of London. Series B, Biological sciences 147*, 258-67(1957); Isaacs, A., Lindenmann, J., & Valentine, R. C., 'Virus interference. II. Some properties of interferon', *Proceedings of the Royal Society of London. Series B, Biological sciences 147*, 268-73(1957).

13   Pieters.

14   린덴만과 아이작스의 초기 인터페론 증거에 의구심을 표했던 저명한 미국 과학자는 하워드 테민[Howard Temin]이다. 테민은 바이러스의 중요한 효소인 역전사효소[reverse transcriptase]를 발견한 공로로 1975년 레나토 둘베코[Renato Dulbecco]와 데이비드 볼티모어[David Baltimore]와 노벨 생리의학상을 공동 수상한 인물이다. 이 효소는 DNA에 코딩된 정보가 RNA로 옮겨질 수 있지만 역으로는 안 된다는 오랜 정설을 깨뜨렸다. 인터페론 때와 마찬가지로 당시에도 많은 과학자들은 역전 사효소의 발견을 믿지 않았다.

15   Pieters.

16   Edelhart.

17   Pieters.

18   Hall, S. S., *A Commotion in the Blood: Life, Death, and the Immune System*(Henry Holt and Company, 1997).

19	Ibid.
20	레슬리 브렌트[Reslie Brent]와의 2015년 10월 23일자 인터뷰.
21	Brent, L., 'Susanna Isaacs Elmhirst obituary', *Guardian*, 29 April 2010.
22	Hall.
23	Pieters.
24	Hall.
25	Isaacs, A., & Burke, D. C., 'Interferon: A possible check to virus infections', *New Scientist 4*, 109-11(1958).
26	데릭 버크는 2009년 2월 14일 온라인에 게재한 '1957년 아이작스와 린덴만, 최초의 사이토카인 인터페론 발견하다[The Discovery of Interferon, the First Cytokine, by Alick Issacs and Jean Lindenmann in 1957]'라는 제목의 글에 인터페론에 얽힌 이야기를 전한다. 온라인상에서 볼 수 있다. http://brainimmune.com/the-discovery-of-interferon-the-first-cytokine-by-alick-isaacs-and-jean-lindenmann-in-1957/.
27	Pieters.
28	Andrewes.
29	Cantell, K., *The Story of Interferon: The Ups and Downs in the Life of a Scientist*(World Scientific Publishing Co., 1998).
30	Hall.
31	오직 소수의 바이러스만 인간에게서 암을 유발하며, 여기에는 인간유두종바이러스[human papilloma virus](HPV), 엡스타인바바이러스[Epstein-Barr virus](EBV) 그리고 사람T세포림프친화바이러스1[human T-lymphotropic virus1](HTLV-1)이 포함된다. 그러나 이 바이러스에 감염된 사람들이 모두 암에 걸리는 것은 아니다. 대부분은 암에 걸리지 않는다.
32	Gresser, I., & Bourali, C., 'Exogenous interferon and inducers of interferon in the treatment Balb-c mice inoculated with RC19 tumour cells', *Nature 223*, 844-5(1969).
33	Hall.
34	Gresser, I., 'Production of interferon by suspensions of human leucocytes', *Proceedings of the Society for Experimental Biology and Medicine 108*, 799-803(1961).
35	Cantell.
36	Ibid.
37	Ibid.
38	Pieters.

39   Cantell.

40   한때 칸텔은 쿠바로 날아가 피델 카스트로를 만나야 했다. 카스트로는 인터페론에 주력하는
      쿠바연구소를 세웠다.

41   'The Big IF in Cancer', *Time*, 31 March 1980.

42   조던 구터먼과의 2016년 1월 18일자 인터뷰.

43   구터먼과 래스커는 일주일에 서너 차례 전화로 대화를 나누곤 했다. 한번은 래스커가 구터먼
      에게 자정 무렵에 전화를 걸었다. 전립선암에 대해 알고 싶어서였다. 구터먼은 졸음이 몰려왔
      지만 어쩐지 그 전화를 받고 싶었다. 래스커가 말했다. "전립선암에 대해 아는 대로 말해줘요."
      구터먼은 비몽사몽간에 간단히 대꾸했다. "그거 남자들에게 더 흔한 병이죠."

44   Cantell.

45   인터페론 정제가 어려웠던 주된 이유는 그것이 세포에서 극미량으로만 분비되었기 때문이다.
      이것은 모든 사이토카인의 특징이지만 사이토카인은 미량으로도 몸에 강력한 영향을 끼칠 수
      있다.

46   Cantell.

47   Ibid.

48   허버트 보이어[Herbert Boyer]와 스탠리 코헨[Stanley Cohen]은 1973년 상이한 종에서 나온 유전 정보를
      지닌 최초의 박테리아에 관해 보고했다. 이들의 경우 개구리 DNA를 박테리아에 삽입했다. 이
      전 해인 1972년에는 폴 버그[Paul Berg]가 상이한 종에서 온 DNA를 재조합[DNArecombinant] DNA 분
      자 속으로 결합시켰다. 보이어는 생명공학 기업인 제넨테크의 공동 창립자 중 한 명이다.

49   초창기에 휴물린이라는 상표명으로 판매된 인간 인슐린은 제넨테크의 특허를 기반으로 엘리
      릴리[Eli Lilly]에 의해 제조됐다. 식품의약국 승인은 지원 5개월 후에 났다. 통상 20개월에서 30
      개월이 걸리는 데 비해서는 승인이 빨리 난 셈이었다. 다음을 보라. 'A new insulin given
      approval for use in US', *New York Times*, 30 October 1982.

50   이것은 역전사효소라는 효소를 사용한다. 역전사효소는 RNA를 DNA로 바꾼다. 이는 위스콘
      신대학교 매디슨 캠퍼스의 하워드 테민이 발견했고, MIT의 데이비드 볼티모어도 단독으로 발
      견한 사실이다. 하워드 테민은 인터페론의 존재를 의심했던 바로 그 인물이기도 하다.

51   Nagata, S., et al., 'Synthesis in E. coli of a polypeptide with human leukocyte
      interferon activity', *Nature 284*, 316-20(1980).

52   Cantell.

53   바이오젠의 다른 공동 창립자로는 매사추세츠 공대의 필립 샤프[Phillip Sharp], 그리고 노벨상 수상
      자인 하버드대학교의 월터 길버트[Walter Gilbert]가 있다.

54   Cantell.

55   Ibid.

56   'The Big IF in Cancer', *Time*, 31 March 1980.

57   Panem, S., *The Interferon Crusade*(Brookings Institution, 1984).

58   Dickson, D., 'Deaths halt interferon trials in France', *Science 218*, 772(1982).

59   Panem.

60   Ahmed, S., & Rai, K. R., 'Interferon in the treatment of hairy-cell leukemia', *Best Practice and Research Clinical Haematology 16*, 69-81(2003).

61   Taniguchi, T., Fujii-Kuriyama, Y., & Muramatsu, M., 'Molecular cloning of human interferon cDNA', *Proceedings of the National Academy of Sciences USA 77*, 4003-6(1980).

62   Sorg, C., 'Lymphokines, monokines, cytokines', *Chemical Immunology 49*, 82-9(1990).

63   베르너 뮐러와의 2016년 1월 11일자 인터뷰.

64   Atwood, M., *Moral Disorder*(Bloomsbury, 2006).

65   사이토카인은 한 세포에 의해 생산된 다음 다른 세포의 행동에 영향을 끼치는 수용성 요소라는 의미에서 호르몬이다. 그러나 일부 사이토카인의 특징은 호르몬의 속성과 다르다. 일부 사이토카인은 몸속에서 비교적 국부적으로 작용한다. 가령 소수의 사이토카인은 액체로 된 넓은 환경으로 방출되지 않고 세포 표면에 묶여 있으며, 또 일부 사이토카인은 다양한 유형의 세포에 의해 생산될 수 있다.

66   McNab, F., Mayer-Barber, K., Sher, A., Wack, A., & O'Garra, A., 'Type I interferons in infectious disease', *Nature Reviews Immunology 15*, 87-103(2015).

67   Yan, N., & Chen, Z. J., 'Intrinsic antiviral immunity', *Nature Immunology 13*, 214-22(2012).

68   Everitt, A. R., et al., 'IFITM3 restricts the morbidity and mortality associated with influenza', *Nature 484*, 519-23(2012).

69   Ibid.

70   Zhang, Y. H., et al., 'Interferon-induced transmembrane protein-3 genetic variant rs12252-C is associated with severe influenza in Chinese individuals', *Nature Communications 4*, 1418(2013).

71   Ibid.

72   피터 오픈쇼와의 2016년 1월 5일자 인터뷰.

73   Chesarino, N. M., McMichael, T. M., & Yount, J. S., 'E3 Ubiquitin Ligase NEDD4 Promotes Influenza Virus Infection by Decreasing Levels of the Antiviral Protein IFITM3', *PLoS Pathogens 11*, e1005095(2015).

74 동일한 효소를 인간에게서 억제할 경우 부작용이 있을 수 있다. 이러한 유형의 효소는 IFITM3 유전자 속에서 코딩된 단백질뿐 아니라 다른 많은 단백질 분자도 약화시킬 수 있기 때문이다.

75 당연한 이야기지만, 이 책에서 내가 말하는 치료에 대한 내용을 치료용 조언으로 생각하는 것은 금물이다. 이 책은 건강 문제를 뒷받침하는 과학에 대한 이해를 돕자는 의도로 일반 원리와 생각을 기술하고 있을 뿐, 의사들의 구체적 처방이나 조언을 다루고 있지 않기 때문이다. 따라서 이 책에 있는 의료 관련 내용은 의사들의 조언을 대신할 수 없다. 암 치료에서 인터페론을 사용한 사례에 대한 더 많은 정보는 다음을 참고하라. 영국 암연구소[Cancer Research UK]. http://www.cancerresearchuk.org/about-cancer/cancers-in-general/treatment/cancer-drugs/interferon.

76 Zitvogel, L., Galluzzi, L., Kepp, O., Smyth, M. J., & Kroemer, G., 'Type I interferons in anticancer immunity', *Nature Reviews Immunology 15*, 405-14(2015).

77 Ibid.

78 적혈구는 예외다. 적혈구는 사이토카인을 생산하거나 사이토카인에 반응하지 못하는 몸속 유일한 세포다.

79 살림 카쿠와의 2017년 2월 2일자 이메일.

80. Rusinova, I., et al., 'Interferome v2.0: an updated database of annotated interferon-regulated genes', *Nucleic Acids Research 41*, D1040-6(2013).

81 얼마나 많은 사이토카인이 발견되었는가에 대한 이야기를 여러 장에 걸쳐 상세히 논한 책은 다음과 같다. Smith, K. A.(ed.), *A Living History of Immunology. Frontiers in Immunology 6*, 502(2015).

82 인터류킨은 지난 10년 넘는 세월 동안 1년에 하나 꼴로 발견되었고, 2001년 기준으로IL-23까지 발견됐다.

83 Dinarello, C. A., 'Immunological and inflammatory functions of the interleukin-1 family', *Annual Review of Immunology 27*, 519-50(2009).

84 여러분이나 주변의 누군가가 호중구 감소증을 앓은 적이 있다면 호중구의 중요성을 들어본 적이 있을 것이다. 암과 일부 암 치료에 의해 유발되는 호중구 감소증은 호중구의 숫자가 줄어들어 환자가 감염에 취약해지는 상태다.

85 Brinkmann, V., et al., 'Neutrophil extracellular traps kill bacteria', *Science 303*, 1532-5(2004).

86 Kolaczkowska, E., & Kubes, P., 'Neutrophil recruitment and function in health and inflammation', *Nature Reviews Immunology 13*, 159-75(2013).

87 IL-2는 수천 건의 연구에서 중요성을 인정받았다. 가령 미국 국립보건원 내 로버트 갤로[Robert Gallo]의 연구소에서는 IL-2 덕분에 인간면역결핍바이러스를 T세포에서 분리해냈다.

88   Howard, M., & O'Garra, A., 'Biological properties of interleukin 10', *Immunology Today 13*, 198-200(1992).

89   Kuhn, R., Lohler, J., Rennick, D., Rajewsky, K., & Muller, W., 'Interleukin-10-deficient mice develop chronic enterocolitis', *Cell 75*, 263-74(1993).

90   자선단체인 영국 크론병 및 궤양성대장염협회[Crohn's and Colitis UK]는 이 질환에 대한 상세한 정보를 제공한다. http://www.crohnsandcolitis.org.uk/.

91   'Partnership for Public Service, Dr Steven Rosenberg: Saving lives through important breakthroughs in cancer treatment', *Washington Post*, 6 May 2015.

92   Fox, T., 'The federal employee of the year', *Washington Post*, 7 October 2015.

93   로젠버그의 높은 위상은 1985년 그가 레이건 대통령을 위한 외과 수술팀의 암 전문가였다는 사실만 봐도 확인할 수 있다. 당시 기자회견에서 '대통령이 암에 걸렸다'라는, 전 세계 신문의 표제가 되었던 말을 전한 인물이 로젠버그다. 수술팀의 다른 전문가들은 대통령의 상태에 대한 세부 사항을 전달했지만 로젠버그는 특히 암이라는 단어를 사용하는 것이 중요한 의미가 있다고 생각했다. 암이라는 단어의 신비를 벗기고 그 병을 둘러싼 난해한 분석적 의미를 희석시켜야 한다고 생각한 것이다.

94   Hall.

95   Rosenberg, S. A., & Barry, J. M., *The Transformed Cell: Unlocking the Mysteries of Cancer*(Orion, 1992).

96   Ibid.

97   로젠버그는 계속해서 이렇게 말한다. "지금 저는 그 목표를 이룰 수 있을까요? 제 생각에는 별로 가능성이 없습니다. 하지만 그 목표에 조금 더 다가갔냐고 질문한다면 그렇다고 대답하겠습니다." 그는 2007년 <로드트립 네이션[Roadtrip Nation]>을 위한 인터뷰에서 이 말을 했다. 로드트립 네이션은 청년들의 관심사를 직업으로 삼은 인물들을 인터뷰한 비디오 시리즈물이다. 로젠버그의 인터뷰 영상은 온라인에서 볼 수 있다. https://www.youtube.com/watch?v=iNc_nY6nUoI.

98   Rosenberg & Barry.

99   소수의 암세포는 우리가 모르는 사이에 면역계에 의해 처치되기도 한다. 이런 일은 암이 저절로 없어지는 일보다 더 흔히 일어나지만 우리는 이를 인식하지 못한다.

100   Rosenberg & Barry.

101   Ibid.

102   Ibid.

103   Hall.

104   이 사례를 논하는 모든 과학 논문에서는 린다 테일러의 신원 보호를 위해 린다 그레인저[Linda

^{Granger}라는 가명을 쓰지만, 최근의 일부 사례 발표에서는 본명이 그대로 쓰이기도 한다. 2015년 PBS의 다큐멘터리 <암: 모든 질환의 제왕^{Cancer: The Emperor of All Maladies}>편도 본명을 사용한 사례에 속한다.

105   Rosenberg & Barry.

106   Rosenberg, S. A., et al., 'Observations on the systemic administration of autologous lymphokine-activated killer cells and recombinant interleukin-2 to patients with metastatic cancer', *New England Journal of Medicine 313*, 1485-92(1985).

107   Rosenberg & Barry.

108   로젠버그는 테일러의 치료가 효력이 있다는 것을 알기 전에, 제임스 젠슨^{James Jensen}이라는 가명의 환자도 치료했다. 로젠버그는 자서전에서 "내 인생 어느 때보다 절망감에 빠진 시절이었다"라고 회고한다. 그는 테일러보다 젠슨에게 더 집중적인 처치를 실행했다. 면역세포와 IL-2를 훨씬 더 많이 투약한 것이다. 하지만 젠슨의 종양은 사라지지 않았고 결국 그는 암으로 사망했다. 하지만 그의 종양은 로젠버그의 치료에 반응해서 크기가 감소했다.

109   로젠버그는 1985년 12월 19일자 《뉴스위크》 표지에 실렸다. 그의 성공은 또한 NBC와 ABC의 TV 뉴스, 미국과 유럽과 중국과 일본 신문의 특종이었다.

110   Schmeck, H. M., Jr, 'Cautious optimism is voiced about test cancer therapy', *New York Times*, 6 December 1985.

111   Rosenberg & Barry.

112   Burns, K., Cancer: *The Emperor of All Maladies*(PBS TV, 2015).

113   Rosenberg, S. A., 'IL-2: the first effective immunotherapy for human cancer', *The Journal of Immunology 192*, 5451-8(2014).

114   Rosenberg & Barry.

115   Ibid.

116   Coventry, B. J., & Ashdown, M. L., 'The 20th anniversary of interleukin-2 therapy: bimodal role explaining longstanding random induction of complete clinical responses', *Cancer Management and Research 4*, 215-21(2012).

4장

1   Feldmann, M., 'Translating molecular insights in autoimmunity into effective therapy', *Annual Review of Immunology 27*, 1-27(2009).

2   Ibid.

3   마크 펠드만과의 2016년 2월 22일자 인터뷰.

4   Feldmann(2009).

5   마크 펠드만과의 2016년 2월 22일자 인터뷰.

6   베르너 뮐러와의 2016년 1월 11일자 인터뷰.

7   Dinarello, C. A., 'Historical insights into cytokines', *European Journal of Immunology 37 Suppl 1*, S34-45(2007).

8   Auron, P. E., et al., 'Nucleotide sequence of human monocyte interleukin 1 precursor cDNA', *Proceedings of the National Academy of Sciences USA 81*, 7907-11(1984).

9   베르너 뮐러와의 2016년 1월 13일자 이메일.

10   Lachman, L. B., 'Summary of the Fourth International Lymphokine Workshop', *Lymphokine Research 4*, 51-7(1985).

11   베르너 뮐러와의 2016 1월 11일자 인터뷰.

12   Ibid.

13   Lachman.

14   Gannes, S., 'Striking it rich in biotech', *Fortune Magazine*, 9 November 1987. Available online here: http://archive.fortune.com/magazines/fortune/fortune_archive/1987/11/09/69810/index.htm.

15   베르너 뮐러와의 2016년 1월 11일자 인터뷰.

16   Lachman.

17   March, C. J., et al., 'Cloning, sequence and expression of two distinct human interleukin-1 complementary DNAs', *Nature 315*, 641-7(1985).

18   Wolff, S. M., et al., 'Clone controversy at Immunex', *Nature 319*, 270(1986).

19   Marshall, E., 'Battle ends in $21 million settlement', *Science 274*, 911(1996).

20   Ibid.

21   Ibid.

22   'Immunex to Pay $21 Million To Cistron to Settle Lawsuit', *Wall Street Journal*, 4 November 1996. Available online here: http://www.wsj.com/articles/SB847060346541962500.

23   Marshall.

24   Hamilton, D. P., 'Amgen Confirms Cash, Stock Deal to Acquire Smaller Rival Immunex', *Wall Street Journal*, 18 December 2001. Available online here: http://www.wsj.com/articles/SB1008606575817774000.

25   Feldmann(2009).

26   Bottazzo, G. F., Pujol-Borrell, R., Hanafusa, T., & Feldmann, M., 'Role of aberrant HLA-DR expression and antigen presentation in induction of endocrine autoimmunity', *Lancet 2*, 1115-19(1983).

27   마크 펠드만과의 2016년 2월 22일자 인터뷰.

28   류머티즘관절염에 대한 데이터는 미국 보건복지부 내 질병통제예방센터에서 구해볼 수 있다. 온라인은 다음을 참고하라. http://www.cdc.gov/arthritis/basics/rheumatoid.htm.

29   Eyre, S., et al., 'High-density genetic mapping identifies new susceptibility loci for rheumatoid arthritis', *Nature Genetics 44*, 1336-40(2012).

30   Heliovaara, M., et al., 'Coffee consumption, rheumatoid factor, and the risk of rheumatoid arthritis', *Annals of the Rheumatic Diseases 59*, 631-5(2000).

31   Lee, Y. H., Bae, S. C., & Song, G. G., 'Coffee or tea consumption and the risk of rheumatoid arthritis: a meta-analysis', *Clinical Rheumatology 33*, 1575-83(2014).

32   Feldmann(2009).

33   우간다는 1962년에 독립했다.

34   Spotlight: Ravinder Maini-A Career in Research. 라빈더 마이니와의 인터뷰는 2014년 3월 28일 공개된 것으로 3부로 되어 있다. 1부는 온라인에서 볼 수 있다. https://www.youtube.com/watch?v=ZJ53ApfoiD8.

35   마크 펠드만과의 2016년 2월 22일자 인터뷰.

36   라빈더 마이니와의 2016년 2월 15일자 인터뷰.

37   펠드만과 마이니만 당시 이런 종류의 연구를 했던 것은 아니다. 세계 여러 나라의 연구 팀이 병든 관절에 존재하는 사이토카인을 확인하는 일에 착수했다. 이들이 쓴 방법은 각기 달랐다.

38   TNF-α는 더 단순한 이름을 붙였어야 한다. 가령 인터류킨에 번호를 붙인 IL-# 정도의 이름이면 된다는 뜻이다. 그러나 인터페론처럼 이 역시 인터류킨 분류가 정착하기 전에 발견되어 이름을 붙인 바람에 부담스러운 명칭이 그대로 고착됐다.

39   Buchan, G., et al., 'Interleukin-1 and tumour necrosis factor mRNA expression in rheumatoid arthritis: prolonged production of IL-1 alpha', *Clinical and Experimental Immunology 73*, 449-55(1988).

40   Carswell, E. A., et al., 'An endotoxin-induced serum factor that causes necrosis of tumors', *Proceedings of the National Academy of Sciences USA 72*, 3666-70(1975).

41   Vilček, J., Love and Science: *A Memoir*(Seven Stories Press, 2016).

42   1938년, 체코슬로바키아 내 유대인들의 안전은 이미 보장할 수 없는 상황이었고 빌첵의 부모

는 어린 빌첵을 네덜란드의 한 유대인 가정에 맡길 계획을 세웠다. 그러나 그 계획은 실현되지 못했다. 만일 실현되었다면 빌첵은 홀로코스트에서 살아남지 못한 그 네덜란드 가족과 같은 운명을 맞았을 것이다.

43 그곳의 수녀들은 나치의 동조자들이 아니라 유대인 아이들을 도와주었으나, 고아원에 대한 정부 규정상 빌첵은 나치 충성 교육을 받았다.

44 Vilček(2016).

45 Ibid.

46 이것은 스탈린의 심복이었던 트로핌 리센코^{Trofim Lysenko}가 주창한 견해였다. 그는 습기와 냉기로 치료한 씨앗이 러시아의 서리에서 더 잘 자랐고, 이 장점이 미래 세대의 씨앗에게 전달되었다고 주장했다. 리센코의 이론은 오늘날에는 받아들여지고 있지 않다. 그의 이론을 뒷받침하기 위해 증거를 만들거나 조작했던 과학자들은 보상과 칭송과 연구자금을 받았다. 그러나 환경에 의해 유발된 일부 유전적 변화가 다음 세대로 전달된다는 증거가 최근에 나타나긴 했다. 후성유전의 신흥 분야다. 그렇다고 이것이 리센코의 생각이 옳았다는 것을 의미하지는 않는다. 후성유전의 효과는 미미하고 제약이 많기 때문이다. 과학자이자 방송인인 애덤 러더포드^{Adam Rutherford}는 2015년 《가디언》에 쓴 '사이비 유전자 지니(램프의 요정)를 경계할 것^{Beware the pseudo gene genies}'이라는 글에서 후성유전을 신비화할 만큼 과도하게 믿는 것은 금물이라고 경고한다. 온라인에서도 이 글을 볼 수 있다. https://www.theguardian.com/science/2015/jul/19/epigenetics-dna-darwin-adam-rutherford.

47 Vilček, J., 'From IFN to TNF: a journey into realms of lore', *Nature Immunology 10*, 555-7(2009). 이 글에서 빌첵은 1958년 아이작스를 만났던 일을 회고한다. 그러나 2016년 2월 4일의 인터뷰에서 그는 이제 아이작스를 만났던 때가 1958년이 아니라 1957년이었음이 분명하다고 생각한다. 1957년이 자신이 브라티슬라바에서 학교를 졸업한 해였기 때문에 정확히 기억한다는 것이다.

48 안 빌첵과의 2016년 2월 4일자 인터뷰.

49 Vilček, J., 'An interferon-like substance released from tickborne encephalitis virus-infected chick embryo fibroblast cells', *Nature 187*, 73-4(1960).

50 빌첵은 공산주의 국가가 자신에게 부과했던 여행 제한을 좋아하지 않았고, 그 일로 비밀경찰과의 면담에도 불려갔다. 하지만 그는 실제로 망명 압력을 가했던 사람은 아내라고 말한다.

51 안 빌첵과의 2016년 2월 4일자 인터뷰.

52. Perez-Penauug, R., 'Research Scientist Gives $105 Million to NYU', *New York Times*, 12 August 2005.

53 안 빌첵과의 2016년 2월 4일자 인터뷰.

54 이 방법으로 명망 높은 앨버트 래스커 기초의학연구상^{Albert Lasker Basic Medical Research Award}을 수상

하면서 세자르 밀스테인$^{César\ Milstein}$과 게오르게스 쾰러$^{Georges\ J.\ F.\ Khler}$는 "이 작업의 구상과 실행은 우리의 협업과, 셜리 하우$^{Shirley\ Howe}$의 능숙한 기술적 도움으로 인한 성과였습니다"라고 공개 선언했다.

55   Köler, G., & Milstein, C., 'Continuous cultures of fused cells secreting antibody of predefined specificity', *Nature 256*, 495-7(1975).

56   Margulies, D. H., 'Monoclonal antibodies: producing magic bullets by somatic cell hybridization', *The Journal of Immunology 174*, 2451-2(2005).

57   센토코와의 원래 합의는 빌첵이 인터페론 항체를 생산하는 것이었다. 센토코는 그 항체를 혈액 샘플 속 인터페론 수치를 진단하는 테스트용으로 개발할 계획이었다.

58   빌첵은 뉴욕에 처음 도착했을 당시 연구용 기금을 모두 직접 따내야 한다는 것을 알고 깜짝 놀랐다. 체코슬로바키아의 공산주의 치하에서는 장비와 여러 가지 물자가 부족하긴 했지만 최소한 연구자들은 누구나 지원서 양식을 쓰지 않고도 연구비를 받았기 때문이었다.

59   빌첵과 함께 준밍 레는 TNF-α억제 항체에서 발생하는 사용료도 나누어가졌다. 레는 2006년 아이리스와 준밍레재단$^{Iris\ and\ Junming\ Le\ Foundation}$을 세워 다양한 의료 및 보건 활동을 지원했다.

60   Marks, L. V., *The Lock and Key of Medicine: Monoclonal Antibodies and the Transformation of Healthcare*(Yale University Press, 2015).

61   Beutler, B., Milsark, I. W., & Cerami, A. C., 'Passive immunization against cachectin/tumor necrosis factor protects mice from lethal effect of endotoxin', *Science 229*, 869-71(1985).

62   Lagu, T., et al., 'Hospitalizations, costs, and outcomes of severe sepsis in the United States 2003 to 2007', *Critical Care Medicine 40*, 754-61(2012).

63   Marks, L., 'The birth pangs of monoclonal antibody therapeutics: the failure and legacy of Centoxin', *mAbs 4*, 403-12(2012).

64   존 그라예브$^{John\ Ghrayeb}$와 센토코 내 그의 연구팀은 영국 케임브리지의 연구소와 스탠포드와 토론토, 그리고 캘리포니아에 있는 미국 기업 벡턴-디킨슨을 비롯해, 독자적으로 연구하던 여러 연구팀이 1983년에서 1985년에 확립해놓은 방법을 이용해 이 일을 해냈다.

65   펠드만과의 2016년 2월 22일자 인터뷰.

66   Ibid.

67   Brennan, F. M., Chantry, D., Jackson, A., Maini, R., & Feldmann, M., 'Inhibitory effect of TNF alpha antibodies on synovial cell interleukin-1 production in rheumatoid arthritis', *Lancet 2*, 244-7(1989).

68   Interview with Marc Feldmann, 22 February 2016.

69   Williams, R. O., Feldmann, M., & Maini, R. N., 'Anti-tumor necrosis factor

ameliorates joint disease in murine collagen-induced arthritis', *Proceedings of the National Academy of Sciences USA 89*, 9784-8(1992).

70 펠드만이 직접 개입한 연구 말고도 그의 아이디어를 뒷받침하는 또 다른 증거는 그리스의 조 지 콜리아스[George Kollias]와 동료들에게서 나왔다. 이들은 인간 TNF-α를 생산하도록 유전자 변 형시킨 쥐들이 관절에 염증이 생긴다는 것을 입증했다. 이 사이토카인이 관절에 매우 중요하 다는 가설과 일치하는 결과였다.

71 Feldmann(2009).

72 얀 빌첵과의 2016년 2월 4일자 인터뷰.

73 라빈더 마이니와의 2016년 2월 15일자 인터뷰.

74 앞의 인터뷰.

75 Feldmann(2009).

76 Feldmann, M., 'Development of anti-TNF therapy for rheumatoid arthritis', *Nature Reviews Immunology 2*, 364-71(2002).

77 얀 빌첵과의 2016년 2월 4일자 인터뷰.

78 라빈더 마이니와의 2016년 2월 15일자 인터뷰.

79 Feldmann(2009).

80 Ibid.

81 펠드만과의 2016년 2월 22일자 인터뷰.

82 Vilček(2016).

83 센토코는 소화관의 만성 염증 질환인 크론병을 위해 레미케이드 사용 승인을 최초로 받은 뒤 류머티즘관절염용 승인을 받았다. 센토코가 승인받기 전에 크론병 관련 다른 신약이 승인을 받은 적은 한 번도 없었다. 따라서 비교적 희귀하다고 여겨지는 크론병은 치료 선택지도 거의 없었고, 이는 임상실험 대상자의 숫자가 더 적은 상태로 실험이 이루어진 후 약을 승인받았음 을 의미한다. 치료제가 없었으니 이 약을 먼저 검토해야 할 필요성도 컸을 것이다. 요컨대 레미 케이드 승인은 류머티즘관절염용으로 받는 것보다 크론병용으로 받는 것이 비용이 훨씬 적게 들었을 것이다.

84 Morrow, D. J., 'Johnson & Johnson to Acquire Centocor', *New York Times*, 22 July 1999.

85 Vilček(2016).

86 Feldmann(2009).

87 Feldmann(2002).

88 온전한 인간 항체를 만드는 방법은 다양하다. 그중 한 가지 방법은 유전자 변형 생쥐를 사용해 이들의 항체 생성 유전자를 인간 유전자로 바꾸는 것이다. 그러나 2002년 미국에서 승인받은

온전한 인간 TNF-α억제 항체인 휴미라[Humira]를 만든 방식은 이와 달랐다. 이 항체는 파지 전시[phage display]라는 기술, 즉 박테리아를 침투하는 바이러스를 이용한 방식으로 만든 것이다.

89   Number of users taken from the official website for Remicade: http://www. remicade.com/.

90   White, E. B., *Here is New York*(Harper & Bros., 1949).

91   Vilček(2016).

92   라빈더 마이니와의 2016년 2월 15일자 인터뷰.

93   Choy, E. H., Kavanaugh, A. F., & Jones, S. A., 'The problem of choice: current biologic agents and future prospects in RA', *Nature Reviews Rheumatology 9*, 154-63(2013).

94   Winthrop, K. L., & Chiller, T., 'Preventing and treating biologic-associated opportunistic infections', *Nature Reviews Rheumatology 5*, 405-10(2009).

95   Choy et al.

96   '스포트라이트: 라빈더 마이니-연구 생활. 라빈더 마이니와의 인터뷰[Spotlight: Ravinder Maini-Career in Research. An interview with Ravinder Maini], 2014년 3월 28일 공개된 것. 3부로 되어 있다. 1부는 온라인에서 볼 수 있다. https://www.youtube.com/watch?v=ZJ53ApfoiD8.

97   이런 일이 일부 TNF-α억제 항체에 발생하는 또 다른 이유는 몸이 치료용 항체에 반응해 항체를 생산하기 시작해 치료용 항체의 작동을 중단시키기 때문이다.

98   이따금씩 TNF-α억제 요법을 받고 치유가 된 크론병 환자들은 증상이 재발하지 않았다. 그러나 이는 드문 경우고 이유도 밝혀져 있지 않다.

99   Marks(2015).

100 모노클론 항체 생산을 위한 혼성세포 배양조직에 대한 밀스테인과 쾰러의 논문은 1975년 《네이처》에 발표되었고 그 마지막 줄은 아주 간략하다. "이러한 배양조직은 의료 및 산업 용도에 유용할 수 있다." 이 말미의 단순성은 과학 논문의 또 다른 전형적 마무리를 연상시킨다. DNA의 이중나선구조를 기술한 왓슨과 크릭이 쓴 유명한 논문의 마무리 부분이다. 이 논문은 1973년 《네이처》에 발표됐다. 해당 부분은 다음과 같다. "우리는 전에 가정했던 특정 쌍이 유전물질의 복제 메커니즘을 암시한다는 데 주목했다."

101 Dorner, T., Radbruch, A., & Burmester, G. R., 'B-cell-directed therapies for autoimmune disease', *Nature Reviews Rheumatology 5*, 433-41(2009).

102 세계보건기구의 필수 약물 목록은 이곳에서 다운받을 수 있다. http://www.who.int/ medicines/services/essmedicines_def/en/.

103 Battella, S., Cox, M. C., Santoni, A., & Palmieri, G., 'Natural killer(NK) cells and anti-tumor therapeutic mAb: unexplored interactions', *Journal of Leukocyte*

Biology 99, 87-96(2016).

104   Rudnicka, D., et al., 'Rituximab causes a polarization of B cells that augments its therapeutic function in NK-cell-mediated antibody-dependent cellular cytotoxicity', *Blood 121*, 4694-702(2013).

105   'Drug trial victim's "hell" months', BBC News online, http://news.bbc.co.uk/1/hi/ health/5121824.stm.

106   Vince, G., 'UK drug trial disaster-the official report', *New Scientist*, 25 May 2006.

107   Horvath, C. J., & Milton, M. N., 'The TeGenero incident and the Duff Report conclusions: a series of unfortunate events or an avoidable event?', *Toxicologic Pathology 37*, 372-83(2009).

5장

1   Strominger, J. L., 'The tortuous journey of a biochemist to immunoland and what he found there', *Annual Review of Immunology 24*, 1-31(2006).

2   Bauer, S., et al., 'Activation of NK cells and T cells by NKG2D, a receptor for stress-inducible MICA', *Science 285*, 727-9(1999).

3   Van der Zee, J., 'Heating the patient: a promising approach?', *Annals of Oncology 13*, 1173-84(2002).

4   Shen, R. N., Hornback, N. B., Shidnia, H., Shupe, R. E., & Brahmi, Z., 'Whole-body hyperthermia decreases lung metastases in lung tumor-bearing mice, possibly via a mechanism involving natural killer cells', *Journal of Clinical Immunology 7*, 246-53(1987).

5   Kokolus, K. M., et al., 'Baseline tumor growth and immune control in laboratory mice are significantly influenced by subthermoneutral housing temperature', *Proceedings of the National Academy of Sciences USA 110*, 20176-81(2013).

6   Evans, S. S., Repasky, E. A., & Fisher, D. T., 'Fever and the thermal regulation of immunity: the immune system feels the heat', *Nature Reviews Immunology 15*, 335-49(2015).

7   Elinav, E., et al., 'Inflammation-induced cancer: crosstalk between tumours, immune cells and microorganisms', *Nature Reviews Cancer 13*, 759-71(2013).

8   Zelenay, S., et al., 'Cyclooxygenase-Dependent Tumor Growth through Evasion of Immunity', *Cell 162*, 1257-70(2015).

9 Groh, V., Wu, J., Yee, C., & Spies, T., 'Tumour-derived soluble MIC ligands impair expression of NKG2D and T-cell activation', *Nature 419*, 734-8(2002).

10 Deng, W., et al., 'Antitumor immunity. A shed NKG2D ligand that promotes natural killer cell activation and tumor rejection', *Science 348*, 136-9(2015).

11 Evans et al.

12 Ibid.

13 Ibid.

14 Lafrance, A., 'A cultural history of the fever', *Atlantic*, 16 September 2015.

15 Evans et al.

16 Rice, P., et al., 'Febrile-range hyperthermia augments neutrophil accumulation and enhances lung injury in experimental gram-negative bacterial pneumonia', *The Journal of Immunology 174*, 3676-85(2005).

17 열이 의료상의 주의를 요하는 상황도 있다. 가령 신생아의 열이 그렇다. 인터넷상에는 열에 대한 조언이 넘쳐나지만 영국의 국민건강보험 같은 사이트가 믿을 만하다. 합의를 거친 과학적 관점을 제시하기 때문이다.

18 Woolf, V., *On Being Ill*(Hogarth Press, 1930).

19 루크 오닐과의 2016년 3월 16일자 인터뷰.

20 Kalinski, P., 'Regulation of immune responses by prostaglandin E2', *The Journal of Immunology 188*, 21-8(2012).

21 Furuyashiki, T., & Narumiya, S., 'Stress responses: the contribution of prostaglandin E(2) and its receptors', *Nature Reviews Endocrinology 7*, 163-75(2011).

22 국제아스피린재단에 따르면 아스피린은 세계에서 가장 널리 사용되는 약물 중 하나로서, 매년 1000억 개가 생산된다. 물론 아스피린에 얽힌 이야기는 그 자체로 책 한 권이 될 만큼 매력적이다. 간략히 말해서 아스피린의 활성성분은 버드나무(그리고 다른 식물)에서 발견되는 화학물질을 합성한 물질이다. 1823년, 버드나무 껍질에서 아스피린의 형태가 분리됐다. 바이엘이라는 제약회사는 1897년 합성물질을 만들었고 임상실험이 시작됐다. 아스피린은 1899년 출시됐고 제약업에서 생산한 최초의 약물이 됐다. 1930년대 바이엘의 특허가 종료되었고 아스피린은 복제약 생산 대상이 됐다. 1969년부터 영국 런던에서 연구하는 존 베인[John Vane]에 의한 일련의 실험은 아스피린이 프로스타글란딘의 생산을 억제한다는 사실을 밝혔다. 베인은 1982년 노벨상 강연에서 이 이야기를 전한다. 온라인에서 볼 수 있다. http://www.nobelprize.org/mediaplayer/index.php?id=1615.

23 Slocumb, C. H., 'Philip Showalter Hench, 1896-1965. In Memoriam', *Arthritis and*

Rheumatism 8, 573-6(1965).

24   Hench, P. S., 'The reversibility of certain rheumatic and non-rheumatic conditions by the use of cortisone or of the pituitary adrenocorticotropic hormone'(Nobel Lecture, 1950) in *Nobel Lectures, Physiology or Medicine 1942-1962*(Elsevier, 1964).

25   Tata, J. R., 'One hundred years of hormones', *EMBO Reports 6*, 490-6(2005).

26   라이히슈타인은 비타민C를 합성하는 방법 또한 알아냄으로써 대량생산의 길을 열었다. 켄들은 갑상선에서 티록신^{thyroxine}(T4)을 비롯한 호르몬을 분리해내기도 했다.

27   Reichstein, T., 'Chemistry of the Adrenal Cortex Hormones'(Nobel Lecture, 1950) in Nobel Lectures, Physiology or Medicine 1942-1962(Elsevier, 1964).

28   Kendall, E. C., Cortisone: *Memoirs of a Hormone Hunter*(Charles Scribner's Sons, 1971).

29   Rooke, T., *The Quest for Cortisone*(Michigan State University Press, 2012).

30   Hench.

31   Saenger, A. K., 'Discovery of the wonder drug: from cows to cortisone. The effects of the adrenal cortical hormone 17-hydroxy-11-dehydrocorticosterone(Compound E) on the acute phase of rheumatic fever; preliminary report. *Mayo Clinic Proceedings* 1949;24:277-97', *Clinical Chemistry 56*, 1349-50(2010).

32   Le Fanu, J., *The Rise and Fall of Modern Medicine*(revised edition, Abacus, 2011).

33   Rooke.

34   Ibid.

35   Ibid.

36   Hench.

37   Rooke.

38   Le Fanu.

39   Rooke.

40   Le Fanu.

41   코르티솔은 당질코르티코이드^{glucocorticoid}족에 속하는 스테로이드 호르몬으로서, 남성 호르몬 테스토스테론과 관련된 단백동화스테로이드$^{anabolic\ steroid}$와 혼동해서는 안 된다. 단백동화스테로이드는 근육 성장을 증가시키고 때로는 보디빌딩과 스포츠에서 불법 이용되기도 한다. 단백동화스테로이드는 만성 소모성 질환의 근육 성장을 자극하거나, 유방암 치료 등 치료 목적으로도 쓸 수 있다.

42   Chrousos, G. P., 'Stress and disorders of the stress system', *Nature Reviews Endocrinology 5*, 374-81(2009).

43   코르티손과 코르티솔 둘 다 몸속의 부신에서 호르몬으로 생산된다. 수소 원자를 첨가하면 코르티손이 코르티솔로 바뀐다. 코르티솔은 더 강력하거나 활동적인 형태의 호르몬이다.

44   Maisel, A. Q., *The Hormone Quest*(Random House, 1965).

45   'MRC Streptomycin in Tuberculosis Trials Committee. Streptomycin treatment of pulmonary tuberculosis', *British Medical Journal 2*, 769-82(1948).

46   데이비드 레이와의 2016년 4월 15일자 인터뷰.

47   Paget, S. A., Lockshin, M. D., & Loebl, S., *The Hospital for Special Surgery Rheumatoid Arthritis Handbook*(John Wiley & Sons, 2002).

48   코르티솔이 과다 분비되면 쿠싱증후군[Cushing's syndrome]이라는 증상이 생길 수 있다. 쿠싱증후군은 근육위축, 피로와 체중증가뿐 아니라 피부가 얇아지는 증상, 팔과 다리의 자색선조, 성욕감퇴, 얼굴의 지방축적 등의 증상이 나타나는 질환이다. 이러한 증상은 오랜 기간 동안 코르티솔이나 그와 비슷한 약을 복용한 사람들에게서 나타나지만, 스트레스 호르몬을 생산하는 체내 호르몬 분비샘 중 하나에 종양이 생겨도 발생할 수 있다.

49   Rooke.

50   황열병에 대해 필립 헨치가 모은 자료 153개의 상자는 버지니아대학교에 보관되어 있다. 이곳에는 그의 개인적 물품도 상당수 보관되어 있다. 아바나에서 아내인 메리와 찍은 사진, 수많은 개인 편지와 전보 등이 있다. 일부 물품들은 디지털 정보화되어 온라인에서 볼 수 있다. https://search.lib.virginia.edu/catalog/uva-lib:2513789.

51   Kendall.

52   Selye, H., 'A syndrome produced by diverse nocuous agents', *Nature 138*(1936).

53   한스 셀리에는 수년 동안 노벨상 후보로 지명됐다. 최소한 17명의 지명을 받았다. 그러나 결국 수상에는 실패했다. 상세한 내용은 다음을 참고하라. 'Nomination Database' at nobelprize.org. Nobel Media AB 2014. http://www.nobelprize.org/nomination/archive/show_people.php?id=8395.

54   'Obituary. Dr Hans Selye dies in Montreal; studied effects of stress on body', *New York Times*, 22 October 1982.

55   Fink, G., 'In retrospect: Eighty years of stress', *Nature 539*, 175-6(2016).

56   Selye, H., *The Stress of Life*(McGraw-Hill, 1956).

57   'Obituary', *New York Times*, 22 October 1982.

58   Ibid.

59   '스트레스'라는 말이 적용될 수 있는 범위는 상당히 넓으며, 다양한 스트레스 요인의 일부 측

면들은 동일하지만 차이도 있다. 예컨대 이혼으로 인한 스트레스는 교통 혼잡으로 인한 스트
레스와 몸에 미치는 여파가 다르다. 게다가 사람마다 스트레스 요인에 대한 반응이 다르기 때
문에 상황은 훨씬 더 복잡해진다. 그런데도 스트레스와 관련된 특정 호르몬에는 공통의 토대
가 있고 이 때문에 스트레스에 대한 현대적 정의 중에는 '시상하부-뇌하수체-부신축[hypothalamic-pituitary-adrenal axis]을 자극함으로써 코르티솔의 분비를 유발하는 것'이라는 정의가 포함된다.

60   Gamble, K. L., Berry, R., Frank, S. J., & Young, M. E., 'Circadian clock control of endocrine factors', *Nature Reviews Endocrinology 10*, 466-75(2014).

61   Webster, J. I., Tonelli, L., & Sternberg, E. M., 'Neuroendocrine regulation of immunity', *Annual Review of Immunology 20*, 125-63(2002).

62   Ironson, G., et al., 'Posttraumatic stress symptoms, intrusive thoughts, loss, and immune function after Hurricane Andrew', *Psychosomatic Medicine 59*, 128-41(1997).

63   Padgett, D. A., & Glaser, R., 'How stress influences the immune response', *Trends in Immunology 24*, 444-8(2003).

64   나는 이 정보를 사실로서 기술한 것이며, 동물실험 옹호를 표명하는 의견으로 쓴 것이 아니다. 동물 실험은 다른 곳에서 널리 논쟁 대상이 되고 있는 복잡한 주제다.

65   Glaser, R., & Kiecolt-Glaser, J. K., 'Stress-induced immune dysfunction: implications for health', *Nature Reviews Immunology 5*, 243-51(2005).

66   Rodriguez-Galan, M. C., et al., 'Immunocompetence of macrophages in rats exposed to Candida albicans infection and stress', *American Journal of Physiology. Cell Physiology 284*, C111-18(2003).

67   Vedhara, K., et al., 'Chronic stress in elderly carers of dementia patients and antibody response to influenza vaccination', *Lancet 353*, 627-31(1999).

68   Leserman, J., et al., 'Progression to AIDS: the effects of stress, depressive symptoms, and social support', *Psychosomatic Medicine 61*, 397-406(1999).

69   Cole, S. W., Kemeny, M. E., Taylor, S. E., Visscher, B. R., & Fahey, J. L., 'Accelerated course of human immunodeficiency virus infection in gay men who conceal their homosexual identity', *Psychosomatic Medicine 58*, 219-31(1996).

70   Glaser & Kiecolt-Glaser.

71   Brod, S., Rattazzi, L., Piras, G., & D'Acquisto, F., '"As above, so below" examining the interplay between emotion and the immune system', *Immunology 143*, 311-18(2014).

72   Pesce, M., et al., 'Positive correlation between serum interleukin-1beta and state

anger in rugby athletes', *Aggressive Behaviour 39*, 141-8(2013).

73 Hayashi, T., et al., 'Laughter up-regulates the genes related to NK cell activity in diabetes', *Biomedical Research 28*, 281-5(2007).

74 웃음에 대한 일반 지식은 그다지 많지 않다. 웃음은 모든 포유류와 우리가 공유하고 있는 복잡한 사회적 상호작용이다. 가령 소피 스콧[Sophie Scott]의 TED 강연—제목은 '왜 우리는 웃는가[Why we laugh]'다—을 참고하라. https://www.ted.com/talks/sophie_scott_why_we_laugh?language=en.

75 Fransen, M., Nairn, L., Winstanley, J., Lam, P., & Edmonds, J., 'Physical activity for osteoarthritis management: a randomized controlled clinical trial evaluating hydrotherapy or Tai Chi classes', *Arthritis and Rheumatism 57*, 407-14(2007).

76 Yang, Y., et al., 'Effects of a traditional Taiji/Qigong curriculum on older adults' immune response to influenza vaccine', *Medicine and Sport Science 52*, 64-76(2008).

77 Ho, R. T., et al., 'The effect of t'ai chi exercise on immunity and infections: a systematic review of controlled trials', *Journal of Alternative and Complementary Medicine 19*, 389-96(2013).

78 Ibid.

79 Ibid.

80 Ibid.

81 Morgan, N., Irwin, M. R., Chung, M., & Wang, C., 'The effects of mind-body therapies on the immune system: meta-analysis', *PLoS One 9*, e100903(2014).

82 The NIH and NHS discuss the effects of t'ai chi here: https://nccih.nih.gov/health/taichi/introduction.htm and http://www.nhs.uk/Livewell/fitness/Pages/taichi.aspx.

83 Bhattacharya, A., McCutcheon, E. P., Shvartz, E., & Greenleaf, J. E., 'Body acceleration distribution and O2 uptake in humans during running and jumping', *Journal of Applied Physiology: Respiratory, Environmental and Exercise Physiology 49*, 881-7(1980).

84 Briskin, S., & LaBotz, M., 'Trampoline safety in childhood and adolescence', *Pediatrics 130*, 774-9(2012).

85 Saxon, W., 'Elvin Kabat, 85, Microbiologist Known for Work in Immunology', *New York Times*, 22 June 2000.

86 Wax, R., *A Mindfulness Guide for the Frazzled*(Penguin, 2016).

87   Goyal, M., et al., 'Meditation programs for psychological stress and well-being: a systematic review and meta-analysis', *JAMA Internal Medicine 174*, 357-68(2014).

88   Kuyken, W., et al., 'Effectiveness and cost-effectiveness of mindfulness-based cognitive therapy compared with maintenance antidepressant treatment in the prevention of depressive relapse or recurrence (PREVENT): a randomised controlled trial', *Lancet 386*, 63-73(2015).

89   Pickert, K., 'The art of being mindful', *Time*, 3 February 2014.

90   Black, D. S., & Slavich, G. M., 'Mindfulness meditation and the immune system: a systematic review of randomized controlled trials', *Annals of the New York Academy of Sciences*(2016).

91   Ibid.

92   O'Leary, K., O'Neill, S., & Dockray, S., 'A systematic review of the effects of mindfulness interventions on cortisol', *Journal of Health Psychology*(2015).

6장

1   Loudon, A. S., 'Circadian biology: a 2.5 billion-year-old clock', *Current Biology 22*, R570-1(2012).

2   Cutolo, M., 'Chronobiology and the treatment of rheumatoid arthritis', *Current Opinion in Rheumatology 24*, 312-18(2012).

3   Foster, R. G., & Kreitzman, L., *The Rhythms of Life: The Biological Clocks That Control the Daily Lives of Every Living Thing*(Profile Books, 2004).

4   Folkard, S., Lombardi, D. A., & Spencer, M. B., 'Estimating the circadian rhythm in the risk of occupational injuries and accidents', *Chronobiology International 23*, 1181-92(2006).

5   Foster & Kreitzman(2004).

6   Foster, R. G., & Kreitzman, L., 'The rhythms of life: what your body clock means to you!', *Experimental Physiology 99*, 599-606(2014).

7   Wright, M. C., et al., 'Time of day effects on the incidence of anesthetic adverse events', *Quality & Safety in Health Care 15*, 258-63(2006).

8   Bellet, M. M., et al., 'Circadian clock regulates the host response to salmonella', *American Journal of Physiology. Cell Physiology 110*, 9897-902(2013).

9   Gibbs, J., et al., 'An epithelial circadian clock controls pulmonary inflammation

and glucocorticoid action', *Nature Medicine 20*, 919-26(2014).

10 Scheiermann, C., Kunisaki, Y., & Frenette, P. S., 'Circadian control of the immune system', *Nature Reviews Immunology 13*, 190-8(2013).

11 데이비드 레이와의 2016년 4월 20일자 이메일.

12 엘리너 라일리[Eleanor Riley]와의 2016년 5월 27일자 이메일. 그리고 로버트 신든[Robert Sinden]과의 2016년 6월 10~11일자 이메일.

13 Sinden, R. E., Butcher, G. A., Billker, O., & Fleck, S. L., 'Regulation of infectivity of Plasmodium to the mosquito vector', *Advances in Parasitology 38*, 53-117(1996).

14 앤드류 라우든과의 2016년 5월 6일자 인터뷰.

15 틸 뢰네베르크가 2016년 7월 27일 유로사이언스오픈포럼[Euroscience Open Forum]에서 한 연설. 뢰네베르크는 뮌헨에 있는 루드비히막시밀리안대학교의 세계적 수면학자이자, 『내부 시계: 일주기성 인자, 사회적 시차증, 피로의 원인[Internal time: Chronotypes, Social Jet Lag, and Why You're So Tired]』 (Harvard University Press, 2012)의 저자이기도 하다.

16 Durrington, H. J., Farrow, S. N., Loudon, A. S., & Ray, D. W., 'The circadian clock and asthma', *Thorax 69*, 90-2(2014).

17 Foster & Kreitzman(2004).

18 Cutolo.

19 Foster & Kreitzman(2004).

20 Litinski, M., Scheer, F. A., & Shea, S. A., 'Influence of the Circadian System on Disease Severity', *Sleep Medicine Clinics 4*, 143-63(2009).

21 Filipski, E., et al., 'Effects of chronic jet lag on tumor progression in mice', *Cancer Research 64*, 7879-85(2004).

22 Grundy, A., et al., 'Increased risk of breast cancer associated with long-term shift work in Canada', *Occupational and Environmental Medicine 70*, 831-8(2013).

23 영국의 국민건강보험은 다음에서 이 쟁점을 논한다. http://www.nhs.uk/news/2013/07July/Pages/Long-term-night-shifts-can-double-breast-cancer-risk.aspx.

24 Cuesta, M., Boudreau, P., Dubeau-Laramee, G., Cermakian, N., & Boivin, D. B., 'Simulated Night Shift Disrupts Circadian Rhythms of Immune Functions in Humans', *The Journal of Immunology 196*, 2466-75(2016).

25 Foster, R. G., et al., 'Circadian photoreception in the retinally degenerate mouse (rd/rd)', *Journal of Comparitive Physiology A 169*, 39-50(1991).

26 매리 맥닐리[Marie McNeely]와 러셀 포스터의 2016년 3월 7일자 인터뷰. 제목은 '과

학 뒤에 있는 사람들[People behind the science]이다. 온라인에서 볼 수 있다. http://www.peoplebehindthescience.com/dr-russell-foster/.

27   Freedman, M. S., et al., 'Regulation of mammalian circadian behavior by non-rod, non-cone, ocular photoreceptors', *Science 284*, 502-4(1999); Lucas, R. J., Freedman, M. S., Munoz, M., Garcia-Fernandez, J. M., & Foster, R. G., 'Regulation of the mammalian pineal by non-rod, non-cone, ocular photoreceptors', *Science 284*, 505-7(1999).

28   'Newswalk: Sleep scientist Russell Foster on how he stopped seeing life in black and white', *Newsweek*, 6 May 2015.

29   O'Neill, J. S., & Reddy, A. B., 'Circadian clocks in human red blood cells', *Nature 469*, 498-503(2011).

30   Barger, L. K., et al., 'Prevalence of sleep deficiency and use of hypnotic drugs in astronauts before, during, and after spaceflight: an observational study', *Lancet Neurol 13*, 904-12(2014).

31   Crucian, B. E., et al., 'Plasma cytokine concentrations indicate that in vivo hormonal regulation of immunity is altered during long-duration spaceflight', *Journal of Interferon and Cytokine Research 34*, 778-86(2014).

32   Crucian, B., et al., 'Alterations in adaptive immunity persist during long-duration spaceflight', *npj Microgravity 1*, 15013(2015).

33   방사능 노출은 우주비행사가 살면서 암에 걸릴 위험을 높일 것이라고 예상하지만, 이러한 예상은 일본 원폭 생존자들의 암 발병률 같은 것을 기반으로 했기 때문에 직접 비교는 불가능하다.

34   Chang, K., 'Beings not made for space', *New York Times*, 27 January 2014.

35   브라이언 크루션과의 2016년 6월 24일자 인터뷰.

36   Mehta, S. K., et al., 'Reactivation of latent viruses is associated with increased plasma cytokines in astronauts', *Cytokine 61*, 205-9(2013).

37   Crucian, B., et al., 'A case of persistent skin rash and rhinitis with immune system dysregulation onboard the International Space Station', *Journal of Allergy and Clinical Immunology: In Practice 4*, 759-762(2016).

38   Ibid.

39   Ibid.

40   브라이언 크루션과의 2016년 6월 24일자 인터뷰.

41   Ibid.

42   Durrington et al.

43   Wallace, A., Chinn, D., & Rubin, G., 'Taking simvastatin in the morning compared with in the evening: randomised controlled trial', *The British Medical Journal 327*, 788 (2003).

44   Zhang, R., Lahens, N. F., Ballance, H. I., Hughes, M. E., & Hogenesch, J. B., 'A circadian gene expression atlas in mammals: implications for biology and medicine', *Proceedings of the National Academy of Sciences USA 111*, 16219–24(2014).

45   Brown, M. T., & Bussell, J. K., 'Medication adherence: WHO cares?', *Mayo Clinic Proceedings 86*, 304-14(2011).

46   Lin, S., et al., 'Stretchable Hydrogel Electronics and Devices', *Advanced Materials*(2015).

47   물론 일부 국가에서는 백신을 하루 특정 시간대에 제공하는 사치는 고사하고 필요한 사람에게 제공하는 일 자체도 어렵다. 영국면역학회British Society for Immunology 회장 조 리빌Jo Revill의 블로그 '소아마비 백신접종: 현실의 난제와 해결책Polio vaccination: Real world challenges and solution' 이라는 제목의 2016년 6월 7일자 글은 먼 지역에서 소아마비 백신을 필요로 하는 모든 이들에게 이를 제공하는 일이 얼마나 지난한 작업인지를 잘 소개하고 있다. 온라인상에서 자료를 보려면 다음을 참고하라. http://britsocimmblog.org/polio-vaccination/.

48   Phillips, A. C., Gallagher, S., Carroll, D., & Drayson, M., 'Preliminary evidence that morning vaccination is associated with an enhanced antibody response in men', *Psychophysiology 45*, 663-6(2008).

49   면역계가 남성과 여성에게서 약간 다르게 작용한다는 시사점들이 많다. 가령 일부 자가면역질환은 여성에게서 더 빈번하다. 이것은 호르몬이 면역계에 미치는 영향과 관련이 있을 수 있으나 이를 검증하는 연구는 쉽지 않다. 성별 기반의 차이는 여러 사회, 경제 혹은 문화 요인에서도 오기 때문이다.

50   Karabay, O., et al., 'Influence of circadian rhythm on the efficacy of the hepatitis B vaccination', *Vaccine 26*, 1143-4(2008).

51   Silver, A. C., Arjona, A., Walker, W. E., & Fikrig, E., 'The circadian clock controls toll-like receptor 9-mediated innate and adaptive immunity', *Immunity 36*, 251–61(2012).

52   'Global Health and Aging', a report from the National Institute on Aging (USA) and World Health Organization, available online here: https://www.nia.nih.gov/research/publication/global-health-and-aging/preface.

53   영국 통계청은 매년 영국의 인구 데이터를 발표한다. 온라인에서 찾아볼 수 있다. https://www.ons.gov.uk/peoplepopulationandcommunity/populationandmigration/. 자선단체인 에이지UK 또한 매달 노인들에 대한 통계 모음을 발표한다. 역시 온라인에서 볼 수 있다. http://www.ageuk.org.uk/professional-resources-home/.

54   Shaw, A. C., Goldstein, D. R., & Montgomery, R. R., 'Age-dependent dysregulation of innate immunity', *Nature Reviews Immunology 13*, 875-87(2013).

55   Dorshkind, K., Montecino-Rodriguez, E., & Signer, R. A., 'The ageing immune system: is it ever too old to become young again?', *Nature Reviews Immunology 9*, 57-62(2009).

56   Treanor, J. J., et al., 'Effectiveness of seasonal influenza vaccines in the United States during a season with circulation of all three vaccine strains', *Clinical Infectious Diseases: An official publication of the Infectious Diseases Society of America 55*, 951-9(2012).

57   중년기가 되면 우리 DNA의 텔로미어는 대략 태어날 때의 절반 정도 길이로 짧아지고 65세 무렵이 되면 다시 그 절반으로 짧아진다.

58.   Harley, C. B., 'Telomerase and cancer therapeutics', *Nature Reviews Cancer 8*, 167-79(2008).

59   Blackburn, E., & Epel, E., *The Telomere Effect: A Revolutionary Approach to Living Younger, Healthier, Longer*(Orion Spring, 2017).

60   Carlson, L. E., et al., 'Mindfulness-based cancer recovery and supportive-expressive therapy maintain telomere length relative to controls in distressed breast cancer survivors', *Cancer 121*, 476-84(2015).

61   세포자멸에는 다양한 하위 유형이 많다. 세포사를 이해하는 것은 현대 연구의 중요한 분야다.

62   Munoz-Espin, D., & Serrano, M., 'Cellular senescence: from physiology to pathology', *Nature Reviews Molecular Cell Biology 15*, 482-96(2014).

63   Baker, D. J., et al., 'Clearance of p16Ink4a-positive senescent cells delays ageing-associated disorders', *Nature 479*, 232-6(2011).

64   Kirkwood, T. B., & Austad, S. N., 'Why do we age?', *Nature 408*, 233-8(2000).

65   Shaw et al.

66   Discussion with Steve Marsh, 29 April 2016.

67   Sapey, E., et al., 'Phosphoinositide 3-kinase inhibition restores neutrophil accuracy in the elderly: toward targeted treatments for immunosenescence',

Blood 123, 239-48(2014).

68   Shaw et al.

69   Jamieson, B. D., et al., 'Generation of functional thymocytes in the human adult', *Immunity 10*, 569-75(1999).

70   재닛 로드와의 2016년 6월 23일자 인터뷰.

71   마크 데이비스는 T세포가 몸속에서 질병의 징후를 어떻게 찾아내는지를 밝혀낸 개척자 중 한 사람이고 이와 관련된 그의 연구에 관해서는 『나만의 유전자』에 상세히 소개했다.

72   Brodin, P., et al., 'Variation in the human immune system is largely driven by non-heritable influences', *Cell 160*, 37-47(2015).

73   Brodin, P., & Davis, M. M., 'Human immune system variation', *Nature Reviews Immunology 17*, 21-9(2017).

74   Furman, D., et al., 'Cytomegalovirus infection enhances the immune response to influenza', *Science Translational Medicine 7*, 281ra243(2015).

75   Leng, J., et al., 'Efficacy of a vaccine that links viral epitopes to flagellin in protecting aged mice from influenza viral infection', *Vaccine 29*, 8147-55(2011).

76   Taylor, D. N., et al., 'Induction of a potent immune response in the elderly using the TLR-5 agonist, flagellin, with a recombinant hemagglutinin influenza-flagellin fusion vaccine(VAX125, STF2.HA1 SI)', *Vaccine 29*, 4897-902(2011).

77   Long, J. E., et al., 'Morning vaccination enhances antibody response over afternoon vaccination: A cluster-randomised trial', Vaccine 34, 2679-85(2016).

78   재닛 로드와의 2016년 6월 23일자 인터뷰.

79   아킬레시 레디와의 2016년 8월 1일자 인터뷰.

80   재닛 로드와의 2016년 6월 23일자 인터뷰.

81   안 애크버와의 2016년 4월 29일자 인터뷰.

82   Aldrin, B., & Abraham, K., *No Dream is Too High: Life Lessons From a Man Who Walked on the Moon*(National Geographic, 2016).

7장

1   'Autoimmune disease', *Nature Biotechnology 18 Suppl*, IT7-9(2000).

2   Davis, D. M., *The Compatibility Gene*(Allen Lane, 2013).

3   Anderson, W., & Mackay, I. R., *Intolerant Bodies: A Short History of Autoimmunity*(Johns Hopkins University Press, 2014).

4   Mackay, I. R., 'Travels and travails of autoimmunity: a historical journey from discovery to rediscovery', *Autoimmunity Reviews 9*, A251-8(2010).

5   Aoki, C. A., et al., 'NOD mice and autoimmunity', *Autoimmunity Reviews 4*, 373-9(2005).

6   사카구치 시몬과의 2016년 7월 14일자 인터뷰.

7   Nishizuka, Y., & Sakakura, T., 'Thymus and reproduction: sex-linked dysgenesia of the gonad after neonatal thymectomy in mice', *Science 166*, 753-5(1969).

8   Kojima, A., & Prehn, R. T., 'Genetic susceptibility to post-thymectomy autoimmune diseases in mice', *Immunogenetics 14*, 15-27(1981).

9   사카구치 시몬과의 2016년 7월 14일자 인터뷰.

10   Sakaguchi, S., Takahashi, T., & Nishizuka, Y., 'Study on cellular events in post-thymectomy autoimmune oophoritis in mice. II. Requirement of Lyt-1 cells in normal female mice for the prevention of oophoritis', *The Journal of Experimental Medicine 156*, 1577-86(1982).

11   Germain, R. N., 'Special regulatory T-cell review: A rose by any other name: from suppressor T cells to Tregs, approbation to unbridled enthusiasm', *Immunology 123*, 20-7(2008).

12   Benacerraf, B., 'Obituary: Richard Gershon, 1932-1983', *The Journal of Immunology 131*, 3096-7(1983).

13   Gershon, R. K., Cohen, P., Hencin, R., & Liebhaber, S. A., 'Suppressor T cells', *The Journal of Immunology 108*, 586-90(1972).

14   사카구치 시몬과의 2016년 7월 14일자 인터뷰.

15   Benacerraf.

16   Waggoner, W. H., 'Dr Richard Gershon, leader in research on immune system', *New York Times*, 13 July 1983.

17   Germain.

18   사카구치 시몬과의 2016년 7월 14일자 인터뷰.

19   위의 인터뷰.

20   L. P. 하틀리의 소설 『사랑의 메신저[Go-Between]』에 나오는 유명한 첫 구절.

21   Kronenberg, M., et al., 'RNA transcripts for I-J polypeptides are apparently not encoded between the I-A and I-E subregions of the murine major histocompatibility complex', *Proceedings of the National Academy of Sciences USA 80*, 5704-8(1983).

22   Germain.

23   Green, D. R., & Webb, D. R., 'Saying the "S" word in public', *Immunology Today 14*, 523-5(1993).

24   Bloom, B. R., Salgame, P., & Diamond, B., 'Revisiting and revising suppressor T cells', *Immunology Today 13*, 131-6(1992).

25   피오나 파우리와의 2016년 9월 16일자 인터뷰.

26   Powrie, F., & Mason, D., 'OX-22high CD4+ T cells induce wasting disease with multiple organ pathology: prevention by the OX-22low subset', *The Journal of Experimental Medicine 172*, 1701-8(1990).

27   이 실험은 매우 유용했다. 생쥐가 쥐보다 훨씬 더 흔한 연구 대상이었고 생쥐의 면역계를 연구하기 위한 도구도 훨씬 더 많았기 때문이다.

28   Powrie, F., Leach, M. W., Mauze, S., Caddle, L. B., & Coffman, R. L., 'Phenotypically distinct subsets of CD4+ T cells induce or protect from chronic intestinal inflammation in C. B-17 scid mice', *International Immunology 5*, 1461-71(1993).

29   Morrissey, P. J., Charrier, K., Braddy, S., Liggitt, D., & Watson, J. D., 'CD4+ T cells that express high levels of CD45RB induce wasting disease when transferred into congenic severe combined immunodeficient mice. Disease development is prevented by cotransfer of purified CD4+ T cells', *The Journal of Experimental Medicine 178*, 237-44(1993).

30   Sakaguchi, S., Sakaguchi, N., Asano, M., Itoh, M., & Toda, M., 'Immunologic self-tolerance maintained by activated T cells expressing IL-2 receptor alpha-chains(CD25). Breakdown of a single mechanism of self-tolerance causes various autoimmune diseases', *The Journal of Immunology 155*, 1151-64(1995).

31   이 발견은 1916년 발간된 이래 《면역학저널》에서 가장 인용이 많이 되는 논문 중 하나가 됐다. 다음을 참고하라. http://www.jimmunol.org/site/misc/Centennial/MostCitedPub. html.

32   Shevach, E. M., 'Special regulatory T cell review: How I became a T suppressor/regulatory cell maven', *Immunology 123*, 3-5(2008).

33   샤바크는 미국 국립보건원에서 장기적인 자금을 지원받았기 때문에, 지원금 신청서를 통해서만 자금을 지원받을 때처럼 새로운 발상이 나올 때마다 동료검토 승인을 먼저 받을 필요가 없었다.

34   샤바크는 1987년부터 1992년까지 《면역학저널》의 편집장으로 재직했다. 그는 2015년 12월 16일 기록된 미국면역학회American Association of Immunologists를 위한 인터뷰에서 자신이 왜 그 직

위를 수락했는지, 그리고 과학 저널 편집자가 되는 일이 얼마나 어려운지에 관해 말한다. 인터뷰는 온라인에서 찾아볼 수 있다. https://vimeo.com/158976383. 이 인터뷰에서 샤바크는 편집자가 공정한 방식으로 일하는 것이 얼마나 중요한지를 강조한다. 편집자로서 그는 과학자들과 비공식적으로 논문 이야기를 하려고 하지 않았고, 당시 저널의 방침은 전화번호를 공개하지 않는 것이었다. 그러나 물론 그가 편집자라는 것은 잘 알려져 있었고, 저널에 의해 논문을 거절당한 과학자들은 때로는 그의 집으로 전화를 걸어 항의했다. 훗날 저널은 전화번호를 밝혀 불만이 있는 과학자들이 샤바크나 가족에게 전화를 하지 않도록 조치를 취했다.

35   사카구치 시몬과의 2016년 7월 14일자 인터뷰.

36   Thornton, A. M., & Shevach, E. M., 'CD4+CD25+ immunoregulatory T cells suppress polyclonal T cell activation in vitro by inhibiting interleukin 2 production', *The Journal of Experimental Medicine 188*, 287-96(1998); Takahashi, T., et al., 'Immunologic self-tolerance maintained by CD25+CD4+ naturally anergic and suppressive T cells: induction of autoimmune disease by breaking their anergic/suppressive state', *International Immunology 10*, 1969-80(1998).

37   Shevach, E. M., 'The resurrection of T cell-mediated suppression', *The Journal of Immunology 186*, 3805-7(2011).

38   Shevach, E. M., 'Certified professionals: CD4(+)CD25(+) suppressor T cells', *The Journal of Experimental Medicine 193*, F41-6(2001).

39   Germain.

40   Ibid.

41   일부 과학 발간물에 사용된 또 다른 견해는 억제T세포가 단지 이름만 다시 정한 게 아니라는 것이었다. 오히려 이들은 결국에는 존재하지 않는 것으로 밝혀진 구체적 특징을 소유한 다른 세포였다. 이러한 견해로 보면 조절T세포는 억제T세포와 엄연한 차이를 갖고 있는 다른 세포다.

42   2016년, 나는 사카구치에게 동시대의 정설에 맞서는 아이디어를 연구하는 일이 더 흥미로운지, 아니면 다른 연구자들이 자신의 아이디어를 받아들이고 따라와 주류 연구 분야가 된 다음에 연구하는 것이 더 좋은지 물어보았다. 사카구치는 다른 학자들이 조절T세포의 중요성을 인식하게 되어 좋긴 하지만, 소수의 과학자들만 자신의 아이디어를 받아들였을 때는 진행되는 논의를 다 따라잡을 수 있었던 반면, 이제는 그게 어려워졌다고 말했다. "이젠 발표된 글을 다 따라갈 수가 없네요."

43   Russell, L. B., 'The Mouse House: a brief history of the ORNL mouse-genetics program, 1947-2009', *Mutation Research 753*, 69-90(2013).

44   Ramsdell, F., & Ziegler, S. F., 'FOXP3 and scurfy: how it all began', *Nature*

Reviews Immunology 14, 343-9(2014).

45   Godfrey, V. L., Wilkinson, J. E., Rinchik, E. M., & Russell, L. B., 'Fatal lymphoreticular disease in the scurfy (sf) mouse requires T cells that mature in a sf thymic environment: potential model for thymic education', *Proceedings of the National Academy of Sciences USA 88*, 5528-32(1991).

46   Brunkow, M. E., et al., 'Disruption of a new forkhead/winged-helix protein, scurfin, results in the fatal lymphoproliferative disorder of the scurfy mouse', *Nature Genetics 27*, 68-73(2001).

47   Ramsdell & Ziegler.

48   Bennett, C. L., et al., 'The immune dysregulation, polyendocrinopathy, enteropathy, X-linked syndrome(IPEX) is caused by mutations of FOXP3', *Nature Genetics 27*, 20-1(2001).

49   Sakaguchi, S., Wing, K., & Miyara, M., 'Regulatory T cells-a brief history and perspective', *European Journal of Immunology 37 Suppl 1*, S116-23(2007).

50.   이 세 과학자들은 2017년 스웨덴왕립과학원에서 주는 명망 높은 크라푸르드상^{Crafoord Prize}을 공동으로 수상했다. 상금은 스웨덴 화폐로 600만 크로나다(약 55만 파운드). http://www.crafoordprize.se/press/arkivpressreleases/thecrafoordprizeinpolyarthritis2017.5.470b0073156f7766c064a8.html.

51   Hori, S., Nomura, T., & Sakaguchi, S., 'Control of regulatory T cell development by the transcription factor Foxp3', *Science 299*, 1057-61(2003); Fontenot, J. D., Gavin, M. A., & Rudensky, A. Y., 'Foxp3 programs the development and function of CD4+CD25+ regulatory T cells', *Nature Immunology 4*, 330-6(2003); Khattri, R., Cox, T., Yasayko, S. A., & Ramsdell, F., 'An essential role for Scurfin in CD4+CD25+ T regulatory cells', *Nature Immunology 4*, 337-42(2003).

52   Ramsdell & Ziegler.

53   2014년 12월 2일 런던의 의학회^{Academy of Medical Science}에서 피오나 파우리가 진 섕크스^{Jean Shanks}를 기념하며 했던 강연. 온라인에서 볼 수 있다. https://www.youtube.com/watch?v=rvEdEw0CU80.

54   Sender, R., Fuchs, S., & Milo, R., 'Revised Estimates for the Number of Human and Bacteria Cells in the Body', PLoS Biology 14, e1002533(2016).

55   Zeevi, D., Korem, T., & Segal, E., 'Talking about cross-talk: the immune system and the microbiome', *Genome Biology 17*, 50(2016).

56   Arpaia, N., & Rudensky, A. Y., 'Microbial metabolites control gut inflammatory

responses', *Proceedings of the National Academy of Sciences USA 111*, 2058-9(2014).

57   Chang, P. V., Hao, L., Offermanns, S., & Medzhitov, R., 'The microbial metabolite butyrate regulates intestinal macrophage function via histone deacetylase inhibition', *Proceedings of the National Academy of Sciences USA 111*, 2247-52(2014).

58   Chan, J. K., et al., 'Alarmins: awaiting a clinical response', *Journal of Clinical Investigation 122*, 2711-19(2012).

59   폴리 매칭커에 대한 BBC 다큐멘터리 <위험에 흥미를 느끼다[Turned on By Danger]>는 1997년 호라이즌 시리즈로 방영됐다.

60   Matzinger, P., 'Tolerance, danger, and the extended family', *Annual Review of Immunology 12*, 991-1045(1994).

61   폴리 매칭거와의 2011년 12월 14일자 대화.

62   Silverstein, A. M., 'Immunological tolerance', *Science 272*, 1405-8(1996).

63   Cooper, G., 'Clever bunny', *Independent*, 17 April 1997.

64   Matzinger, P., & Mirkwood, G., 'In a fully H-2 incompatible chimera, T cells of donor origin can respond to minor histocompatibility antigens in association with either donor or host H-2 type', *The Journal of Experimental Medicine 148*, 84-92(1978).

65   Vance, R. E., 'Cutting edge commentary: a Copernican revolution? Doubts about the danger theory', *The Journal of Immunology 165*, 1725-8(2000).

66   Schiering, C., et al., 'The alarmin IL-33 promotes regulatory T-cell function in the intestine', *Nature 513*, 564-8(2014).

67   Martin, N. T., & Martin, M. U., 'Interleukin 33 is a guardian of barriers and a local alarmin', *Nature Immunology 17*, 122-31(2016).

68   Aune, D., et al., 'Dietary fibre, whole grains, and risk of colorectal cancer: systematic review and dose-response meta-analysis of prospective studies', *The British Medical Journal 343*, d6617(2011).

69   Bollrath, J., & Powrie, F., 'Feed your Tregs more fiber', *Science 341*, 463-4(2013).

70. Furusawa, Y., et al., 'Commensal microbe-derived butyrate induces the differentiation of colonic regulatory T cells', *Nature 504*, 446-50(2013); Arpaia, N., et al., 'Metabolites produced by commensal bacteria promote peripheral regulatory T-cell generation', *Nature 504*, 451-5(2013).

71   Ohnmacht, C., et al., 'The microbiota regulates type 2 immunity through RORgammat(+) T cells', *Science 349*, 989-93(2015).

72   Strachan, D. P., 'Hay fever, hygiene, and household size', *The British Medical Journal 299*, 1259-60(1989).

73   Chatila, T. A., 'Innate Immunity in Asthma', *New England Journal of Medicine 375*, 477-9(2016).

74   Stein, M. M., et al., 'Innate Immunity and Asthma Risk in Amish and Hutterite Farm Children', *New England Journal of Medicine 375*, 411-21(2016).

75   Ibid.

76   Tanner, L., 'Can house dust explain why Amish protected from asthma?', *Washington Post*, 3 August 2016.

77   Blaser, M., *Missing Microbes: How Killing Bacteria Creates Modern Plagues*(Oneworld Publications, 2014).

78.   Korpela, K., et al., 'Intestinal microbiome is related to lifetime antibiotic use in Finnish pre-school children', *Nature Communications 7*, 10410(2016).

79   Ortqvist, A. K., et al., 'Antibiotics in fetal and early life and subsequent childhood asthma: nationwide population based study with sibling analysis', *The British Medical Journal 349*, g6979(2014).

80   Vatanen, T., et al., 'Variation in Microbiome LPS Immunogenicity Contributes to Autoimmunity in Humans', *Cell 165*, 842-53(2016).

81   Hofer, U., 'Microbiome: Is LPS the key to the hygiene hypothesis?', *Nature Reviews Microbiology 14*, 334-5(2016).

82   Bollrath & Powrie.

83   미시건대학교의 가브리엘 누니에즈[Gabriel Núñez] 교수의 말을 들어보자. "병원에서 프로바이오틱스를 사용하면 대개 논란이 되거나 부정적인 결과가 나타났어요. 제 생각에 이렇듯 실망스러운 결과가 나온 것은 프로바이오틱스를 고를 때 특정 박테리아 종이나 유형에 대한 과학적 근거가 거의 없거나 전혀 없이 경험적 결과에만 기댔기 때문인 것 같습니다." 《네이처 리뷰 면역학[Nature Reviews Immunology]》(2016년) '일리야 메치니코프[Ilya Metchnikoff](1845-1916): 세포 면역학 100주년과 면역학의 미래를 기리며[celebrating 100 years of cellular immunology and beyond]', D. M. 언더힐, S. 고든, B. A. 이모프, G. 누니에즈, P. 보우소.

84   Steidler, L., et al., 'Treatment of murine colitis by Lactococcus lactis secreting interleukin-10', *Science 289*, 1352-5(2000).

85   Horowitz, A., et al., 'Genetic and environmental determinants of human NK

cell diversity revealed by mass cytometry', *Science Translational Medicine 5*, 208ra145(2013).

8장

1   Grady, D., 'Harnessing the immune system to fight cancer', *New York Times*, 30 July 2016.

2   Sharma, P., & Allison, J. P., 'The future of immune checkpoint therapy', *Science 348*, 56-61(2015).

3   Sharon Belvin, speaking in 'Advancing the next wave of cancer therapy', a video from the Cancer Research Insitute, New York. Available online here: http://www. cancerresearch.org/news-publications/video-gallery/advancing-the-next-wave-of-cancer-therapy.

4   'A Scientist's Dream Fulfilled: Harnessing the Immune System to Fight Cancer', National Public Radio, USA, 9 June 2016. Available online here: http://www.npr. org/sections/health-shots/2016/06/09/480435066/a-scientists-dream-fulfilled-harnessing-the-immune-system-to-fight-cancer.

5   Her physician, Jedd Wolchok, asked Allison to come and visit her in his clinic.

6   2015년 래스커-드베이키 임상의학연구상Lasker-DeBakey Clinical Medical Research Award을 수상한 연구를 기념하고 기록하기 위해 제작된 비디오. 2015년 9월 7일 공개됐다. 온라인에서 볼 수 있다. https://www.youtube.com/watch?v=W8fUAvENkCo&feature=youtu.be.

7   Gross, L., 'Intradermal Immunization of C3H Mice against a Sarcoma That Originated in an Animal of the Same Line', *Cancer Research 3*, 326-33(1943).

8   이보다 더 전이었던 1930년대와 1940년대 초반 피터 고러Peter Gorer와 조지 스넬George Snell과 다른 연구자들은 한 생쥐에서 가져온 종양이 다른 (무관한) 생쥐에게 이식되었을 때 그 생쥐가 죽는다는 것을 보여주었지만, 이에 대한 이들의 사고 틀은 이식 거부반응의 관점이지 암에 대항하는 특정 면역반응의 관점은 아니었다.

9   Shankaran, V., et al., 'IFNgamma and lymphocytes prevent primary tumour development and shape tumour immunogenicity', *Nature 410*, 1107-11(2001).

10   Coulie, P. G., Van den Eynde, B. J., van der Bruggen, P., & Boon, T., 'Tumour antigens recognized by T lymphocytes: at the core of cancer immunotherapy', *Nature Reviews Cancer 14*, 135-46(2014).

11   그 직후인 1896년에 도입된 방사능 치료는 투여도 더 쉬웠고 결과도 일관성이 있었다. 이것이

콜리의 독소가 생각보다 널리 사용되거나 연구되지 않았던 이유 중 하나인 듯하다.

12 Engelking, C., 'Germ of an idea: William Coley's cancer-killing toxins', *Discover Magazine*, April 2016.

13 Cancer Research UK, 'What is Coley's toxins treatment for cancer?' Available online here: http://www.cancerresearchuk.org/about-cancer/cancers-in-general/cancer-questions/coleys-toxins-cancer-treatment.

14 'Science Webinar: Targeting Cancer Pathways, Part 5: Understanding Immune Checkpoints', 19 January 2016. Available online: http://webinar.sciencemag.org/webinar/archive/part-5-targeting-cancer-pathways.

15 2015년 래스커-드베이키 임상의학연구상을 수상한 연구를 기념하고 기록하기 위해 제작된 비디오. 2015년 9월 7일 공개됐다. 온라인에서 볼 수 있다. https://www.youtube.com/watch?v=W8fUAvENkCo&feature=youtu.be.

16 *The Journal of Clinical Investigations*' Conversations with Giants in Medicine: James Allison', 4 January 2016. Available online here: https://www.youtube.com/watch?v=yCiObUDR7KA.

17 중국의 사상가 노자가 한 말.

18 세균의 존재를 알리는 공동자극단백질의 두 번째 신호가 없으면 T세포 수용체를 통해 신호를 받는 T세포는 반응하지 않을 뿐더러 무기력해지거나 약화되어 면역반응에 참여할 수 없게 된다. 이것은 T세포가 건강한 세포와 조직에 반응하지 못하게 막아주는 역할을 한다. 미국 국립보건원의 로널드 슈워츠[Ronald Schwartz]와 마크 젠킨스[Marc Jenkins] 그리고 다른 많은 학자들이 이 이론을 확립했다.

19 Grady.

20 Brunet, J. F., et al., 'A new member of the immunoglobulin superfamily-CTLA-4', *Nature 328*, 267-70(1987).

21 Bluestone, J. A., 'CTLA-4Ig is finally making it: a personal perspective', *American Journal of Transplantation 5*, 423-4(2005).

22 Prasad, V., 'The Folly of Big Science Awards', *New York Times*, 3 October 2015.

23 Littman, D. R., 'Releasing the Brakes on Cancer Immunotherapy', *Cell 162*, 1186-90(2015).

24 Price, P., 'Tested: A reboot for the immune system', *Popular Science*, 15 March 2010.

25 Walunas, T. L., et al., 'CTLA-4 can function as a negative regulator of T cell activation', *Immunity 1*, 405-13(1994).

26   제프리 블루스톤과의 2016년 11월 23일자 인터뷰.

27   Laurie Glimcher and Abul Abbas.

28   제프리 블루스톤과의 2016년 11월 23일자 인터뷰.

29   매튜 '맥스' 크루멜과의 2016년 9월 21일자 대화.

30   매튜 '맥스' 크루멜과의 2016년 10월 28일자 대화.

31   Krummel, M. F., & Allison, J. P., 'CD28 and CTLA-4 have opposing effects on the
      response of T cells to stimulation', *The Journal of Experimental Medicine 182*,
      459-65(1995).

32   여기서 더 전문적인 세부 사항을 언급하자면, 블루스톤과 앨리슨의 팀들은 이 문제를 풀 때 수
  •   용체를 유발하지 않고 차단하는 경향이 있는 소위 항원결합[Fab] 조각을 비롯해 상이한 형태의
      항체를 사용할 때 벌어지는 일을 비교함으로써 문제를 풀려 했다.

33   Tivol, E. A., et al., 'Loss of CTLA-4 leads to massive lymphoproliferation and fatal
      multiorgan tissue destruction, revealing a critical negative regulatory role of
      CTLA-4', *Immunity 3*, 541-7(1995); Waterhouse, P., et al., 'Lymphoproliferative
      disorders with early lethality in mice deficient in Ctla-4', *Science 270*, 985-
      8(1995).

34   Krummel, M. F., Sullivan, T. J., & Allison, J. P., 'Superantigen responses and co-
      stimulation: CD28 and CTLA-4 have opposing effects on T cell expansion in vitro
      and in vivo', *International Immunology 8*, 519-23(1996).

35   Allison, J. P., 'Checkpoints', *Cell 162*, 1202-5(2015).

36   Leach, D. R., Krummel, M. F., & Allison, J. P., 'Enhancement of antitumor
      immunity by CTLA-4 blockade', *Science 271*, 1734-6(1996).

37   '*The Journal of Clinical Investigations*' Conversations with Giants in Medicine:
      James Allison', 4 January 2016. Available online here: https://www.youtube.com/
      watch?v=yCi0bUDR7KA.

38   Allison.

39   'The 2013 Novartis Prize for Clinical Immunology', *Cancer Immunology Research 1*,
      285-7(2013).

40   2015년 래스커-드베이키 임상의학 연구상을 수상한 연구를 기념하고 기록하기 위해 제작된
      비디오. 2015년 9월 7일 공개됐다. 온라인에서 볼 수 있다. https://www.youtube.com/wat
      ch?v=W8fUAvENkCo&feature=youtu.be.

41   '*The Journal of Clinical Investigations*' Conversations with Giants in Medicine:
      James Allison', 4 January 2016. Available online here: https://www.youtube.com/

watch?v=yCi0bUDR7KA.

42   Littman.

43   Ibid.

44   Hoos, A., 'Development of immuno-oncology drugs-from CTLA4 to PD1 to the next generations', *Nature Reviews Drug Discovery 15*, 235-47(2016).

45   Wolchok, J. D., et al., 'Guidelines for the evaluation of immune therapy activity in solid tumors: immune-related response criteria', *Clinical Cancer Research 15*, 7412-20(2009).

46   Hoos.

47   Littman.

48   Hoos.

49   'OncoImmune Announces Option and License Agreement with Pfizer Inc.', company announcement, 15 September 2016. Available online here: http://announce.ft.com/detail?dockey =600-201609150900BIZWIRE_USPRX__BW5151-1.

50   Morse, A., 'Bristol to Acquire Medarex', *Wall Street Journal*, 23 July 2009.

51   Hodi, F. S., et al., 'Improved survival with ipilimumab in patients with metastatic melanoma', *New England Journal of Medicine 363*, 711-23(2010).

52   Schadendorf, D., et al., 'Pooled Analysis of Long-Term Survival Data From Phase II and Phase III Trials of Ipilimumab in Unresectable or Metastatic Melanoma', *Journal of Clinical Oncology 33*, 1889-94(2015).

53   Sondak, V. K., Smalley, K. S., Kudchadkar, R., Grippon, S., & Kirkpatrick, P., 'Ipilimumab', *Nature Reviews Drug Discovery 10*, 411-12(2011).

54   브리스톨마이어스스큅이 보고한 2015년 여보이의 판매 실적은 온라인상에서 볼 수 있다. https://www.bms.com/ourcompany/Pages/keyfacts.aspx.

55   Hoos.

56   2015년 래스커-드베이키 임상의학 연구상을 수상한 연구를 기념하고 기록하기 위해 제작된 비디오. 2015년 9월 7일 공개됐다. 온라인에서 볼 수 있다. https://www.youtube.com/watch?v=W8fUAvENkCo&feature=youtu.be.

57   Ishida, Y., Agata, Y., Shibahara, K., & Honjo, T., 'Induced expression of PD-1, a novel member of the immunoglobulin gene superfamily, upon programmed cell death', *EMBO Journal 11*, 3887-95(1992).

58   Nishimura, H., Nose, M., Hiai, H., Minato, N., & Honjo, T., 'Development of lupus-

like autoimmune diseases by disruption of the PD-1 gene encoding an ITIM motif-carrying immunoreceptor', *Immunity 11*, 141-51(1999).

59   Okazaki, T., & Honjo, T., 'PD-1 and PD-1 ligands: from discovery to clinical application', *International Immunology 19*, 813-24(2007).

60   Hoos.

61   Robert, C., et al., 'Pembrolizumab versus Ipilimumab in Advanced Melanoma', *New England Journal of Medicine 372*, 2521-32(2015).

62   Ansell, S. M., et al., 'PD-1 blockade with nivolumab in relapsed or refractory Hodgkin's lymphoma', *New England Journal of Medicine 372*, 311-19(2015).

63   Long, E. O., 'Negative signaling by inhibitory receptors: the NK cell paradigm', *Immunolical Reviews 224*, 70-84(2008).

64   에릭 비비에르와의 2016년 10월 4일자 인터뷰.

65   Meng, X., Huang, Z., Teng, F., Xing, L., & Yu, J., 'Predictive biomarkers in PD-1/PD-L1 checkpoint blockade immunotherapy', *Cancer Treatment Reviews 41*, 868-76(2015).

66   Qureshi, O. S., et al., 'Trans-endocytosis of CD80 and CD86: a molecular basis for the cell-extrinsic function of CTLA-4', *Science 332*, 600-3(2011).

67   Schneider, H., et al., 'Reversal of the TCR stop signal by CTLA-4', *Science 313*, 1972-5(2006).

68   Davis, D. M., 'Mechanisms and functions for the duration of intercellular contacts made by lymphocytes', *Nature Reviews Immunology 9*, 543-55(2009).

69   크리스토퍼 러드와의 2016년 10월 25일자 이메일.

70   Schneider, H., & Rudd, C. E., 'Diverse mechanisms regulate the surface expression of immunotherapeutic target ctla-4', *Frontiers in Immunology 5*, 619(2014).

71   Moynihan, K. D., et al., 'Eradication of large established tumors in mice by combination immunotherapy that engages innate and adaptive immune responses', *Nature Medicine* (2016).

72   숀 파커는 2016년 5월 22일 'NBC 데이트라인 미션: 암 해킹[NBC Dateline On Assignment: Hacking Cancer]'이라는 제목으로 인터뷰를 했다. 온라인에서 볼 수 있다. http://www.nbcnews.com/feature/on-assignment/hacking-cancer-n575756.

73   톰 행크스는 2016년 4월 14일 1WMN TV에서 '숀 파커와 파커재단이 암 면역치료를 위한 파커연구소를 시작하다[Sean Parker and the Parker Foundation Launch the Parker Institute For Cancer Immunotherapy]

라는 제목으로 인터뷰를 했다. 온라인에서 볼 수 있다. https://www.youtube.com/watch?v=guVIGDc4z6o.

74   Cha, A. E., 'Sean Parker, Silicon Valley's bad boy genius, wants to kick the *!$% out of cancer', *Washington Post*, 15 April 2016.

75   Leaf, C., 'Can Sean Parker hack cancer?', *Fortune magazine*, 22 April 2016. Available online here: http://fortune.com/digital-health-sean-parker-cancer/.

76   Parker, S., 'Sean Parker: Philanthropy for Hackers', *Wall Street Journal*, 26 June 2015.

77   루이스 레이니어와의 2016년 11월 8일자 인터뷰.

78.   제프리 블루스톤과의 2016년 11월 23일자 인터뷰.

79   루이스 레이니어와의 2016년 11월 8일자 인터뷰.

80   제프리 블루스톤은 드림토크^{Dreamtalk}의 연설에서 이 말을 했다. 2016년 10월 16일 '자신을 이용해 암 퇴치하기, 지카 바이러스를 어떻게 퇴치할 것인가^{Using Yourself to Beat Cancer and How We Will Beat Zika}'라는 제목의 연설이었다. 온라인에서 볼 수 있다. https://www.youtube.com/watch?v=eXAcSloGVGA.

81   Rosenberg, S. A., & Restifo, N. P., 'Adoptive cell transfer as personalized immunotherapy for human cancer', *Science 348*, 62-8(2015).

82.   Porter, D. L., Levine, B. L., Kalos, M., Bagg, A., & June, C. H., 'Chimeric antigen receptor-modified T cells in chronic lymphoid leukemia', *New England Journal of Medicine 365*, 725-33(2011).

83   젤리그 에시하르^{Zelig Eshhar}는 1989년 항체와 같은 수용체를 포함하도록 유전자 변형된 T세포의 사용을 최초로 발표했고, 곧이어 1990년 리로이 후드와 동료들의 연구가 이어졌다. 이스라엘의 바이츠만과학연구소^{Weizmann Institute of Science}에서 온 에시하르는 CAR-T세포를 계속해서 개발했고, 1990년 1년간의 안식년을 받아 미국 국립보건원에서 스티븐 로젠버그와 일한 경험에 영향을 받았다.

84   Gill, S., & June, C. H., 'Going viral: chimeric antigen receptor T-cell therapy for hematological malignancies', *Immunological Reviews 263*, 68-89(2015).

85   Anonymous, 'Penn Medicine Patient Perspective: I was sure the war was on. I was sure CLL cells were dying', 10 August 2011. Available online here: http://www.uphs.upenn.edu/news/News_Releases/2011/08/t-cells/perspective.html.

86   Ellebrecht, C. T., et al., 'Reengineering chimeric antigen receptor T cells for targeted therapy of autoimmune disease', *Science 353*, 179-84(2016).

87   가령 CRISPR-Cas9이라는 혁신적인 유전자 편집 기술을 이용하는 것이다.

88 Brynner, R., & Stephens, T., *Dark Remedy: The Impact of Thalidomide and its Rival as a Vital Medicine*(Basic Books, 2001).

89 그 직후인 1970년대 다른 약물이 더 효과가 높다는 것이 밝혀졌다. 세계보건기구는 이제 한센 병에 탈리도마이드를 사용하라고 권고하지 않지만, 애석하게도 일부 탈리도마이드 영향을 받은 기형아들이 매년 태어나고 있다. 세부적인 내용은 다음을 참고하라. http://www.who.int/lep/research/thalidomide/en/.

90 Zeldis, J. B., Knight, R., Hussein, M., Chopra, R., & Muller, G., 'A review of the history, properties, and use of the immunomodulatory compound lenalidomide', *Annals of the New York Academy of Sciences 1222*, 76-82(2011).

91 Lagrue, K., Carisey, A., Morgan, D. J., Chopra, R., & Davis, D. M., 'Lenalidomide augments actin remodeling and lowers NK-cell activation thresholds', *Blood 126*, 50-60(2015).

92 세계가 2013~2016년에 발발한 에볼라 바이러스에 대응한 방식을 보면 많은 교훈을 얻을 수 있다. 여러 글과 단행본이 이에 관해 논의한다. Evans, N. G., Smith, T. C., & Majumder, M. S.(eds), *Ebola's Message*(MIT Press, 2016).

KI신서 6230

뷰티풀 큐어

1판 1쇄 인쇄 2020년 1월 17일
1판 1쇄 발행 2020년 1월 23일

지은이 대니얼 M. 데이비스 **옮긴이** 오수원
펴낸이 김영곤 **펴낸곳** (주)북이십일 21세기북스
정보개발본부장 최연순
정보개발1팀 윤예영 지다나 이아림 **책임편집** 윤예영
해외기획팀 박성아 장수연 이윤경
마케팅팀 한경화 박화인
영업본부장 한충희 **출판영업팀** 오서영 윤승환
제작팀 이영민 권경민
디자인 박선향

출판등록 2000년 5월 6일 제406-2003-061호
주소 (우 10881) 경기도 파주시 회동길 201 (문발동)
대표전화 031-955-2100 **팩스** 031-955-2151 **이메일** book21@book21.co.kr

(주)북이십일 경계를 허무는 콘텐츠 리더

21세기북스 채널에서 도서 정보와 다양한 영상자료, 이벤트를 만나세요!
페이스북 facebook.com/jiinpill21　　　포스트 post.naver.com/21c_editors
인스타그램 instagram.com/jiinpill21　　홈페이지 www.book21.com
유튜브 www.youtube.com/book21pub
서울대 가지 않아도 들을 수 있는 명강의! 〈서가명강〉
유튜브, 네이버, 팟빵, 팟캐스트에서 '서가명강'을 검색해보세요!

ISBN 978-89-509-6177-0 03470